职业教育建筑类专业"互联网+"创新教材

地基与基础工程施工

主　编　马宁宁

副主编　韩　杰

参　编　赵志刚　吕安安　何海清

机械工业出版社

本书是职业教育建筑类专业"互联网+"创新教材之一，采用任务驱动的教学方式，知识介绍深入浅出，内容通俗易懂。各单元后配有实训课题和复习思考题，以考查学生对所学知识的掌握情况，注重职业实践能力的培养。

本书分为基本知识、土方工程、地基处理技术、基础工程施工 4 个单元，共 17 个课题。

本书可作为职业院校建筑工程施工专业的教学用书，也可作为其他相关专业及土建工程技术人员的参考用书。

为方便教学，本书还配有电子课件及相关资源，凡使用本书作为教材的教师可登录机械工业出版社教育服务网 www.cmpedu.com 进行注册下载。机工社职教建筑群（教师交流 QQ 群）：221010660。咨询电话：010-88379934。

图书在版编目（CIP）数据

地基与基础工程施工 / 马宁宁主编. -- 北京：机械工业出版社，2025. 1. --（职业教育建筑类专业"互联网+"创新教材）. -- ISBN 978-7-111-77339-9

Ⅰ. TU47；TU753

中国国家版本馆CIP数据核字第2025BT3927号

机械工业出版社（北京市百万庄大街22号　邮政编码100037）
策划编辑：沈百琦　　　　　　　责任编辑：沈百琦　宫晓梅
责任校对：樊钟英　王　延　　　封面设计：马精明
责任印制：单爱军
北京虎彩文化传播有限公司印刷
2025 年 4 月第1版第1次印刷
184mm×260mm・13 印张・318 千字
标准书号：ISBN 978-7-111-77339-9
定价：42.00 元

电话服务　　　　　　　　　　网络服务
客服电话：010-88361066　　　机　工　官　网：www.cmpbook.com
　　　　　010-88379833　　　机　工　官　博：weibo.com/cmp1952
　　　　　010-68326294　　　金　书　网：www.golden-book.com
封底无防伪标均为盗版　　　　机工教育服务网：www.cmpedu.com

前　言

随着我国建筑业的蓬勃发展以及建筑领域的科技进步，培养高素质技术技能型人才显得尤为重要，因为他们是我国从制造大国向制造强国转变的关键，而职业教育肩负着培养多样化人才、传承技术技能、促进就业创业的重要职责。

"地基与基础工程施工"作为建筑工程施工专业的重点学科之一，在人才培养方面，肩负着重要使命。本书在编排上紧紧围绕本专业的课程标准和教学大纲，针对本专业的人才培养方案进行定位，具有以下特色：

1. 实用性、适用性，引入工程实例

本书在编排上采用了以单元为主体，分部分项为课题，实训课题为结果的编排形式。在内容上以实用为准，够用为度，并适当引入工程实例，帮助学生消化理解。

2. 将"三全育人"理念深植于教材内容

以"大国工匠"等育人元素作为单元前阅读，激发学生精益求精的工匠精神，并聚焦家国情怀，激发学生的爱国精神和民族自豪感，帮助学生树立为社会、国家建设贡献力量的理想与信念。

3. 双色印刷，版式精美

本书采用双色印刷，在排版设计上力求精美、图文并茂。

4. 数字化、立体化，满足"互联网+"的需求

本书配有电子课件、二维码等教学资源，打破传统的知识学习方式，让学生的学习更生动、有趣。

本书的学时分配建议如下：

课程内容		建议学时
单元1 基本知识	课题1.1 地基与基础概述	2
	课题1.2 土的成因、组成、结构和构造	2
	课题1.3 土的物理指标	4
	课题1.4 地基岩土的工程分类	2
	课题1.5 建筑场地的工程地质勘察	2
	实训课题	2
单元2 土方工程	课题2.1 土方工程量计算及土方调配	8
	课题2.2 基坑工程	8
	实训课题	2
单元3 地基处理技术	课题3.1 换填垫层法	2
	课题3.2 挤密桩复合地基	2
	课题3.3 振冲法	2
	课题3.4 强夯法	2
	课题3.5 预压法	2
	课题3.6 化学加固法	2
	课题3.7 地基的局部处理	1
	课题3.8 特殊土处理	1
	实训课题	2
单元4 基础工程施工	课题4.1 浅基础工程施工	10
	课题4.2 深基础工程施工	10
	实训课题	4
共计		72

本书由天津市建筑工程学校马宁宁担任主编，天津市建筑工程学校韩杰担任副主编，并由北京市燕通建筑构件有限公司赵志刚、沈阳建筑大学吕安安、四川省地质工程勘察院集团有限公司何海清参与编写。

在编写过程中，本书参阅了一些相关文献，在此对文献作者表示感谢！

限于编者的水平、经验和时间，书中难免有错误之处，在此恳请广大读者批评指正，以便进一步修订完善！

编　者

本书微课视频清单

序号	名称	图形	序号	名称	图形
1	比萨斜塔		8	深基坑开挖	
2	地基与基础		9	青藏铁路	
3	标准贯入试验		10	砂井载入预压法	
4	上海中心大厦		11	塑料排水板载入预压法	
5	推土机		12	真空预压法	
6	铲运机		13	无筋扩展基础	
7	单斗挖掘机		14	独立基础	

（续）

序号	名称	图形	序号	名称	图形
15	条形基础		18	桩基础	
16	筏板基础		19	沉井基础	
17	箱型基础		20	地下连续墙	

目　录

前言

本书微课视频清单

单元1　基本知识 ·· 1

课题1.1　地基与基础概述·············· 2
 1.1.1　地基与基础的概念 ············ 2
 1.1.2　基础埋深的影响因素 ·········· 3
 1.1.3　地基与基础实例 ················ 4
课题1.2　土的成因、组成、结构和
    构造·································· 5
 1.2.1　土的成因························ 5
 1.2.2　土的组成························ 6
 1.2.3　土的结构和构造················ 8
课题1.3　土的物理指标················ 9

 1.3.1　土的物理性质指标 ············ 9
 1.3.2　土的物理状态指标 ·········· 12
课题1.4　地基岩土的工程分类········ 16
课题1.5　建筑场地的工程地质
    勘察································ 18
 1.5.1　工程地质勘察的目的与内容 ·· 18
 1.5.2　工程地质勘察报告 ·········· 20
实训课题 ································· 23
复习思考题 ······························ 34

单元2　土方工程 ·· 35

课题2.1　土方工程量计算及土方
    调配································ 36
 2.1.1　基坑（槽）土方量计算 ······ 36
 2.1.2　场地平整土方量计算 ········ 36
 2.1.3　土方调配······················ 41

 2.1.4　土方填筑与压实 ·············· 50
 2.1.5　土方工程季节性施工 ········ 53
课题2.2　基坑工程······················ 54
 2.2.1　基坑（槽）施工 ·············· 54
 2.2.2　土壁支护结构················ 69

VII

2.2.3　基坑降水 ················ 78
实训课题 ···················· 84
复习思考题 ···················· 88

单元3　地基处理技术 ················ 89

课题3.1　换填垫层法 ············ 90
　3.1.1　灰土垫层的施工 ········ 91
　3.1.2　砂和砂石垫层的施工 ···· 93
课题3.2　挤密桩复合地基 ········ 95
　3.2.1　土和灰土挤密桩复合地基 ···· 95
　3.2.2　水泥粉煤灰碎石桩复合地基 ···· 98
课题3.3　振冲法 ················ 101
课题3.4　强夯法 ················ 103
课题3.5　预压法 ················ 105
　3.5.1　载入预压法施工 ········ 106
　3.5.2　真空预压法施工 ········ 109
　3.5.3　质量检验标准 ·········· 111
课题3.6　化学加固法 ············ 112
　3.6.1　高压喷射注浆法施工 ···· 112
　3.6.2　灌浆法施工 ············ 113
课题3.7　地基的局部处理 ········ 116
　3.7.1　局部松土坑（填土、墓穴、淤泥等）处理 ···· 116
　3.7.2　砖井或土井的处理 ······ 117
　3.7.3　局部软硬土的处理 ······ 117
　3.7.4　其他情况的处理 ········ 117
课题3.8　特殊土处理 ············ 118
　3.8.1　湿陷性黄土的处理 ······ 118
　3.8.2　膨胀土的处理 ·········· 119
　3.8.3　冻土的处理 ············ 120
实训课题 ······················ 120
复习思考题 ···················· 126

单元4　基础工程施工 ················ 127

课题4.1　浅基础工程施工 ········ 128
　4.1.1　无筋扩展基础施工 ······ 128
　4.1.2　钢筋混凝土基础施工 ···· 135
　4.1.3　浅基础施工图 ·········· 146
课题4.2　深基础工程施工 ········ 152
　4.2.1　桩基础施工 ············ 152
　4.2.2　沉井基础施工 ·········· 178
　4.2.3　地下连续墙施工 ········ 184
实训课题 ······················ 186
复习思考题 ···················· 196

参考文献 ························ 198

单元 1 基本知识

知识要点：

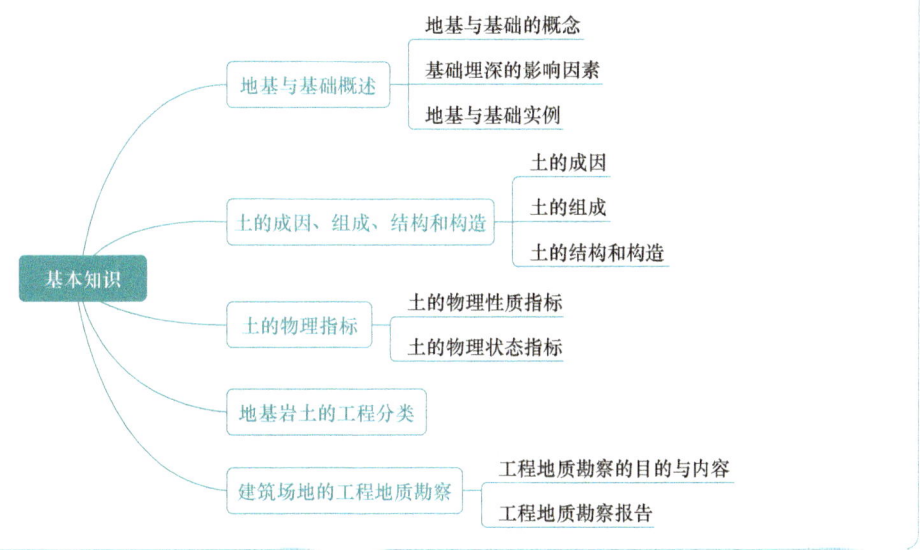

学习目标：

通过本单元的学习，学生应达到以下要求：

1. 掌握地基与基础的概念，了解其作用、特点、分类以及地基与基础施工质量的重要性。

2. 熟悉土的组成；熟悉土的工程分类方法。

3. 能进行土的物理性质指标的计算，并分析土的各种状态；能简单区分常见土的种类；能读懂地质勘察报告，从中了解施工场地土的性质。

4. 在学习过程中，体会土木人的工匠精神和责任担当，为将来更好地报效国家和社会打下基础。

> **课前导学：**
>
> 请自行查阅资料了解耸立千年的万里长城、隋代赵州石拱桥以及比萨斜塔、苏州虎丘塔等，对正反两方面案例进行对比，促使我们从多个角度分析其原因，切实感受所学课程内容与日常生活的密切联系，增加专业兴趣与认同感；鼓励我们把专业知识学清楚、弄明白，将来更好地报效国家和社会，为实现中华民族伟大复兴中国梦奉献青春力量。

比萨斜塔

课题1.1 地基与基础概述

1.1.1 地基与基础的概念

俗话说"万丈高楼平地起"，任何建筑物都建造在地球的表层。地球表层构成了一切工程建筑的环境和物质基础。我们把受建筑物荷载影响的那部分地层称为地基，建筑物向地基中传递荷载的下部结构称为基础，如图 1-1 所示。

地基与基础

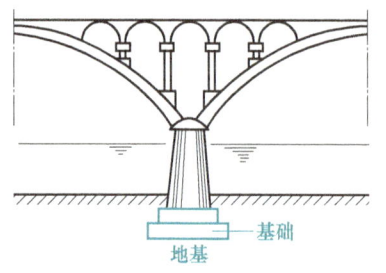 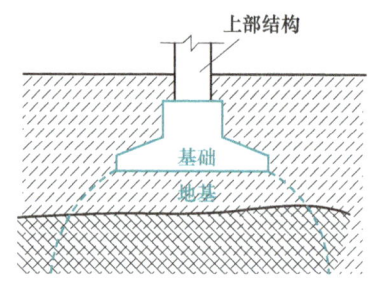

图 1-1 地基基础示意图

1. 地基

任何建筑物都是建造在一定的土层或岩层上的，通常把直接承受上部建筑物荷载且应力发生变化的那部分地层称为地基。地基是有一定深度和范围的，当地基由两层或两层以上土层组成时，通常将直接与基础底面接触的土层称为持力层，将在地基范围内持力层以下的土层称为下卧层，并将承载力低于持力层的下卧层称为软弱下卧层，如图 1-2 所示。

良好的地基应该具有较高的承载力和较低的压缩性。未经过人工加固处理而直接利用天然土层作为地基就可以满足设计要求的，称为天然地基；对于地基土质软弱，工程地质较差，需对地基进行人工加固处理后才能作为建筑物地基的，称为人工地基；还有局部地基遇到的地基土，如湿陷性黄土、多年冻土、压缩性强的软土等，这些地区均需做特殊的设计和施工，称为特殊地基。

由于人工地基施工周期长、造价高，而且基

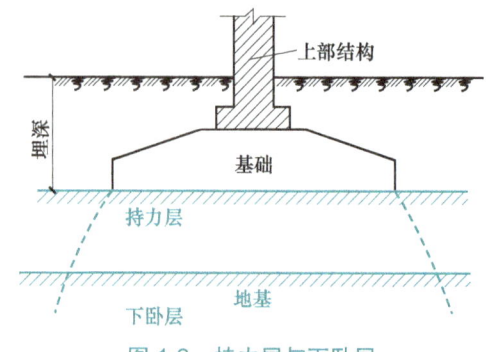

图 1-2 持力层与下卧层

础工程的造价一般占建筑总造价的 10%~30%，因此建筑物应尽量建造在良好的天然地基上，以减少基础工程造价。

2. 基础

建筑物的下部通常要埋入地面以下一定深度，使之坐落在较好的土层上。地面以上的结构称为建筑物的上部结构；地面以下的结构称为建筑物的下部结构，又称为建筑物的基础，它位于建筑物上部结构与地基之间，承受着上部结构传来的荷载，并将其传递给地基。因此，基础起着上承和下传的作用。

基础都有一定的埋置深度（简称埋深），基础埋深是指设计地面到基础底面的距离。根据基础埋深的不同，可分为浅基础和深基础。一般地，若地基土质较好，基础埋深不大（$d<5m$），只需要经过挖槽、排水，采用一般方法与施工机械施工的基础，称为浅基础；若上部结构荷载较大或浅层土质软弱，需将基础埋置于较深处（$d>5m$）的较好土层上，并需采用特殊的施工方法及施工机械施工的基础，称为深基础。

1.1.2 基础埋深的影响因素

基础埋深常由地基的土层状态和建筑物上部荷载大小决定，直接影响到施工的难易程度及造价的高低。影响基础埋深的因素很多，其主要影响因素如下：

1. 建筑物的使用要求，基础形式及荷载

当建筑物设置地下室、设备基础或地下设施时，基础埋深应满足其使用要求；高层建筑基础埋深随建筑高度增加适当增大，这样才能满足稳定性要求；荷载大小和性质也影响基础埋深，一般荷载较大时应加大埋深；受上拔力的基础，应有较大埋深以满足抗拔力的要求。

2. 工程地质和水文地质条件

基础应建造在坚实可靠的地基上，不能建造在承载力小、压缩性高的软弱土层上。

在满足地基稳定和变形的前提下，基础尽量浅埋，但由于地表土杂质较多，基础的埋深通常不浅于 0.5m。如浅层土做持力层不能满足要求，则可考虑深埋。地基软弱土层厚度在 2m 以内，下卧层为压缩性低的土，此时应将基础埋在下卧层上；如软弱土层厚为 2~5m，低层轻型建筑可将基础埋于软弱土层内，但应适当加宽基础，必要时也可用换土、压实等方法进行地基处理；如软弱土层厚度大于 5m，低层轻型建筑也可以浅埋于软弱土层内，必要时可加强上部结构或进行地基处理；如地基土由多层软弱土层组成且上部荷载很大，常采用深基础方案，如桩基等。按地基条件选择埋深时，还要求从减小不均匀沉降的角度来考虑，当土层分布明显不均匀或各部分荷载差别很大时，同一建筑物可采用不同的埋深来调整不均匀沉降量。

地基范围内存在地下水时，常将地下水位分为设计最高地下水位和最低地下水位，确定基础埋深一般应考虑将基础埋于设计最高地下水位以上不小于 200mm 处。当地下水位较高，不能满足上述要求时，宜将基础埋置在最低地下水位以上不小于 200mm 的深度，且同时考虑施工时基坑的排水和坑壁的支护等因素。

3. 土的冻结深度

粉砂、粉土和黏性土等细粒土具有冻胀性质，冻胀会将基础向上拱起。土层解冻，基础又下沉，使基础处于不稳定状态。冻融得不均匀使建筑物产生变形，严重时会产生开裂等破坏情况。因此，建筑物基础应埋置在冰冻层以下不小于 200mm 处。

4．相邻建筑物的埋深

新建建筑物基础埋深不宜大于相邻既有建筑物基础埋深。当埋深大于既有建筑物基础时，基础间的净距应根据荷载大小和性质等确定，一般为相邻既有建筑物基础底面高差的 1~2 倍，如图 1-3 所示。当不能满足上述要求时，应加固既有地基或采用分段施工，采取设临时加固支撑、打板桩、地下连续墙等施工措施。

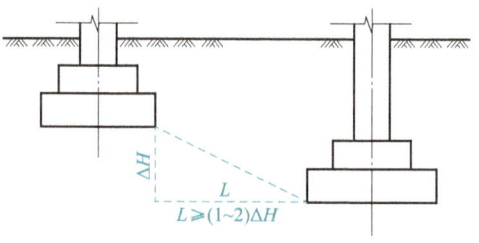

图 1-3　既有建筑对新建建筑基础埋深的影响示意图

5．其他因素

为保护基础，一般要求基础顶面低于设计地面不少于 0.1m，地下室或半地下室基础的埋深则要结合建筑设计的要求确定。

1.1.3　地基与基础实例

我国劳动人民远在春秋战国时期开始兴建的万里长城，至今依然耸立，令世人瞩目。

隋唐时期修建的南北大运河，穿越各种复杂的地质条件，历经千百年风雨沧桑而不毁，被誉为亘古奇观。隋朝工匠李春修建的赵州桥，不仅因其建筑和结构设计而闻名于世，其地基基础处理也是非常合理的。他将桥台砌筑于密实粗砂层上，1400 多年来估计沉降量仅几厘米，令人叹服。

举世闻名的意大利比萨斜塔，是建筑物倾斜的典型实例，它是由于地基不均匀沉降造成的，如图 1-4 所示。

我国重点文物保护建筑——虎丘塔，距今已有 1000 多年的历史，如图 1-5 所示。塔身全部用青砖砌筑，外形仿楼阁式木塔，建筑精美。但在 1977 年发现塔顶偏离中心线 2.54m，底层塔身出现裂缝，成为危险建筑而封闭。勘察结果表明，宝塔倾斜是由于地基覆盖层厚度相差悬殊等原因造成的。

图 1-4　意大利比萨斜塔

图 1-5　虎丘塔

单元 1 　基本知识

　　加拿大特朗斯康谷仓，是建筑物地基滑移的典型实例。该谷仓呈矩形，南北向长 59.44m，东西向宽 23.47m，高 31.00m。谷仓基础为钢筋混凝土筏形基础，厚 610mm，埋深 3.66m。谷仓于 1911 年动工，1913 年秋完工。谷仓建成试仓时，发现 1h 内竖向沉降达 30.5cm，结构物向西倾斜，并在 24h 内倾倒，谷仓西端下沉 7.32m，东端上抬 1.52m。后经勘察试验发现，谷仓地基因超载发生承载力破坏而滑动，如图 1-6 所示。

　　匈牙利一码头建筑物，为单层框架结构，建于 1952 年。建筑物采用圆柱形独立基础，外墙基础上布置钢筋混凝土连续梁，承受外墙荷载，建筑内墙采用条形基础。工程建成后不久，所有内墙都严重开裂。勘查研究发现，一栋建筑物采用两种基础类型，埋深相差悬殊，持力层土质压缩性高低相差悬殊，引起严重不均匀沉降，导致墙体严重开裂，如图 1-7 所示。

图 1-6 　加拿大特朗斯康谷仓

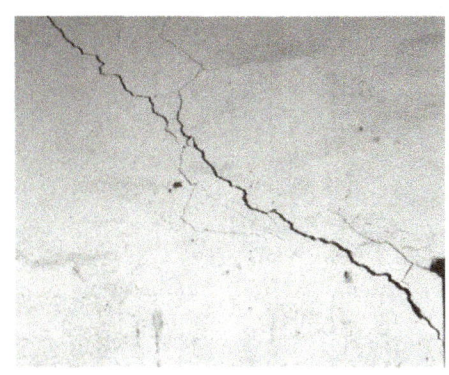

图 1-7 　匈牙利一码头建筑物墙体开裂

　　由上述可知，基础是整个建筑工程中的一个重要组成部分，建筑物事故的原因很多与地基或基础有关，并且由于地基与基础埋置于地下，一旦发生事故不易补救。据统计，我国一般多层建筑中，基础工程造价约占总造价的 1/4，工期可占总工期的 1/4 以上。当需人工处理或采用深基础时，其造价和工期所占的比例更大。但是盲目地提高建筑物地基与基础的安全度，有时多花费建设资金却不能收到良好的效果。因此，工程技术人员必须十分重视并做好地基与基础的勘察、设计和施工阶段的各项工作。要求工程技术人员熟练掌握地基土的基本特性、地基与基础的基本原理和主要概念，结合建筑场地条件及建筑物的结构特点，因地制宜地进行设计和施工，确保建筑物的安全。

课题1.2 　土的成因、组成、结构和构造

1.2.1 　土的成因

　　土是地壳表层的物质，它是岩石在长期风化、剥蚀、搬运、沉积过程中形成的大小不等且未经胶结的固体矿物、水和气体的集合体。土是由许多矿物自然结合而成的。土体不是一般土层的组合体，而是与工程建筑的稳定、变形有关的土层的组合体。地壳表面广泛分布着的土体是由完整坚硬的岩石经过风化、剥蚀等外力作用形成的碎块或矿物颗粒，再经水流、风力或重力作用、冰川作用等搬运，在适当条件下沉积成各种类型的土体。在搬运过程中，

由于形成土的母岩成分的差异，土颗粒大小、形态、矿物成分又进一步发生变化，并在搬运及沉积过程中因分选作用形成在成分、结构、构造和性质上有规律的变化。

1.2.2 土的组成

一般条件下，土是由以土颗粒为主的固体相物质组成的框架部分和充填在框架空隙中的气体部分（空气及其他气体成分）与液体相的液态物质组成（水与其他液体）的。所以，土是由固体、液体、气体所组成的一种三相物质，如图1-8所示，三相之间的定量关系决定着土的性质与特点。

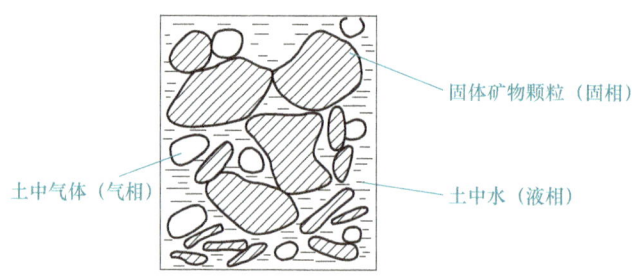

图1-8 土中三相组成示意图

研究土的物理性质就是研究土的三相的质量与体积间的相互比例关系以及固、液两相之间的相互作用，这些比例关系直接决定着土的物理性质，进而决定着土的状态和工程性质。因此，研究土的物理性质有着重要的现实意义。

1.2.2.1 土中固体颗粒

土是由粒径不同的颗粒组成的，要研究土的性质，必须对土的颗粒（简称土粒）组成进行分析。土粒由粗到细逐渐变化时，土的性质相应发生变化，由无黏性变为有黏性，渗透性由大变小。粒径大小在一定范围内的土粒，其性质也比较接近，因此，可按粒径范围对土粒进行分组，称为粒组。

通常，土粒可分为六大粒组，它们分别是：漂石或块石颗粒（粒径>200mm）、卵石或碎石颗粒（粒径为60~200mm）、砾粒（粒径为2~60mm）、砂粒（粒径为0.075~2mm）、粉粒（粒径为0.005~0.075mm）和黏粒（粒径<0.005mm）。

我们把土中各组粒径土粒的分配情况称为土的颗粒级配。通常把粗细土粒搭配良好的土称为级配良好的土。这种土中较粗颗粒间的孔隙被较细颗粒填充，易被压实，因而土的密实度较好，其强度和稳定性也较好，透水性和压缩性较小，可用作路基、堤坝或其他土建工程的填方土料。

1.2.2.2 土中水

组成土的第二种主要成分是土中的水。在自然条件下，土中总是含水的。土中水可以处于液态、固态或气态。土中细粒越多，即土的分散度越大，水对土的性质的影响也越大。

存在于土粒矿物的晶格内或是参与矿物构造中的水称为结晶水或矿物内部结合水，它只有在比较高的温度（>105℃）下才能化为气态水而与土粒分离。从土的工程性质上分析，可以把结晶水作为矿物的一部分。因此，建筑工程中讨论的土中水，主要是以液体形式存在的结合水和自由水。

1. 结合水

结合水是指受电分子吸引力吸附于土粒表面的土中水,这种电分子吸引力高达几千到几万个大气压,使水分子和土粒表面牢固地黏结在一起。处于土颗粒表面水膜中的水,受到表面引力的控制而不服从静水力学规律,其冰点低于0℃。

结合水因离颗粒表面远近不同,受电场作用力的大小也不同,所以,结合水又可分为强结合水和弱结合水。

(1) 强结合水

强结合水存在于最靠近土颗粒表面处,工程上又称为吸着水。其水分子和水化离子排列非常紧密,其密度大于$1g/cm^3$,并有过冷现象(即温度降到0℃以下也不发生冻结现象)。

强结合水由于受到很大的电分子吸引力作用,其性质与一般水是不同的,它具有固体特征(有很大的黏滞性、弹性及抗剪强度,不传递静水压力,没有溶解能力)、密度大($1.2~2.4g/cm^3$)、冰点低(约为 $-78℃$),且不能自行由一个土粒移到另一个土粒上。

强结合水在外力作用下很难被排出,但是在高温下则比较容易蒸发掉。黏性土中只有强结合水存在时,才呈固体状态。

(2) 弱结合水

弱结合水是指距土粒表面较远地方的结合水,又称为薄膜水。弱结合水紧靠强结合水的外围,仍然受到土粒的电分子吸引力作用。但是,随着弱结合水离土粒表面越来越远,电分子吸引力逐渐减小,远到不受吸引力作用时则过渡到自由水。

因为电分子吸引力减小,弱结合水的水分子的排列不如强结合水紧密,它可以从较厚水膜或浓度较低处缓慢地迁移到较薄水膜或浓度较高处,也可从一个土粒周围迁移到另一个土粒周围。

2. 自由水

存在于土粒表面电场影响范围以外的水称为自由水。自由水的性质与普通水一样,能传递静水压力和溶解盐类,冰点为0℃。自由水按其移动所受作用力的不同分为重力水和毛细水。

(1) 重力水

重力水是指在土孔隙中受重力作用能自由流动的水,它存在于地下水位以下的透水层中。重力水在土的孔隙中流动时能产生渗透力,带走土中细颗粒,而且还能溶解土中的盐类。这两种作用会使土的孔隙增大,压缩性提高,抗剪强度降低。

(2) 毛细水

毛细水是受到水与空气交界面处表面张力作用的自由水。毛细水存在于地下水位以上的透水层中。

毛细水可分为两类:一类是与地下水无直接联系的毛细悬挂水;另一类是与地下水相连的毛细上升水。

由于土壤中存在毛细水,使得土粒之间呈现出黏聚现象,因此,稍湿状态的砂性地基也可开挖成一定深度的直立坑壁。但是,当地基饱和或特别干燥时,黏聚现象消失,坑壁就会坍塌。

在工程中,要特别注意毛细水上升的高度和速度,因为毛细水的上升对建筑物地下部分的防潮措施以及地基土的浸湿和冻胀有重要影响。所谓冻胀是指当地温降到0℃以下时土体便因土中水冻结而形成冻土,细粒土在冻结时往往发生膨胀,即冻胀。当土层解冻时夹冰层融化,地面下陷,即出现融陷现象。对此,在道路、房屋设计中应给予足够的重视。

1.2.2.3 土中气体

土中气体有两种形式:一种与大气相通,它对土的工程性质影响不大;另一种与大气隔绝,在土的孔隙中被水封闭着,这种气体降低了土的透水性,增大了土的弹性和压缩性,对土的性质有较大影响。

1.2.3 土的结构和构造

1.2.3.1 土的结构

土的结构是指由土粒(或团粒)的大小、形状、相互排列及其联结关系等形成的综合特征。土的结构是在成土的过程中逐渐形成的,它反映了土的成分、成因等对土的工程性质的影响。土的结构按其颗粒的排列和联结可分为单粒结构、蜂窝结构和絮状结构三种。

1. 单粒结构

单粒结构是由粗大土粒在水中或空气中下沉而形成的,土颗粒相互间有稳定的空间位置,表现为碎石类土和砂类土的结构特征。其特点是土粒间没有联结存在,或联结非常微弱,可以忽略不计。

疏松状态的单粒结构在荷载作用下,特别是在振动荷载作用下会趋向密实,土粒移向更稳定的位置,同时产生较大的变形。密实状态的单粒结构在剪应力作用下会发生膨胀,即体积膨胀,密度变松。

单粒结构的紧密程度取决于矿物成分、颗粒形状、粒度成分及级配的均匀程度。片状矿物颗粒组成的砂土最为疏松,浑圆颗粒组成的土比带棱角的颗粒组成的土容易趋向密实,土粒的级配越不均匀,结构越紧密。

单粒结构既可以是疏松的,也可以是紧密的,如图 1-9 所示。呈紧密状态单粒结构的土,由于其土粒排列紧密,在动、静荷载作用下都不会产生较大的沉降,所以强度较大,压缩性较小,一般是良好的天然地基。具有疏松单粒结构的土,其骨架是不稳定的,当受到振动及其他外力作用时,土粒易发生移动,土中孔隙减少,变形较大。因此,这种土层如未经处理一般不宜作为建筑物地基或路基。

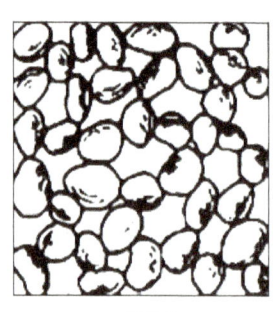
a) 疏松土

b) 紧实土

图 1-9 单粒结构土的形态

2. 蜂窝结构

蜂窝结构主要是由粉粒或细砂粒组成的土的结构形式。粒径为 0.005~0.075mm 的土粒在水中沉积时,基本上是单个颗粒下沉,在下沉过程中,碰上已沉积的土粒时,如土粒间的引力相对自重而言已经足够大,则此颗粒就停留在最初的接触位置上不再下沉,逐渐形成土粒链。土粒链组成弓架结构,形成具有很大孔隙的蜂窝结构,如图 1-10 所示。这种结构的土可承担一般的水平静荷。当其承受较大水平荷载或动力荷载时,其结构将破坏,导致严重的地基沉降。

3. 絮状结构

絮状结构是由细小的黏粒(粒径<0.005mm)或胶粒(粒径<0.002mm)组成的,其重力作用很小,能够在水中长期悬浮,不因自重而下沉。土粒互相聚合,以边-边、面-边的接触方式形成絮状物下沉,并与已沉积的絮状颗粒接触,形成类似蜂窝而孔隙更大的絮状结构,如图 1-11 所示。

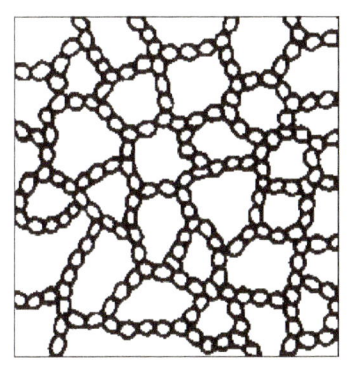

图 1-10 蜂窝结构

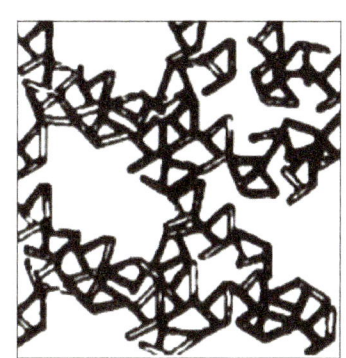

图 1-11 絮状结构

具有絮状结构的黏性土,其土粒之间的联结强度(结构强度)往往由于长期的固结(压密)作用和胶结作用而得到加强。因此,集粒间的联结特征是影响这一类土工程性质的主要因素之一。

1.2.3.2 土的构造

在同一土层中的物质成分和颗粒大小等都相近的各部分颗粒之间相互关系的特征称为土的构造。土的构造是指土层的层理、裂隙及大孔隙等宏观特征,也称宏观结构。土的最主要构造特征就是成层性,即层理构造,它是在土的生成过程中,由于不同阶段沉积的物质成分、颗粒大小或颜色不同,而沿竖向呈现的成层特征,常见的有水平层理构造和交错层理构造。

根据土的构造特性,将土的构造分为层状构造(又可细分为水平层理和交错层理)、分散构造(如砂、砾石、卵石等)和裂隙构造(如黄土等黏性土)。

土体的构造特征决定了土中存在一定的裂隙和孔洞。裂隙的存在会大大降低土体的强度和稳定性,增大透水性,对工程不利。土中的包裹物(如腐殖物、贝壳、结核体等)以及天然或人为的孔洞都会造成土体的不均匀,影响到土的工程特性。

课题1.3 土的物理指标

1.3.1 土的物理性质指标

如前所述,土是由三相物质组成的一个有机体系,土中三相组成之间的质量和体积的比例关系即土的物理性质指标,对评价土的工程性质有重要的意义。

土的物理性质指标通常分为两类:一类是通过试验实际测定的指标,又称实测指标,这类指标主要有土的密度与重度、土粒相对密度、土的含水量等;另一类是基于实测指标导出的指标,如土的各种孔隙含量指标、土中含水程度指标以及不同情况下土的密度和重度指标等。在具体介绍土的物理性质指标之前,先约定一下后面将要使用的各种符号的意义,如图1-12所示。

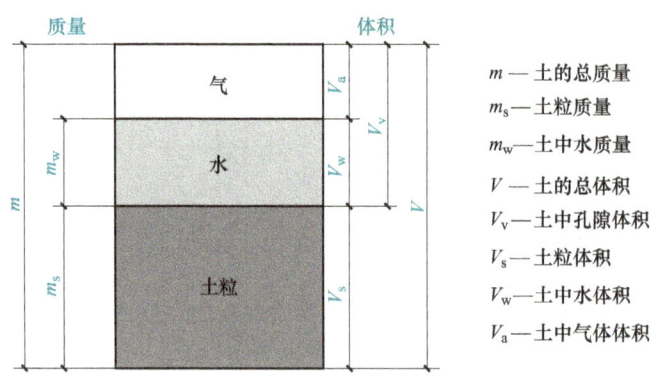

图1-12 土物理性质指标各符号意义

1.3.1.1 实测指标

1. 土的密度与重度

土的密度是指天然状态下单位体积土的质量,用符号 ρ 表示,单位为 g/cm^3 或 kg/m^3,即

$$\rho = \frac{m}{V} \tag{1-1}$$

土的重度是指单位体积土受到的重力,又称土的重力密度,用符号 γ 表示,单位为 kN/m^3,其值等于土的密度乘以重力加速度 g,工程中通常取 $g=10m/s^2$,即

$$\gamma = \rho \cdot g \tag{1-2}$$

土的天然密度的大小取决于其矿物组成、孔隙大小和含水情况,综合反映了土的物质组成和结构特征。土越密实,含水量越高,则天然密度就越大,反之就越小。自然状态下土的密实程度与含水量变化较大,故土的天然密度变化也较大。

土的密度一般为 $1.8 \sim 2.2 g/cm^3$,其中,一般黏性土的密度为 $1.8 \sim 2.0 g/cm^3$,砂土的密度为 $1.6 \sim 2.0 g/cm^3$,腐殖土的密度为 $1.5 \sim 1.7 g/cm^3$。

土的密度通常在实验室中采用环刀法测量。

2. 土粒相对密度

土粒相对密度是土粒质量与同体积4℃纯水的质量之比,用符号 d_s 表示,无量纲,即

$$d_s = \frac{m_s}{v_s \cdot \rho_w} = \frac{\rho_s}{\rho_w} \tag{1-3}$$

式中 ρ_s——土粒密度(g/cm^3);

ρ_w——4℃纯水的密度(g/cm^3),一般取 $1kg/m^3$ 或 $1g/cm^3$。

土粒相对密度取决于土的矿物成分和有机质含量。一般砂土的相对密度在2.65左右,

黏性土的相对密度在 2.7 左右。

土粒相对密度可用比重瓶法测量。

3. 土的含水量

在天然状态下，土中水的质量与土粒质量之比称为土的含水量，以百分比表示，符号为 w，即

$$w = \frac{m_w}{m_s} \times 100\% \quad (1\text{-}4)$$

含水量是表示土的湿度的一个重要指标。天然土层的含水量变化较大，一般干砂土的含水量接近于 0，而饱和砂土的含水量可高达 40%；黏性土处于坚硬状态时，含水量可小于 30%，而处于流塑状态时，含水量可超过 60%。一般情况下，同一类土含水量越高，其强度越低。

土的含水量一般采用烘干法测定。

1.3.1.2 导出指标

1. 表示土中孔隙含量的指标

（1）土的孔隙比 e

土的孔隙比是指土中孔隙体积与土粒体积之比，用小数表示，即

$$e = \frac{V_v}{V_s} \quad (1\text{-}5)$$

土的孔隙比用来评价土的密实程度。当 $e<0.6$ 时，表明土为低压缩性密实土；当 $e>1.0$ 时，表明土为高压缩性疏松土。

（2）土的孔隙率 n

土的孔隙率又称土的孔隙度，是指土中孔隙体积与土的总体积之比，用百分数表示，即

$$n = \frac{V_v}{V} \times 100\% \quad (1\text{-}6)$$

土的孔隙率主要取决于土的结构状态，其数值一般为 30%~60%。其中，砂土的孔隙率通常要小于黏性土的孔隙率。

2. 表示土中含水程度的指标——饱和度

表示土中含水程度的另一个指标是土的饱和度，是指土的孔隙中所含水的体积与土中孔隙的体积之比，用 S_r 表示，以百分数计，即

$$S_r = \frac{V_w}{V_v} \times 100\% \quad (1\text{-}7)$$

饱和度可以反映土体孔隙中含水的程度，其数值范围为 0~100%。干土的饱和度为 0，而饱和土的饱和度为 100%。工程实际中，饱和度主要用于表示砂土的含水状况（或湿度），按饱和度大小不同，常将砂土划分为如下三种含水状况：$S_r<50\%$，稍湿；$50\% \leq S_r \leq 80\%$，很湿；$S_r>80\%$，饱和。

工程实际中，一般不用饱和度评价黏性土的湿度。黏性土主要含结合水，结合水膜厚度的变化将引起土的体积的膨胀或收缩，从而改变原状土中孔隙的体积。另外，由于结合水的密度大于 1g/cm^3，而计算饱和度时，水的密度取 1g/cm^3。因此，最终计算得到的饱和度值常大于 100%，显然与实际不符。

3. 不同情况下土的密度与重度指标

（1）土粒密度

单位体积内土粒的质量，称为土粒密度，符号为 ρ_s，单位为 g/cm^3 或 kg/m^3，即

$$\rho_s = \frac{m_s}{V_s} \tag{1-8}$$

（2）土的干密度与干重度

1）干密度是指土的孔隙中完全没有水时，单位体积中固体颗粒部分的质量，用符号 ρ_d 表示，单位为 g/cm^3 或 kg/m^3，即

$$\rho_d = \frac{m_s}{V} \tag{1-9}$$

干密度在工程上通常作为评定土体紧密程度的标准，以控制填土工程的施工质量。其值越大，说明土越密实，反之说明土越疏松。土的干密度范围一般为 $1.3 \sim 1.8 g/cm^3$。

2）干重度是单位体积无水土体受到的重力，用符号 γ_d 表示，单位为 kN/m^3。干重度与干密度的关系如下：

$$\gamma_d = \rho_d \cdot g \tag{1-10}$$

（3）土的饱和密度与饱和重度

1）饱和密度是指土的孔隙完全被液体水充满时单位体积土的质量，用符号 ρ_{sat} 表示，单位为 g/cm^3 或 kg/m^3，即

$$\rho_{sat} = \frac{m_s + V_v \cdot \rho_w}{V} \tag{1-11}$$

式中 ρ_w——水的密度（g/cm^3），一般取 $1g/cm^3$。

2）饱和重度是单位体积饱和土所受到的重力，用 γ_{sat} 表示，单位为 kN/m^3。饱和重度与饱和密度的关系如下：

$$\gamma_{sat} = \rho_{sat} \cdot g \tag{1-12}$$

（4）土的浮重度

处在水面以下的土，考虑土粒受浮力作用时，单位体积土粒所受重力减去浮力后的重度称为土的浮重度，用 γ' 表示，单位为 kN/m^3，即

$$\gamma' = \gamma_{sat} - \gamma_w \tag{1-13}$$

式中 γ_w——水的重度（kN/m^3），一般取 $10kN/m^3$。

对于同一种土而言，土的天然重度、干重度、饱和重度、浮重度在数值上有如下关系：

$$\gamma_{sat} > \gamma > \gamma_d > \gamma'$$

1.3.2 土的物理状态指标

土的物理状态指标主要包括密实度、稠度、灵敏度等。对于无黏性土，主要关注其密实度；对于黏性土，主要关注其稠度。

1. 无黏性土的密实度

无黏性土一般是指砂（类）土和碎石（类）土。这两大类土中一般黏粒含量甚少，不具有可塑性，呈单粒结构。这两类土的物理状态主要决定于土的密实程度。无黏性土呈密实状态时，强度较大，是良好的天然地基；呈松散状态时则是一种软弱地基，尤其是饱和的粉

土、细砂土的稳定性很差，在振动荷载作用下，可能发生液化。

（1）砂土的密实度

砂土的密实度可用天然孔隙比来衡量，但砂土的密实度并不仅取决于孔隙比，在很大程度上还取决于土的级配情况。同样孔隙比的砂土，当颗粒不均匀时较密实，当颗粒均匀时较疏松。为了同时考虑孔隙比和级配因素，特引入砂土相对密实度的概念。

标准贯入试验

相对密实度 D_r 是最疏松状态的孔隙比和天然状态孔隙比之差与最疏松状态的孔隙比和最密实状态孔隙比之差的比值，即

$$D_r = \frac{e_{max} - e}{e_{max} - e_{min}} \tag{1-14}$$

式中 e_{max}——砂土的最大孔隙比；
　　e_{min}——砂土的最小孔隙比；
　　e——砂土在天然状态下的孔隙比。

D_r 越接近 1，越密实；越接近 0，越松散。

e_{min} 一般采用振击法测定，e_{max} 一般用松砂器法测定。通常，砂土的相对密实度的实用表达式为

$$D_r = \frac{(\rho_d - \rho_{dmin}) \rho_{dmax}}{(\rho_{dmax} - \rho_{dmin}) \rho_d} \tag{1-15}$$

根据砂土的相对密实度，可将砂土划分为密实、中密和松散三种状态，具体划分标准见表1-1。

表1-1 砂土密实度划分标准

密实状态	密实	中密	松散
相对密实度 D_r	$0.67 \leqslant D_r < 1$	$0.33 \leqslant D_r < 0.67$	$0 \leqslant D_r < 0.33$

由于砂土较难采取原状土样，天然孔隙比不易测定。《建筑地基基础设计规范》（GB 5007—2011）规定采用标准贯入试验锤击数 N 来划分砂土的密实度，具体见表1-2。

表1-2 砂土的密实度

标准贯入试验锤击数 N	密实度	标准贯入试验锤击数 N	密实度
$N \leqslant 10$	松散	$15 < N \leqslant 30$	中密
$10 < N \leqslant 15$	稍密	$N > 30$	密实

砂土的密实度对其工程性质具有重要的影响。密实的砂土具有较高的强度和较低的压缩性，是良好的建筑物地基；但松散的砂土，尤其是饱和的松散砂土，不仅强度低，且水稳定性很差，容易产生流砂、液化等工程事故。

（2）碎石土的密实度

碎石土难以将贯入器打入土中，可用重型圆锥动力触探锤击数 $N_{63.5}$ 来划分密实度，见表1-3。其中，$N_{63.5}$ 的意义是：用质量为63.5kg的重锤，按76cm落距自由落下，将贯入器

竖直击入土中30cm所需要的锤击次数

表1-3 碎石土的密实度

重型圆锥动力触探试验锤击数 $N_{63.5}$	密实度	重型圆锥动力触探试验锤击数 $N_{63.5}$	密实度
$N_{63.5} \leq 5$	松散	$10 < N_{63.5} \leq 20$	中密
$5 < N_{63.5} \leq 10$	稍密	$N_{63.5} > 20$	密实

注：1. 本表适用于平均粒径小于或等于50mm且最大粒径不超过100mm的卵石、碎石、圆砾、角砾。
　　2. 表内 $N_{63.5}$ 为经综合修正后的平均值。

对于平均粒径大于50mm或最大粒径大于100mm的碎石土，由于其颗粒较粗，更不易取得原状土样，也难以进行触探试验。对于这类土可在现场进行观察，根据骨架颗粒的含量、排列、可挖性以及可钻性来鉴别，见表1-4。

表1-4 碎石土密实度野外鉴别方法

密实度	骨架颗粒含量及排列	可挖性	可钻性
密实	骨架颗粒含量大于总重的70%，呈交错排列，连续接触	镐锹挖掘困难，用撬棍方能松动，井壁较稳定	钻进极困难；冲击钻探时钻杆和吊锤跳动剧烈，孔壁较稳定
中密	骨架颗粒含量大于总重的60%~70%，呈交错排列，大部分不接触	镐锹可挖掘，井壁有掉块现象	钻进极困难；冲击钻探时钻杆和吊锤跳动剧烈，孔壁有时坍塌
稍密	骨架颗粒含量小于总重的55%~60%，排列混乱，大部分不接触	镐锹可以挖掘；井壁易坍塌	钻进较容易；冲击钻探钻杆和吊锤跳动不明显，孔壁易坍塌
松散	骨架颗粒含量小于总重的55%，排列十分混乱，绝大部分不接触	镐锹易挖掘；井壁极易坍塌	钻进较容易；冲击钻探钻杆无跳动，孔壁极易坍塌

2. 黏性土的稠度、灵敏度和触变性

（1）稠度

稠度是黏性土因含水多少而表现出的稀稠软硬程度，而稠度状态是指黏性土因含水多少而呈现出的不同的物理状态。

土的稠度状态根据含水量的不同划分为固态、塑态和流态三种状态，其特点如下：

1）固态特点：含水量相对较少，土粒间主要以强结合水联结，比较牢固，土质坚硬，力学强度高，土体形状大小固定。

2）塑态特点：含水量比固态多，土粒间主要以弱结合水联结，在外力作用下容易产生变形，可揉塑成任意形状不破裂、无裂纹，去掉外力后仍能保持所得形状。

3）流态特点：含水量继续增加，粒间主要被液态水占据，联结极微弱，几乎丧失抵抗外力的能力，强度极低，不能维持一定的形状，土体呈泥浆状，受重力作用即可流动。

上面三种稠度状态中的每一种还可以进一步细分为两种稠度状态，见表1-5。另外，将黏性土由一种状态过渡到另一种状态的分界含水量称为界限含水量或稠度界限。例如，固态与半固态的界限含水量称为缩限含水量，简称缩限，用 w_s 表示；半固态与可塑态的界限含水量称为塑限含水量，简称塑限，用 w_p 表示；可塑态与流态的界限含水量称为液限含水量，简称液限，用 w_L 表示。

表 1-5 黏性土的稠度状态和稠度界限

稠度状态		特征	稠度界限	体积缩小方向	含水量减小方向
流态	流液状态	土呈液体状、薄层状流动	液限 w_L	↓	↓
	黏流状态	土似黏滞液体，呈厚层状流动			
塑态	黏塑状态	土具有塑性体性质，可塑成任意形状，且能黏着于其他物体上	缩限 w_s		
	稠塑状态	土具有塑性体性质，可塑成任意形状，但不能黏着于其他物体上			
固态	半固体状态	土近似固体，力学强度较大，形状固定，不能揉塑变形	塑限 w_P		
	固体状态	土具有固体性质，力学强度高，形状大小固定		体积不变	

稠度状态能说明黏性土的强度与压缩性：处于坚硬与硬塑状态的土，土质较坚硬，强度较高且压缩性较低（变形量较小）；处于流塑态与软塑态的土，土质软弱且压缩性较高；处于可塑态的土，其性质介于前两者之间。

（2）灵敏度

灵敏度反映黏性土结构性的强弱以及受扰动后结构变化的敏感程度。其定义为

$$S_t = \frac{q_u}{q'_u} \qquad (1\text{-}16)$$

式中　S_t——黏性土的灵敏度；

　　　q_u——原状土的无侧限抗压强度（kPa），即试样在无侧向压力条件下，抵抗轴向压力的极限强度；

　　　q'_u——与原状土密度、含水量相同，结构完全破坏的重塑土的无侧限抗压强度（kPa）。

根据灵敏度情况，土可以分为六类，见表 1-6。

表 1-6 土的灵敏度分类

$S_t \leq 1$	$1 < S_t \leq 2$	$2 < S_t \leq 4$	$4 < S_t \leq 8$	$8 < S_t \leq 16$	$S_t > 16$
不灵敏	低灵敏	中等灵敏	灵敏	很灵敏	流动

土的灵敏度越高，其结构性越高，受扰动后土的强度降低就越多，施工时应特别注意保护基槽，使结构不受扰动，从而避免降低地基强度。

（3）触变性

当黏性土结构受扰动时，土的强度降低，但静置一段时间，土的强度又重新增加，这种性质称为土的触变性。饱和黏性土的结构受到扰动，导致强度降低，但当扰动停止后，土的强度又随时间而逐渐（部分）恢复。在黏性土中沉桩时，往往利用振捣的方法，破坏桩侧土

与桩尖土的结构,以减小沉桩的阻力。但在沉桩完成后,土的强度可随时间部分恢复,使桩的承载力逐渐增加,这就是利用了土的触变性机理。

课题1.4 地基岩土的工程分类

地基岩土的分类方法很多,作为建筑物地基的岩土,主要根据它们的工程性质和力学性能分为岩石、碎石土、砂土、粉土、黏性土和人工填土等。

1. 岩石

1)根据岩石的坚硬程度分为坚硬岩、较硬岩、较软岩、软岩和极软岩,见表1-7。

表1-7 岩石坚硬程度的划分

名称		特征	代表性岩石
硬质岩	坚硬岩	锤击声清脆,有回弹,振手,难击碎,基本无吸水反应	花岗岩、闪长岩、辉绿岩、玄武岩、片麻岩、石英岩、石英砂岩、硅质石灰岩等
	较硬岩	锤击声较清脆,有轻微回弹,稍振手,较难击碎,有轻微吸水反应	1. 微风化的坚硬岩; 2. 未风化或微风化的大理岩、岩板等
软质岩	较软岩	锤击声不清脆,无回弹,较易击碎,指甲可划出印痕	1. 中风化的坚硬岩和较硬岩; 2. 未风化或微风化的凝灰岩、千枚岩、砂质泥岩等
	软岩	锤击声哑,无回弹,有凹痕,易击碎;浸水后,可捏成团	1. 强风化的坚硬岩和较硬岩; 2. 中风化的较软岩; 3. 未风化或微风化的泥质砂岩、泥岩等
极软岩		锤击声哑,无回弹,有较深凹痕,手可捏碎;浸水后,可捏成团	1. 风化的软岩; 2. 全风化的各种岩石; 3. 各种半成岩

2)根据岩石的风化程度分为未风化岩、微风化岩、弱风化岩、强风化岩和全风化岩石,见表1-8。

表1-8 岩石风化程度的划分

名称	特征
未风化岩	结构构造未变,岩质新鲜
微风化岩	结构构造、矿物色泽基本未变,部分裂缝面有铁锰质渲染
弱风化岩	结构构造部分破坏,矿物色泽有较明显变化,裂隙面出现风化物或出现风化夹层
强风化岩	结构构造出现大部分破坏,矿物色泽有较明显变化,长石、云母等多风化成次生矿物
全风化岩	结构构造全部破坏

3)岩石根据完整程度划分为完整、较完整、较破碎、破碎和极破碎。

2. 碎石土

粒径大于2mm的颗粒含量超过全重50%的土,称为碎石土。根据粒组含量和颗粒形状划分为漂石、块石、卵石、碎石、圆砾、角砾,见表1-9。

表 1-9 碎石土的分类

名称	颗粒形状	粒组含量
漂石	圆形及亚圆形为主	粒径大于 200mm 的颗粒含量超过全重的 50%
块石	棱角形为主	
卵石	圆形及亚圆形为主	粒径大于 20mm 的颗粒含量超过全重的 50%
碎石	棱角形为主	
圆砾	圆形及亚圆形为主	粒径大于 2mm 的颗粒含量超过全重的 50%
角砾	棱角形为主	

注：分类时应根据粒组含量栏从上到下以最先符合者确定。

3. 砂土

粒径大于 2mm 的颗粒含量不超过全重的 50%，以及粒径大于 0.075mm 的颗粒含量超过全重的 50% 的土为砂土。根据粒组含量分为砾砂、粗砂、中砂、细砂、粉砂，见表 1-10。

表 1-10 砂土的分类

名称	粒组含量	名称	粒组含量
砾砂	粒径大于 2mm 的颗粒占全重的 25%~50%	细砂	粒径大于 0.075mm 的颗粒超过全重的 85%
粗砂	粒径大于 0.5mm 的颗粒超过全重的 50%	粉砂	粒径大于 0.075mm 的颗粒超过全重的 50%
中砂	粒径大于 0.25m 的颗粒超过全重的 50%		

注：分类时应根据粒组含量栏从上到下以最先符合者确定。

4. 粉土

塑性指数 $I_p \leq 10$ 且粒径大于 0.075mm 的颗粒含量不超过全重 50% 的土，称为粉土。

5. 黏性土

塑性指数 $I_p > 10$ 的土称为黏性土。黏性土分布面积广，为最常见的一种土。塑性指数 $10 < I_p \leq 17$ 为粉质黏土；$I_p > 17$ 为黏土。根据液性指数，黏性土可分为坚硬、硬塑、可塑、软塑和流塑状态。

6. 人工填土

人工填土是指由于人类活动而堆填的土，包括素填土、压实填土、冲填土、杂填土。

（1）素填土

素填土的物质成分比较单一，多是山丘、高地挖方后在低洼处回填，由碎石土、砂土、粉土、黏性土等组成。回填时未做压实加密处理的土质疏松且不均匀，在水浸湿的情况下易发生湿陷性沉降。经人工分层压实的填土称为压实填土。

（2）冲填土

冲填土的物质成分比较复杂，是水力冲填泥砂形成的填土，多以粉土、黏性土为主，属欠固结的软弱土，若由中砂以上的粗颗粒组成，则不属于软土。

（3）杂填土

杂填土多是覆盖在城市区域地表的人工杂物，包括砖石瓦块等建筑垃圾、工业废料和生活垃圾等。这类土质物理成分复杂、均匀性差、堆积时间不同，故用作地基时应慎重对待。

课题1.5　建筑场地的工程地质勘察

1.5.1　工程地质勘察的目的与内容

1.5.1.1　工程地质勘察的目的

工程地质勘察的目的就是运用各种勘察技术手段，根据建设工程的要求，查明、分析、评价建筑场地的地质、环境特征和岩土工程条件，编制勘察文件，为建筑场地的选择、地基基础的设计和施工提供所需的基本资料，有时还可用来分析工程事故。

建筑场地地形平坦，地表土坚实，并不能保证地基土均匀与坚实。优良的设计方案必须以准确的工程地质资料为依据。地基土层的分布、土的松密、压缩性高低、强度大小、均匀性、地下水埋深及水质、土层是否会液化等条件都关系着建筑物的安危和能否正常使用。结构工程师只有对建筑场地的工程地质资料进行全面深入的研究，才能做出好的地基基础设计方案。

如果不进行现场勘察（或参考相邻建筑物的地基情况）就盲目进行设计，这种设计是值得怀疑的，就有可能造成严重的工程事故，这种做法不应推荐。在工程实践中，有不少这样的例子。常见的事故是贪快求省、勘察不详或分析结论有误，以致延误建设进度、浪费大量资金，甚至遗留后患。为此，《岩土工程勘察规范（2009年版）》（GB 50021—2001）中作为强制性条文明确指出："各项工程建设在设计和施工之前，必须按基本建设程序进行岩土工程勘察，岩土工程勘察应按工程建设各勘察阶段的要求，正确反映工程地质条件，查明不良地质作用和地质灾害，精心勘察，精心分析，提出资料完整、评价正确的勘察报告。"从事设计和施工的工程技术人员务必重视该项工作，正确地向勘察单位提出勘察任务和要求，并能正确地分析和使用工程地质勘察报告。

1.5.1.2　不同阶段的勘察内容与要求

建筑场地的岩土工程勘察，应在搜集建筑物或构筑物（以下简称建筑物）上部荷载功能特点、结构类型、基础形式、埋置深度和变形限制等方面资料的基础上进行。

建筑场地的岩土工程勘察宜分阶段进行，可行性研究勘察应符合选择场址方案的要求；初步勘察应符合初步设计的要求；详细勘察应符合施工图设计的要求；场地条件复杂或有特殊要求的工程，宜进行施工勘察。

场地较小且无特殊要求的工程可合并勘察阶段。当建筑物平面布置已经确定，且场地或其附近已有岩土工程资料时，可根据实际情况，直接进行详细勘察。

1. 可行性研究勘察（规划性勘察、选址勘察）

可行性研究勘察的目的是取得选择场址所需的主要岩土工程地质资料，对拟建场地的稳定性和适宜性做出工程地质评价和方案比较。这一阶段勘察工作的主要任务有以下几个方面：

1）搜集区域地质、地形地貌、地震、矿产、当地的工程地质、岩土工程和建筑经验等资料。

2）在充分收集和分析已有资料的基础上，通过踏勘了解场地的地层、构造、岩性、不良地质作用和地下水等工程地质条件。

3）当拟建场地工程地质条件复杂，已有资料不能满足要求时，要根据具体情况进行工程地质测绘和必要的勘探工作。

4）当有两个或两个以上拟选场址时，应进行比较分析。

根据已有的建设经验，在选择场址时一般宜避开下列地区或地段：

① 不良地质发育且对场地稳定性有直接危害或潜在威胁的区域，如有大滑坡、强烈发育岩溶、地表塌陷、泥石流及江河岸边强烈冲淤区等。

② 地震基本烈度较高，可能存在地震断裂带，以及地震时可能发生滑坡、山崩、地表断裂的场地。

③ 洪水或地下水对建筑场地有严重不良影响的区域。

④ 地下有尚未开采的有价值矿藏或未稳定的地下采空区。

2. 初步勘察

初步勘察是在建设场址选定批准后进行的。初步勘察的目的是对场地内拟建建筑地段的稳定性做出岩土工程评价，为总平面图布置取得足够的地质资料，对主要建筑物的地基基础方案及不良地质现象的防治方案提供地质资料。这一阶段勘察工作的主要任务有以下几个方面：

1）搜集拟建工程的有关文件、岩土工程资料以及工程场地范围的地形图。

2）初步查明地质构造、地层结构、岩土工程特性、地下水埋藏条件。

3）查明场地不良地质作用的成因、分布、规模、发展趋势，并对场地的稳定性做出评价。

4）对抗震设防烈度等于或大于6度的场地，应对场地和地基的地震效应做出初步评价。

5）季节性冻土地区，应调查场地土的标准冻结深度。

6）初步判定水和土对建筑材料的腐蚀性。

7）高层建筑初步勘察时，应对可能采取的地基基础类型、基坑开挖与支护、工程降水方案进行初步分析评价。

3. 详细勘察

详细勘察在初步设计完成以后进行，直接为设计施工图提供资料。对于有建筑经验的地区、小型工程和现有项目的扩建工程一般可直接进行这一阶段的勘察工作。详细勘察的目的是针对具体建筑物地基或具体工程的地质问题，为施工图设计和施工（地基处理、基坑开挖、基坑支护等）提供可靠的工程地质资料。因此，详细勘察应按单体建筑物或建筑群提供详细的岩土工程资料和设计、施工所需的岩土参数；对建筑地基做出岩土工程评价，并对地基类型、基础形式、地基处理、基坑支护、工程降水和不良地质作用的防治等提出建议。这一阶段勘察工作的主要任务有以下几个方面：

1）搜集附有坐标和地形的建筑总平面图、场区的地面整平标高、建筑物的性质、规模、荷载、结构特点、基础形式、埋置深度、地基允许变形等资料。

2）查明不良地质作用的类型、成因、分布范围、发展趋势和危害程度，提出整治方案和建议。

3）查明建筑范围内各岩土层的类型、深度、工程特性，分析和评价地基的稳定性、均匀性和承载力。

4）对需进行沉降计算的建筑物，提供地基变形计算参数，预测建筑物的变形特征。

5）查明暗藏的河道、沟浜、墓穴、防空洞、孤石等对工程不利的埋藏物。

6）查明地下水埋藏条件，提供地下水位及其变化幅度。

7）在季节性冻土地区，提供场地土的标准冻结深度。

8）判定水和土对建筑材料的腐蚀性。

对抗震设防烈度大于或等于6度的场地，应进行场地和地基地震效应的岩土工程勘察，并应根据国家批准的地震动参数区划和有关规范，提出勘察场地的抗震设防烈度，设计基本地震加速度和特征周期。应划分场地的类别，划分对抗震有利、不利或危险的地段，进行液化判别。

当建筑物采用桩基时，应查明场地各层岩土的类型、深度、分布、工程特性和变化规律；当采用基岩作为桩的持力层时，应查明基岩的岩性、构造、岩面变化、风化程度，确定其坚硬程度、完整程度和基本质量等级，判定有无洞穴、临空面、破碎岩体或软弱岩层；查明水文地质条件，评价地下水对桩基设计和施工的影响，判定水质对建筑材料的腐蚀性；查明不良地质作用、可液化土层和特殊性岩土的分布及其对桩基的危害程度，并提出防治措施的建议；评价成桩可能性，论证桩的施工条件及其对环境的影响。

工程需要时，详细勘察应论证地基土和地下水在建筑施工和使用期间可能产生的变化及其对工程和环境的影响，提出防治方案、防水设计水位和抗浮设计水位的建议。

4．施工勘察

施工勘察不是一个固定的勘察阶段，应根据工程需要而定。施工勘察的目的是与设计、施工单位一起，解决与施工有关的工程地质问题。它不仅包括施工阶段的勘察工作，还包括可能在施工完成后进行的勘察工作。一般而言，当出现下列情况时应进行施工勘察：

1）在复杂地基上修建较重要的建筑物时。

2）基槽开挖后，地质条件与原勘察资料不符，有可能要做较大设计修改时。

3）深基础设计及施工中需要进行测试工作时。

4）选择地基处理方案，需进行设计和检验工作时。

5）需进一步查明及处理地基中的不良地质现象，如溶洞、土洞等时。

6）对施工中出现的边坡失稳等问题需进行观测和处理时。

当需进行基坑开挖、支护和降水设计时，勘察工作应包括基坑工程勘察的内容。根据岩土工程条件，判定开挖、降水可能发生的问题和需要采取的支护措施，必要时尚应在施工阶段进行补充勘察。

1.5.2　工程地质勘察报告

在野外勘察工作和室内土样试验完成后，将工程地质勘察纲要、勘探孔平面布置图、钻孔记录表、原位测试记录表、土的物理力学试验成果、勘察任务委托书、建筑平面布置图及地形图等有关资料汇总，并进行整理、检查、分析、鉴定，经确定无误后编制成工程地质勘察成果报告。提供给建设单位、设计单位和施工单位使用，是存档长期保存的技术资料。

1.5.2.1 工程地质勘察报告的基本内容

1. 文字部分

文字部分包括勘察目的、任务、要求和勘察工作概况；拟建工程概述；建筑场地描述（如场地位置、地形地貌、地质构造、不良地质现象的描述与评价）及地震基本烈度；建筑场地的地层分布、结构，岩土的颜色、密度、湿度、均匀性、层厚；地下水的埋藏深度、水质侵蚀性及当地冻结深度；各土层的物理力学性质、地基承载力和其他设计计算指标；建筑场地稳定性与适宜性的评价；建筑场地及地基的综合工程地质评价；结论与建议；根据拟建工程的特点，结合场地的岩土性质，提出的地基与基础方案设计建议；推荐持力层的最佳方案，建议采用的地基加固处理方案；对工程施工和使用期间可能发生的岩土工程问题，提出预测、监控和预防措施的建议。

2. 图表部分

一般工程地质勘察报告书中所附图表有下列几种：勘探点平面布置图、工程地质剖面图地质柱状图或综合地质柱状图、室内土工试验成果表、原位测试成果图表（如现场载荷试验、标准贯入试验等）、其他必要的专门土建和计算分析图表。

上述内容并不是每一份工程地质勘察报告都必须全部具备的，应视具体要求和实际情况有所侧重，以能充分说明问题为准。

1.5.2.2 工程地质勘察报告的编制、阅读与使用

1. 工程地质勘察报告的编制

地质勘察工作的最终成果是以报告书的形式呈现的。勘察工作结束后，将取得的野外工作和室内试验的记录与数据，以及搜集到的各种直接或间接资料进行分析整理、检查校对、归纳总结，做出建筑场地的工程地质评价。以简要明确的文字和图表编成报告书。

岩土工程地质勘察报告应资料完整、真实准确、数据无误、图表清晰、结论有据、建议合理、便于使用和长期保存，并应因地制宜，重点突出，有明确的工程针对性。

岩土工程地质勘察报告应根据任务要求、勘察阶段、工程特点和地质条件等具体情况编写，并应包括下列内容：

1）勘察目的、任务要求和依据的技术标准。
2）拟建工程概况。
3）勘察方法和勘察工作布置。
4）场地地形、地貌、地层、地质构造、岩土性质及其均匀性。
5）各项岩土性质指标，岩土的强度参数、变形参数、地基承载力的建议值。
6）地下水埋藏情况、类型、水位及其变化。
7）土和水对建筑材料的腐蚀性。
8）可能影响工程稳定的不良地质作用的描述和对工程危害程度的评价。
9）场地稳定性和适宜性评价。

岩土工程地质勘察报告应对岩土利用、整治和改造的方案进行分析论证，提出建议；对工程施工和使用期间可能发生的岩土问题进行预测，提出监控和预防措施的建议。成果报告应附下列图件：

1）勘探点平面布置图。
2）工程地质柱状图。

3）工程地质剖面图。
4）原位测试成果图表。
5）室内试验成果图表。

2. 工程地质勘察报告的阅读与使用

阅读勘察报告的目的在于掌握场地的工程地质条件，以便正确加以利用。因此，必须重视勘察报告的阅读与使用，阅读的步骤和重点如下：

1）全面仔细阅读勘察报告的内容，了解勘察结论和计算指标的可靠程度，进而判断报告的建议对本工程的适用性，防止只注重个别数据和结论的做法。

2）根据工程特点和要求，核对钻孔布置、钻孔深度、取样数量等是否符合有关规范的要求。

3）复核土工试验是否合理，地基与基础设计和施工所需数据是否齐全，是否满足设计和施工的要求。

4）地质剖面图中钻孔点地面标高，钻孔深度，各土层的名称、厚度、坡度等分布情况；勘探点平面布置图中钻孔位置、剖面线及位置；与剖面图对应，了解整个拟建场地的土层分布情况；根据土的各项指标，比较各层土的特性，是否有薄弱部位等。

5）地下水的埋藏条件、有无侵蚀性、地下水位及变化规律。

6）根据工程地质评价、结论和建议，结合工程的具体情况，合理确定持力层、基础类型、地基处理方法、基础施工方案等。

分析工程地质勘察报告时，要把场地的工程地质条件与拟建建筑物具体情况和要求联系起来，既要从场地工程地质条件出发进行设计、施工，又要在设计、施工中发挥主观能动性，充分利用有利的工程地质条件。因此，在分析工程地质勘察报告时，以下内容必须引起工程技术人员的足够重视：

勘察报告的综合分析首先是评价场地的稳定性和适宜性。场地稳定性涉及区域稳定性和场地地基稳定性两方面问题。前者是指一个地区的整体稳定，如有无新的、活动的构造断裂带通过；后者是指一个具体的工程建筑场地有无不良地质现象及其对场地稳定性的直接与潜在的危害。原则上，采取区域稳定性和地基稳定性相结合的观点。当地区的区域稳定性条件不利时，寻找一个地基好的场地，会改善区域稳定性条件。对勘察报告中指明宜避开的危险场地，则不宜进行建筑，如不得不在其中较为稳定的地段进行建筑，也需事先采取有力的防范措施，以免中途更改场地或花费极高的处理费用。对建筑场地可能发生的不良地质现象，如泥石流、滑坡、崩塌、岩溶、塌陷等，应查明其成因、类型、分布范围、发展趋势及危害程度，采取适当的整治措施。

地基与基础的设计必须满足地基承载力和基础沉降这两项基本要求。基础的形式有深浅之分，前者主要把所承受的荷载相对集中地传递到地基深部，而后者则通过基础底面，把荷载扩散分布到浅层地基。因而基础形式不同，持力层选择时侧重点就不同。

对浅基础而言，在满足地基稳定和变形要求的前提下，基础应尽量浅埋。如果上层土地基承载力大于下层土，则尽量利用上层土作为地基持力层；若遇软弱地基，则宜利用上部硬壳层作为持力层。填充土、建筑垃圾和性能稳定的工业废料，当均匀性和密实度好时，也可作为持力层，不应一概予以挖除。当荷载影响范围内的地层不均匀，有可能产生不均匀沉降时，应采取适当的防治措施，或加固处理，或调整上部荷载的大小。如果持力层承载力不能满足设计要求,则可采取适当的地基处理措施,例如软弱地基的深层搅拌、预压堆载、化学加固、湿陷性地基的强夯密实等。

对深基础而言,主要的问题是选择桩尖持力层。桩尖持力层一般宜选择稳定的硬塑-坚硬状态的低压缩性黏土层和粉土层;中密以上的砂土和碎石层;中-微风化的基岩。当以第四纪松散的沉积层作为桩尖持力层时,应从持力层的整体强度及变形要求考虑,保证持力层有足够的厚度。持力层的下部不应有软弱地基和可液化地层。此外,还应结合地层的分布情况和岩土特征,考虑成桩时穿过持力层以上各地层的可能性。

基础设计、施工方案不要仅局限于拟建场地范围内,它或多或少,或直接或间接要对场地周围的环境甚至工程自身产生影响。如排水时地下水位要下降,基坑开挖时要引起坑外土体的变形,打桩时产生的挤土效应,灌注桩施工时泥浆排放对环境的污染等。因此,选择基础方案时要预测到施工过程中可能出现的问题,要从工程建设的全过程考虑,提出合理的施工方法及相应的防治措施。

需要指出的是,由于勘察详细程度有限,加之地基土的特殊性和勘察手段本身的局限性,或人为和仪器设备的影响,勘察报告不可能完全准确地反映场地的全部特征。因而在阅读和使用勘察报告时,应注意分析和发现问题,对有疑问的关键性问题应设法进一步查明,以确保工程质量。

实 训 课 题

一、测定土的基本物理性质指标

(一)试验要求

1)要求实验室提供一块原状土样或提供取土场地,并准备试验仪器。

2)要求学生测该土样的含水量、质量密度(重度)和相对密度。

3)要求学生试验前预习密度、相对密度、含水量、孔隙比、孔隙率、饱和度、干土密度和饱和密度的定义,并且考虑下列问题:

① 什么时候必须测定土的密度、相对密度、含水量?试验结果有什么用处?

② 影响各试验结果准确度的操作步骤有哪些?

③ 相对密度测定中煮沸的目的何在?放入恒温水槽的目的何在?

(二)试验内容

1. 质量密度试验(环刀法)

(1)仪器设备

① 环刀:内径(61.8±0.15)mm 或(79.8±0.15)mm,高20mm,体积为60cm^3 或100cm^3,壁厚1.5~2.0mm。环刀剖面如图1-13所示。

② 天平：称量500g，分度值0.1g。
③ 其他：铁锹、切土刀、玻璃片、凡士林等。

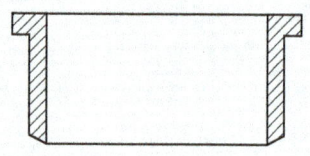

图1-13 环刀剖面图

（2）试验步骤
① 取原状土或按需要制备的重塑土，用切土刀整平其上表面。
② 用切土刀将土样削成略大于环刀直径的土柱，然后在环刀内壁均匀涂抹少量凡士林，刃口向下放在土样上。
③ 手按环刀边沿将环刀竖直均匀下压，边压边削，至土样露出环刀为止，再削去环刀两端余土，并修平（修平时，不得在试样表面往返压抹）。
④ 擦净环刀外壁，称环刀加土的质量（m_1），精确至0.1g。
⑤ 记录m_1、环刀号数以及由实验室提供的环刀质量（m_2）和环刀体积（V）。

（3）操作中注意事项
① 环刀切取土样时，应竖直下压且手不触压土体。
② 修平试样时，一般不应填补。当确需填补时，填补部分不得超过环刀容积的10%。
③ 修平试样时，环刀试样应侧拿，不许放在掌心。
④ 取样、修平后，为防止试样中水分的变化，可用两块玻璃片盖住环刀上、下口。
⑤ 称量前，天平应调平；称量中，应注意称量准确。

（4）计算

$$\rho = \frac{m_1 - m_2}{V} \tag{1-17}$$

式中　ρ——土的密度（g/cm³）；
　　　m_1——环刀加土的质量（g）；
　　　m_2——环刀的质量（g）；
　　　V——环刀的体积（cm³）。

（5）结果评定
结果评定密度需进行两次平行试验测定，要求平行差不大于0.03g/cm³。若满足平行差要求，则取两次试验结果的算术平均值作为最后结果；若试验结果不符合平行差要求，则需寻找误差原因，重做试验。

（6）试验记录表（表1-11）

表1-11　密度试验

土样编号	环刀号	环刀+土质量 m_1 g	环刀质量 m_2 g	环刀内土样质量 m_1-m_2 g	环刀体积 V cm³	质量密度 $\frac{m_1-m_2}{V}$ g/cm³	平均密度 $\frac{\rho_1+\rho_2}{2}$ g/cm³	备注

2. 含水量试验

含水量测定方法：烘干法和酒精燃烧法。

（1）烘干法（烘干法是规范要求的标准方法，试验结果精确）

1）仪器设备：

① 烘箱：电热恒温烘箱。

② 电子天平：称量200g，分度值0.01g。

③ 电子台秤：称量5000g，分度值1g。

④ 称量盒：每个称量盒的质量都已称量，并记录备查。

⑤ 其他：干燥器，切土刀等。

2）试验步骤：

① 取有代表性试样：细粒土15~30g，砂类土50~100g，砂砾石2~5kg。将试样放入称量盒内，立即盖好盒盖，称量称量盒与土的质量（m_1），细料土、砂类土称量应准确至0.01g，砂砾石称量应准确至1g。当使用恒质量盒时，可先将其放置在电子天平或电子台秤上清零，再称量装有试样的恒质量盒，称量结果即为湿土质量。

② 揭开盒盖，将试样和盒放入烘箱，在105~110℃下烘到恒重。烘干时间，对黏质土，不得少于8h；对砂类土，不得少于6h；对有机质含量为5%~10%的土，应将烘干温度控制在65~70℃的恒温下烘至恒重。

③ 将烘干后的试样和盒取出，盖好盒盖放入干燥器内冷却至室温，称干土质量（m_2）。将称量盒中的干土倒出，擦净盒子，称出盒子质量m_3。

3）计算：

$$\omega = \frac{m_1 - m_2}{m_2 - m_3} \times 100\% \tag{1-18}$$

式中　ω——土的含水量（%），精确至0.1%；

　　$m_1 - m_2$——试样中所含水分的质量（g）；

　　m_3——称量盒的质量（g）；

　　$m_2 - m_3$——试样中土颗粒（干土）的质量（g）。

4）结果评定：

含水量需进行两次平行试验测定，两次测定的差值需满足：当含水量小于40%时，不得大于1%；当含水量大于40%时，不得大于2%。检验满足要求后，取两次试验值的算术平均值作为最后试验结果。

5）试验记录表（表1-12）。

（2）酒精燃烧法（是现场快速测定法）

当无烘箱设备或要求快速测定含水量时采用酒精燃烧法，试验时只要方法正确、严格按规定方法操作，也可以保证试验精度。

1）仪器设备：

① 电子天平：称量200g，分度值0.01g。

② 酒精：纯度不得小于95%。

③ 其他：称量盒、滴管、火柴、调土刀。

表 1-12 含水量试验

工地：_____ 组别：_____ 第___次试验
试验方法：_____ 试验者：_____ 试验日期：_____

土样编号	比重瓶号	称量盒+湿土质量 m_1 g	称量盒+干土质量 m_2 g	称量盒质量 m_3 g	土样中水的质量 m_1-m_2 g	干土质量 m_2-m_3 g	含水量 ω %	平均含水量 $\frac{\omega_1+\omega_2}{2}$ %	备注

2）试验步骤：

① 取有代表性试样：黏土 5~10g，砂土 20~30g。放入称量盒内，应按烘干法的规定称取湿土，盒加湿土总质量为 m_1。

② 用滴管将酒精注入放有试样的称量盒中，直至盒中出现自由液面为止。为使酒精在试样中充分混合均匀，可将盒底在桌面上轻轻敲击。

③ 点燃盒中酒精，烧至火焰熄灭。

④ 将试样冷却数分钟，按上述步骤再重复燃烧两次。当第 3 次火焰熄灭后，立即盖好盒盖，称干土质量 m_2。将称量盒中的干土倒出，擦净盒子，称出盒子质量 m_3。本试验称量应准确至 0.01g。

3）计算与结果评定：

计算方法与结果评定及试验记录表同烘干法。

4）试验注意事项：

取代表性土样装入称量盒后，立即盖上盒盖；加入酒精燃烧时，不应敲击称量盒或搅拌土样；称空称量盒质量时，需擦净盒内燃烧后干土。

3. **相对密度试验（比重瓶法）**

（1）仪器设备

① 比重瓶：容量 100mL（图 1-14）。

② 天平：称量 200g，分度值 0.001g。

③ 恒温水槽：最大允许误差应为 ±1℃。

④ 砂浴：应能调节温度。

⑤ 其他：孔径 5mm 的筛、烘箱、研钵、漏斗、盛土器、纯水等。

（2）试验步骤

① 试样制备：将风干或烘干的试样约 100g 放在研钵中研碎，

图 1-14 比重瓶

使其全部通过3mm的筛。将筛过的试样在100~105℃下烘至恒重后放入干燥器内冷却至室温备用。

② 将烘干土约15g，用漏斗装入烘干的比重瓶内并称其质量m_1，精确至0.001g。

③ 向装有干土的比重瓶注纯水至一半处。

④ 摇动比重瓶，使土粒初步分散，然后将其放在砂浴上煮沸（需将瓶塞取下）。煮沸时注意调节砂浴温度，避免瓶内悬液溅出。煮沸时间从开始沸腾时算起，砂土和粉土不少于30min，粉质黏土和黏土不少于1h（试验时煮沸时间由指导教师根据具体情况决定）。

⑤ 从砂浴上取下比重瓶，注入纯水至近满，然后将比重瓶放在恒温水槽中。待瓶内悬液温度稳定后（与水槽内的水温相同），测记水温（T），精确至0.5℃（注：本试验槽内水温控制在20℃）。

⑥ 轻轻插上瓶塞，使多余水分从瓶塞的毛细管上溢出（溢出的水是不含土粒的清水）。取出比重瓶，擦干瓶外壁水分，称瓶加水加土的总质量m_4，精确至0.001g。

注：煮沸时，严禁带土粒的悬液从瓶中溢出，必须随时守候观察，当发现有可能溢出时，可调节砂浴温度，必要时可用滴管滴入数滴低温纯水，使其降温。

（3）计算

$$d_s = \frac{m_1-m_2}{m_1+m_2-m_3-m_4} \cdot \frac{\rho_{wt}}{\rho_{w4℃}} \tag{1-19}$$

式中 d_s——土的相对密度（g/cm³）；

m_1——瓶加土质量（g）；

m_2——瓶质量（根据瓶号查表）(g)；

m_3——瓶加水质量（g），根据试验前比重瓶校准时，绘制的瓶、水总质量与温度的关系曲线获取；

m_4——瓶加水加土质量（g）；

ρ_{wt}——水在T时的密度（查表1-13）(g/cm³)；

$\rho_{w4℃}$——水在4℃时的密度（g/cm³），为1g/cm³。

表1-13 水的密度表

温度/℃	0.0	0.1	0.2	0.3	0.4	0.5	0.6	0.7	0.8	0.9
5	0.999992	0.999990	0.999988	0.999986	0.999784	0.999982	0.999980	0.999977	0.999974	0.999971
6	0.999968	0.999965	0.999962	0.999958	0.999954	0.999951	0.999947	0.999943	0.999938	0.999934
7	0.999930	0.999925	0.999920	0.999915	0.999910	0.999905	0.999899	0.999894	0.999888	0.999882
8	0.999876	0.999870	0.999864	0.999857	0.999851	0.999844	0.999837	0.999831	0.999823	0.999816
9	0.999809	0.999801	0.999794	0.999786	0.999778	0.999770	0.999762	0.999753	0.999745	0.999736
10	0.999728	0.999719	0.999710	0.999701	0.999692	0.999682	0.999672	0.999663	0.999653	0.999645
11	0.999633	0.999623	0.999612	0.999602	0.999591	0.999580	0.999569	0.999559	0.999547	0.999536

(续)

温度/℃	0.0	0.1	0.2	0.3	0.4	0.5	0.6	0.7	0.8	0.9
12	0.999525	0.999513	0.999502	0.999490	0.999478	0.999466	0.999454	0.999442	0.999429	0.999417
13	0.999404	0.999391	0.999378	0.999366	0.999352	0.999339	0.999326	0.999312	0.999299	0.999285
14	0.999271	0.999257	0.999243	0.999229	0.999215	0.999200	0.999186	0.999171	0.999156	0.999142
15	0.999127	0.999111	0.999096	0.999081	0.999065	0.999050	0.999034	0.999018	0.999002	0.998986
16	0.998970	0.998954	0.998837	0.998921	0.998904	0.998888	0.998871	0.998854	0.998837	0.998820
17	0.998802	0.998785	0.998767	0.998750	0.998732	0.998714	0.998696	0.998678	0.998660	0.998642
18	0.998623	0.998605	0.998586	0.998567	0.998549	0.998530	0.998511	0.998491	0.998472	0.998453
19	0.998633	0.998414	0.998394	0.998374	0.998354	0.998334	0.998314	0.998294	0.998273	0.998253
20	0.998232	0.998212	0.998191	0.998170	0.998149	0.998128	0.998107	0.998086	0.998064	0.998043
21	0.998021	0.997999	0.997978	0.997956	0.997934	0.997911	0.997889	0.997867	0.997844	0.997822
22	0.997799	0.997777	0.997754	0.997131	0.997708	0.997685	0.997661	0.997638	0.997615	0.997591
23	0.997567	0.997544	0.997520	0.997496	0.997472	0.997448	0.997444	0.997399	0.997375	0.997350
24	0.997326	0.997301	0.997276	0.997251	0.997226	0.997201	0.997176	0.997151	0.997125	0.997100
25	0.997074	0.997048	0.997023	0.996997	0.996971	0.996945	0.996918	0.996892	0.996866	0.996839
26	0.996813	0.996786	0.996759	0.996733	0.996706	0.996679	0.996652	0.996624	0.996597	0.996570
27	0.996542	0.996515	0.996487	0.996459	0.996431	0.996403	0.996375	0.996347	0.996319	0.996291
28	0.996262	0.996234	0.996205	0.996177	0.996148	0.996119	0.996090	0.996061	0.996032	0.996003
29	0.995974	0.995944	0.995915	0.995885	0.995855	0.995826	0.995796	0.995766	0.995736	0.995706
30	0.995676	0.995645	0.995615	0.995585	0.995554	0.995524	0.995493	0.995462	0.995431	0.995400
31	0.995369	0.995338	0.995307	0.995276	0.995244	0.995213	0.995181	0.995150	0.995118	0.995086
32	0.995054	0.995022	0.994990	0.994958	0.994926	0.994894	0.994861	0.994829	0.994796	0.994764
33	0.9947731	0.994698	0.994665	0.994632	0.994599	0.994566	0.994533	0.994500	0.994466	0.994433
34	0.994399	0.994366	0.994332	0.994298	0.994264	0.994230	0.994196	0.994162	0.994128	0.994094
35	0.994059	0.994025	0.993991	0.993956	0.993921	0.993887	0.993582	0.993817	0.993782	0.993747

(4) 结果评定

相对密度需进行两次平行试验测定，平行差不得大于 0.02，满足要求后，取其算术平均值作为最终试验结果。

（5）试验记录表（表1-14）

表1-14 相对密度试验

工地:____ 组别:____ 第____次试验								
试验方法:____ 试验者:____ 试验日期:____								
土样编号	比重瓶号	瓶+土质量 m_1	比重瓶质量 m_2	土质量 m_1-m_2	瓶+水质量 m_3	瓶+水+土质量 m_4	相对密度 d_s	平均含水量 $\dfrac{d_{s1}+d_{s2}}{2}$	备注
		g	g	g	g	g			

二、测定黏性土的界限含水量（液限、塑限）

（一）试验要求

1）实验室提供经过调拌浸润处理后的土样，并准备试验仪器。
2）要求学生测定该土的液限和塑限，掌握操作要点。
3）学生应熟悉塑限、液限的概念，清楚测定土的液限、塑限的作用。
4）试验后，学生应判定出该土的名称及天然稠度状态。

（二）试验内容

土的液限、塑限试验方法有碟式液限仪法测定液限，圆锥式液限仪法测定液限，滚搓法测定塑限，光电式液塑限联合测定仪测定液、塑限。

1. 现场简易设备测定液、塑限

（1）液限的测定

测定方法：圆锥式液限仪，即平衡锥法。

1）仪器设备：

① 圆锥仪：如图1-15所示，圆锥质量76g，锥角30°，高约25mm，距锥尖10mm处有环状刻度。

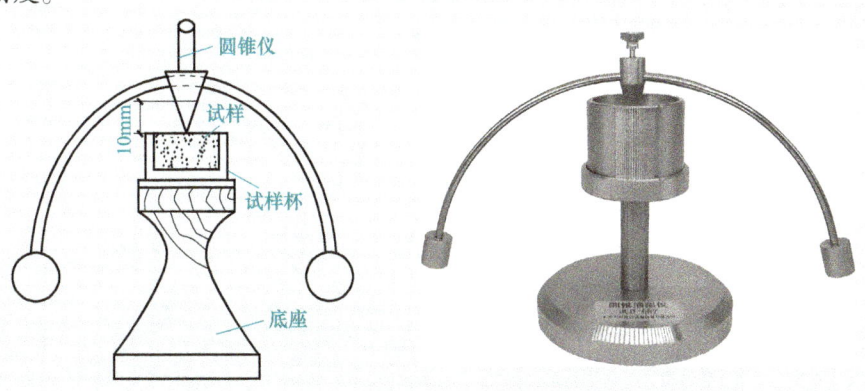

图1-15 圆锥式液限仪

② 天平：称量200g，分度值0.01g。

③ 其他：烘箱、干燥器、盛土器、调土板、调土刀、烘土盒、滴管、凡士林、秒表等。

2）试验步骤：

① 土样制备：取有代表性并保持天然含水量的土样进行测定，当试样中含有粒径大于0.5mm的土粒和杂物时，应风干研磨后过0.5mm的筛，再加蒸馏水调至均浓糊状，盖好静置一昼夜。

② 装样放锥：将调好的土样分层压填入试样杯中，使内部均匀填实，刮平杯口，放在支座上。在锥尖均匀涂抹少量凡士林，两指提住手柄，将平衡锥放在试样表面中部至锥尖与试样表面接触，然后缓缓放开手指，使锥体在自重作用下沉入土样中。观察试锥，当锥体约经15s沉入土中深度大于或小于10mm时，则表示试样的含水量高于或低于液限。这时应先挖出黏有凡士林的土样不要，再将试样杯内的试样全部放回调土板上，或铺开蒸发多余水分，或加入少量纯水，重新调拌均匀，重复以上步骤，直至锥体经15s沉入土中深度恰好为10mm。

③ 测定液限：取出锥体，挖去黏有凡士林的土样，用刀尖在沉锥点附近取土样10g左右放入烘土盒中，称量其质量为m_1，烘干后称量盒加土质量为m_2，将土倒出，擦净盒子，称量盒子质量为m_3。测定其含水量，即为液限。

3）计算：

$$\omega_L = \frac{m_1 - m_2}{m_2 - m_3} \times 100\% \tag{1-20}$$

式中　ω_L——液限（%），精确至0.1%；

　　　m_1——烘干盒加湿土质量（g）；

　　　m_2——烘干盒加干土质量（g）；

　　　m_3——烘干盒质量（g）。

4）结果评定：

液限需进行两次平行试验测定。平行差要求当$\omega_L < 40\%$时，差值不得大于1%；当$\omega_L \geq 40\%$时，差值不得大于2%，满足上述要求时，取其算术平均值（以整数表示）作为液限值。

（2）塑限的测定

测定方法：滚搓法，即搓条法。

1）仪器设备：

① 毛玻璃板：尺寸值为200mm×300mm。

② 天平：分度值0.01g。

③ 其他：直径为3mm的钢丝、卡尺、烘箱、烘干盒、滴管、蒸馏水、吹风机等。

2）试验步骤：

① 将原状土或已过0.5mm筛的风干土，加少许蒸馏水调成不黏手的泥块，用湿布敷盖，静置24h（实验室工作人员完成）；将制备好的试样在手中揉捏至不黏手，捏扁即出现裂缝，则表示土样含水量接近塑限；取接近塑限含水量的试样8~10g，用手搓成圆球，放

在毛玻璃板上用手掌均匀用力滚搓，土条长度超出手掌宽度以外的部分应切除。

② 当土条搓成直径3mm时，产生裂纹并开始断裂，此时试样的含水量达到塑限，如图1-16所示；若土条不产生裂纹或土条直径不到3mm时便已经断裂，则应重新取样调水试验；取合格土条3~5条装入烘干盒，称量其质量为m_1，烘干后称量盒加土质量为m_2，将土倒出，擦净盒子，称量盒子质量为m_3。测定其含水量，即为塑限。

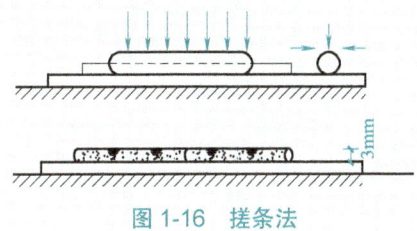

图1-16 搓条法

3）计算：

$$\omega_P = \frac{m_1 - m_2}{m_2 - m_3} \times 100\% \qquad (1-21)$$

式中 ω_P——塑限（%），精确至0.1%。

其余符号同液限公式。

4）结果评定：

结果评定同液限的测定。

（3）液限、塑限试验记录表（表1-15）

表1-15 液限、塑限测定试验

工地：_____ 组别：_____ 第___次试验
试验方法：_____ 试验者：_____ 试验日期：_____

试验项目			液限试验		塑限试验	
试验次数			1	2	1	2
烘干盒号						
烘干盒+湿土质量	m_1	g				
烘干盒+干土质量	m_2	g				
烘干盒质量	m_3	g				
水的质量	m_1-m_2	g				
干土质量	m_2-m_3	g				
液限、塑限	ω_L、ω_P	%				
平均值	$\frac{\omega_{L1}+\omega_{L2}}{2}$、$\frac{\omega_{P1}+\omega_{P2}}{2}$	%				
备注	由上述试验结果可得：该土液性指数I_L=___，塑性指数I_P=___，该土名称为___，该土处于___状态					

2. 液、塑限联合测定法

本试验用光电式液、塑限联合测定仪测得土在不同含水量时的圆锥入土深度,绘制其关系直线图,根据入土深度在图上找出该试样的液限和塑限。

(1) 仪器设备

① 光电式液塑限联合测定仪:如图 1-17 所示。

② 天平:称量 200g,分度值 0.01g。

③ 其他:调土刀、盛土器、直刀、凡士林、称量盒、烘箱、干燥器等。

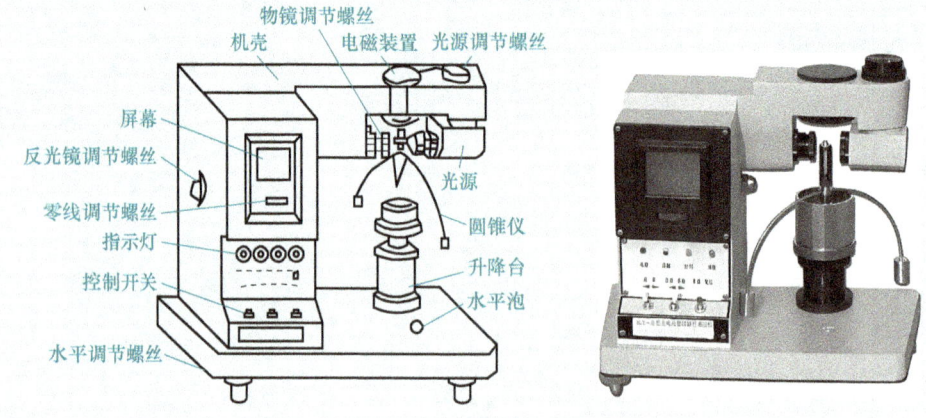

图 1-17 光电式液塑限联合测定仪

(2) 试验步骤

① 取粒径 <0.5mm、有机质含量 ≤5% 的黏性风干土样约 200g,分成 3 份,分别放入盛土器中,分别加入不同含量的水,制成不同稠度的试样(这三个盛土器内的试样含水量要求是:一种含水量接近液限,一种含水量接近塑限,一种含水量介于两者之间)。

② 然后盖上湿布,静置一昼夜。若采用天然试样,则可不静置。将制备的试样充分调匀(或搅拌均匀),填入试样杯中,填满后用调土刀刮平表面,然后将试样杯放在联合测定仪的升降座上。

③ 在圆锥仪锥体上均匀涂抹少量凡士林,接通电源,使电磁铁吸住圆锥。调节零点,调整升降座,使锥尖刚好与试样面接触,关断电源使电磁铁失磁,圆锥仪在自重下沉入试样,经 15s 后测读圆锥下沉深度。

④ 取出试样杯,测定试样的含水量。重复上述步骤,测定另两个试样的圆锥下沉深度和含水量。

(3) 成果整理

1) 计算各试样的含水量:

$$\omega = \frac{m_1 - m_2}{m_2 - m_3} \times 100\%$$ (1-22)

式中 ω——土的含水量(%),精确至 0.1%;

$m_1 - m_2$——试样中所含水分的质量(g);

m_1——称量盒的质量（g）；

m_2-m_3——试样土颗粒（干土）的质量（g）。

2）绘制图形。在双对数坐标纸上，绘制以圆锥入土深度为纵坐标、以相应的含水量为横坐标的关系直线，如图1-18所示。图中 a 线所示的三点是在一直线上的，否则应通过含水量高的一点与另外两点分别连成两条直线。当在入土深度2mm处查得的两个相应含水量的差值小于2%时，取其算术平均值的点与最高点连一直线，即 b 线，如含水量差值大于2%时，则应补点。

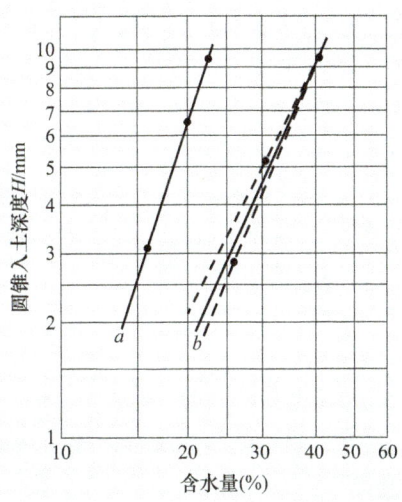

图1-18　圆锥入土深度与含水量的关系直线图

3）在 a 线（或 b 线）上，入土深度为17mm时对应的含水量为液限，入土深度为2mm时对应的含水量为塑限。

（4）试验记录表（表1-16）

表1-16　液、塑限联合测定试验

工地：_____　组别：_____　第___次试验

试验方法：_____　试验者：_____　试验日期：_____

盛土器编号	圆锥下沉深度/mm	铝盒编号	称量盒+湿土质量 m_1 g	称量盒+干土质量 m_2 g	称量盒质量 m_3 g	水的质量 m_1-m_2 g	干土质量 m_2-m_3 g	含水量 ω %	液限 ω_L	塑限 ω_P

复习思考题

1. 什么是地基？什么是基础？它们各自的作用是什么？
2. 土是如何生成的？它与混凝土的最大区别是什么？
3. 土是由哪几部分组成的？各相变化对土的性质有什么影响？
4. 土中水具有几种存在形式？各种形式的水有何特征？
5. 什么是土的结构？什么是土的构造？不同的结构对土的性质有何影响？
6. 土的物理性质指标有几个？哪些是直接测定的？如何测定？
7. 什么是土的塑性指数？其大小与土粒组成有什么关系？它有什么作用？
8. 什么是土的液性指数？如何应用液性指数评价土的工程性质？
9. 地基土如何按其工程性质进行分类？各类土划分的依据是什么？
10. 工程地质勘察的目的是什么？有什么作用？
11. 工程地质勘察分为哪几个阶段？
12. 工程地质勘察报告有哪些内容？
13. 某住宅工程地质勘察中取原状土做试验。用天平称 $50cm^3$ 湿土质量为 95.15g，烘干后质量为 75.05g，土粒相对密度为 2.67。计算此土样的天然密度、干密度、饱和密度、天然含水量、孔隙比、孔隙率、饱和度。
14. 某工程土样的天然含水量 $\omega=27.2\%$，天然重度 $\gamma=18.82kN/m^3$，土粒相对密度 $d_s=2.72$，液限 $w_L=29.8\%$，塑限 $w_P=19\%$，试确定该工程土的名称及软硬状态。
15. 有一土样的天然含水量 $\omega=42.7\%$，天然重度 $\gamma=18.05kN/m^3$，土粒相对密度 $d_s=2.72$，液限 $w_L=39.5\%$，塑限 $w_P=22\%$，试确定土的名称。
16. 有一砂土试样，经筛析后各颗粒粒组含量见表 1-17，试确定砂土的名称。

表 1-17 砂土各颗粒粒组含量

粒径 /mm	<0.075	0.075~0.1	0.1~0.25	0.25~0.5	0.5~1.0	>1.0
含量（%）	8.0	15.0	42.0	24.0	9.0	2.0

单元2 土方工程

知识要点：

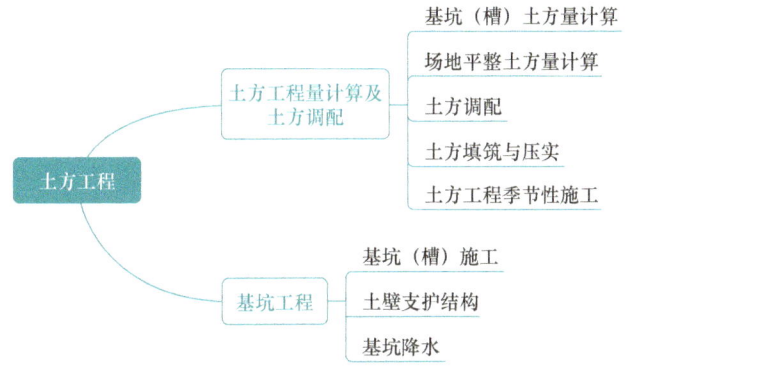

学习目标：

通过本单元的学习，学生应达到以下要求：

1. 掌握土方工程量的计算方法。

2. 熟悉不同区域土方季节性施工；熟悉钎探与验槽的目的、方法及注意事项；熟悉基坑（槽）施工常见质量通病的防治。

3. 能正确选择常用土方施工机械；能正确采用土方施工的一般技术；能陈述土壁支护的类型与构造；能合理选择基坑降水方法。

4. 在学习过程中，切实感受专业知识的重要性，体会只有秉承精雕细琢、精益求精的工匠精神，以大国工匠的态度打造诚信为本、追求卓越的核心理念，才能成就一个个高质量的工程。

课前导学：

请自行查阅上海中心大厦、港珠澳大桥等超级工程，了解我国在土方工程技术方面所取得的重大进展和突破，感受工程所蕴含的巨大智慧，领略中华民族的伟大和民族精神的崇高，增加爱国情怀和民族自豪感，树立为国家建设发展贡献力量的理想与信念。

上海中心大厦

课题2.1 土方工程量计算及土方调配

土方工程在施工前,必须先进行土方工程量的计算。但是由于各种土方工程的外形复杂而且也很不规则,所以要想精确地计算出土方工程量往往比较困难。因此,我们在进行土方工程量计算时,都将其假设或是划分为有一定规则的几何形状,并且采用具有一定精度、和实际情况近似的方法进行计算。

2.1.1 基坑(槽)土方量计算

基坑土方量可以按照几何中的棱柱体(由两个平行的平面做底的一种多面体)体积计算(图2-1),即

$$V=\frac{H}{6}(A_1+4A_0+A_2) \qquad (2\text{-}1)$$

式中　V——基坑土方量(m^3);
　　　H——基坑深度(m);
　　A_1、A_2——基坑上、下两层底面面积(m^2);
　　　A_0——基坑中截面面积(m^2)。

基槽和路堤的土方量可以按长度方向划分为若干段后,再用与上面同样的方法进行计算,如图2-2所示。

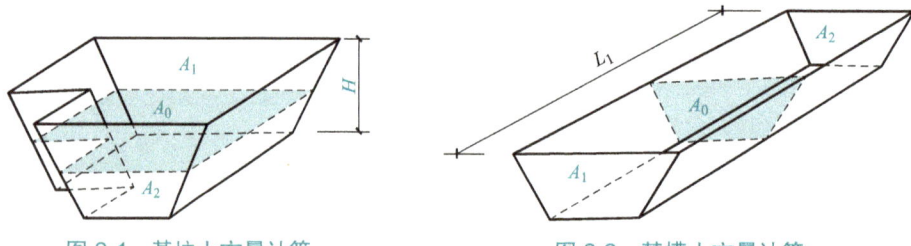

图2-1　基坑土方量计算　　　　　图2-2　基槽土方量计算

$$V_1=\frac{L_1}{6}(A_1+4A_0+A_2) \qquad (2\text{-}2)$$

式中　V_1——第一段的土方量(m^3);
　　　L_1——第一段的长度(m)。

将各段土方量相加即可得到总土方量,即

$$V=V_1+V_2+\cdots+V_n$$

2.1.2 场地平整土方量计算

场地平整是将自然地面通过人工或机械挖填平整改造成设计要求的平面。场地设计平面通常由设计单位在总图竖向设计中确定。通过设计平面的标高和自然地面的标高之差,可以得到场地各点的施工高度(填挖高度),由此可计算出场地平整的土方量。

2.1.2.1 确定场地设计标高

对于较大面积的场地平整(如工业厂房和住宅区场地、车站、机场、运动场等),正确

选择设计标高是十分重要的。选择场地设计标高时，应尽可能满足下列要求：

1）场地以内的挖方和填方应达到相互平衡，以降低土方运输费用。
2）尽量利用地形，以减少挖方数量。
3）符合生产工艺和运输的要求。
4）考虑最高洪水位的影响。

2.1.2.2 场地土方量计算

场地平整土方量的计算有方格网法和横截面法，可根据地形具体情况采用。这里主要介绍方格网法。

方格网法适用于地形比较平缓或是台阶宽度比较大的地段。计算起来较为复杂，但计算精度较高。计算步骤如下：

1. 划分方格网并计算各方格角点施工高度

根据已有的地形图（一般采用 1∶500 地形图）将所要计算的场地划分为若干个方格网，划分时尽量与测量的纵、横坐标网相对应。方格网一般采用（20m×20m）～（40m×40m），将设计标高和自然地面标高分别标注在方格点的右上角和右下角。将设计地面标高与自然地面标高之差，也就是各角点的施工高度（挖或填），标注在方格点的左上角。挖方为负，填方为正。角点施工高度计算式为

$$h_n = H_n - H \tag{2-3}$$

式中 h_n——角点施工高度（m）（"+"为填，"−"为挖）；
      H_n——角点设计标高（m）；
      H——角点自然地面标高（m）。

2. 计算零点位置

在一个方格网内若同时存在挖方和填方时，需要先算出挖填方的分界点，即零点的位置，并将其标注在方格网上。连接零点所得的线为零线，它是挖方区与填方区的分界线（图2-3）。

零点位置按下式计算：

$$x_1 = \frac{h_1}{h_1 + h_2} \times a \tag{2-4a}$$

$$x_2 = \frac{h_2}{h_1 + h_2} \times a \tag{2-4b}$$

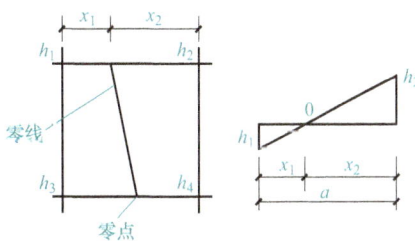

图 2-3 零点位置计算示意图

式中 x_1、x_2——角点至零点的距离（m）；
      h_1、h_2——相邻两角点的施工高度（m），均采用绝对值；
      a——方格网的边长（m）。

在实际工程中，也可采用图解法直接求出零点位置，如图2-4所示。方法是用尺在各角上标出相应比例，用尺相连，与方格交点即为零点位置。这种方法既方便，又可避免计算或查表时出现错误。

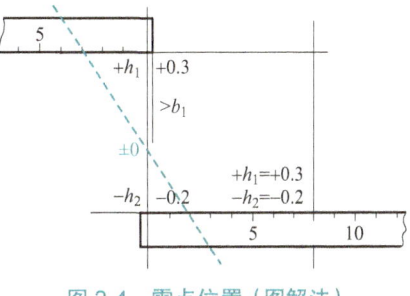

图 2-4 零点位置（图解法）

3. 计算方格土方量

按方格网底面积图形和表 2-1 中计算公式，计算每个方格内的挖方或填方量。

表 2-1　常用方格网点计算公式

项目	图式	计算公式
一点填方或挖方（三角形）		$V = \dfrac{1}{2} bc \dfrac{\sum h}{3} = \dfrac{bch_3}{6}$ 当 $b=c=a$ 时，$V = \dfrac{a^2 h_3}{6}$
二点填方或挖方（梯形）		$V_+ = \dfrac{b+c}{2} a \dfrac{\sum h}{4} = \dfrac{a}{8}(b+c)(h_1+h_3)$ $V_- = \dfrac{d+e}{2} a \dfrac{\sum h}{4} = \dfrac{a}{8}(d+e)(h_2+h_4)$
三点填方或挖方（五角形）		$V = \left(a^2 - \dfrac{bc}{2}\right) \dfrac{\sum h}{5} = \left(a^2 - \dfrac{bc}{2}\right) \dfrac{h_1+h_2+h_4}{5}$
四点填方或挖方（正方形）		$V = \dfrac{a^2}{4} \sum h = \dfrac{a^2}{4}(h_1+h_2+h_3+h_4)$

注：a—方格网的边长（m）；b、c—零点到一角的边长（m）；h_1、h_2、h_3、h_4—方格网四角点的施工高度（m），用绝对值代入；$\sum h$—填方或挖方施工高度的总和（m），用绝对值代入；V—挖方或填方土方量。

4. 计算边坡土方量

图 2-5 所示为一场地边坡的平面图。计算边坡土方量时，可将要计算的边坡划分为两种近似的几何形体：一种为三角棱锥体；另一种为三角棱柱体。

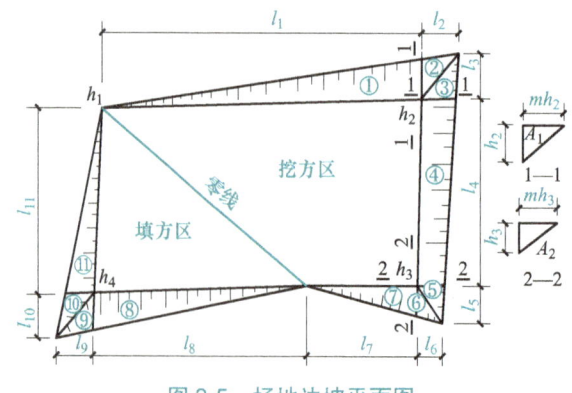

图 2-5　场地边坡平面图

（1）三角棱锥体边坡体积

例如图2-5中的①，体积计算为

$$V_1 = \frac{1}{3} A_1 l_1 \quad (2-5)$$

式中　l_1——边坡①的长度（m）；

A_1——边坡①的端面积（m²），即 $A_1 = \frac{h_2(mh_2)}{2} = \frac{mh_2^2}{2}$，其中 h_2 为角点的挖土高度（m），

m 为边坡的坡度系数，$m = \frac{宽}{高}$。

（2）三角棱柱体边坡体积

例如图2-5中的④，体积计算为

$$V_4 = \frac{A_1 + A_2}{2} l_4 \quad (2-6)$$

当两端横断面面积相差很大时，有

$$V_4 = \frac{l_4}{6}(A_1 + 4A_0 + A_2) \quad (2-7)$$

式中　l_4——边坡④的长度（m）；

A_1、A_2、A_0——边坡④两端及中部的横断面面积（m²），算法同上（图2-5剖面系近似表示，实际上，地表面不完全是水平的）。

5. 计算土方总量

将挖方区（或填方区）所有方格计算的土方量和边坡土方量汇总，即得该场地挖方和填方的总土方量。

【例2-1】厂房场地平整，部分方格网如图2-6所示。方格边长为20m×20m，试计算挖填土方总量。

【解】（1）划分方格网、标注高程

根据图2-6方格各角点的设计地面标高和自然地面标高，计算各方格角点的施工高度，例如，角点4的施工高度 $h_4 = (34.94 - 34.82)$ m = +0.12m，其余各点均依此类推计算，结果标于图2-7中。

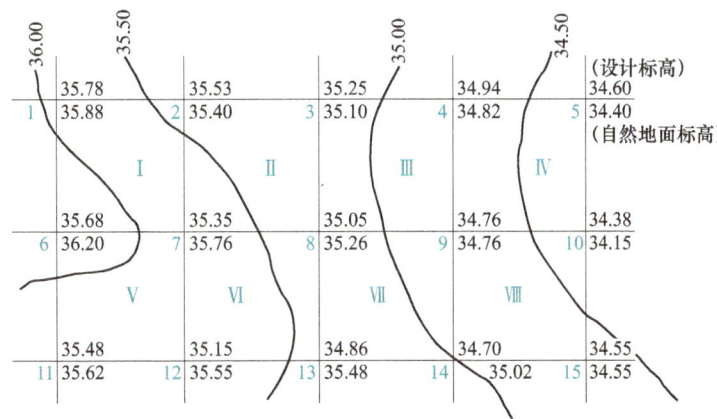

图2-6　方格角点标高、方格编号、角点编号图

（图中Ⅰ、Ⅱ、Ⅲ等为方格编号；1、2、3等为角点号）

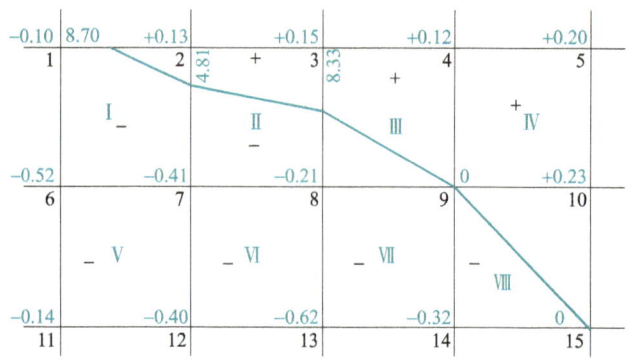

图 2-7 零线及角点挖、填高度图

(图中 I、II、III 等为方格编号；1、2、3 等为角点号)

（2）计算零点位置

从图 2-7 可知，1-2 线、2-7 线、3-8 线三条方格边两端的施工高度符号不同，说明在此方格边上有零点存在。由 $x_1 = \dfrac{h_1}{h_1+h_2} \times a$ 可得

1-2 线： $x_1 = \dfrac{0.1}{0.1+0.13} \times 20\text{m} = 8.70\text{m}$

2-7 线： $x_1 = \dfrac{0.13}{0.13+0.41} \times 20\text{m} = 4.81\text{m}$

3-8 线： $x_1 = \dfrac{0.15}{0.15+0.21} \times 20\text{m} = 8.33\text{m}$

9 点、15 点本身为零点，将各零点标于图 2-7 上，连接相邻零点即为零线，如图 2-7 所示。

（3）计算方格土方量

根据表 2-1，方格 I 底面为三角形和五角形，由表 2-1 第 1、3 项得

$$V_{\text{I}(+)} = \dfrac{(20-8.70) \times 4.81}{2} \times 0.13 \text{m}^3 = 3.53 \text{m}^3$$

$$V_{\text{I}(-)} = \left[20^2 - \dfrac{(20-8.70) \times 4.81}{2} \right] \times \dfrac{0.1+0.52+0.41}{5} \text{m}^3 = 76.80 \text{m}^3$$

方格 II 底面为两个梯形，由表 2-1 第 2 项得

$$V_{\text{II}(+)} = \dfrac{20}{8} \times (4.81+8.33) \times (0.13+0.15) \text{m}^3 = 9.20 \text{m}^3$$

$$V_{\text{II}(-)} = \dfrac{20}{8} \times (15.19+11.67) \times (0.41+0.21) \text{m}^3 = 41.63 \text{m}^3$$

方格 III 底面为一个梯形和一个三角形，由表 2-1 第 1、2 项得

$$V_{\text{III}(+)} = \dfrac{20}{8} \times (8.33+20.00) \times (0.15+0.12) \text{m}^3 = 19.12 \text{m}^3$$

$$V_{\text{III}(-)} = \dfrac{11.67 \times 20}{6} \times 0.21 \text{m}^3 = 8.17 \text{m}^3$$

方格 IV、V、VI、VII 底面均为正方形，由表 2-1 第 4 项得

$$V_{\text{IV}(+)} = \frac{20^2}{4} \times (0.12+0.20+0+0.23) \text{ m}^3 = 55.0 \text{m}^3$$

$$V_{\text{V}(-)} = \frac{20^2}{4} \times (0.52+0.41+0.14+0.40) \text{ m}^3 = 147.0 \text{m}^3$$

$$V_{\text{VI}(-)} = \frac{20^2}{4} \times (0.41+0.21+0.40+0.62) \text{ m}^3 = 164.0 \text{m}^3$$

$$V_{\text{VII}(-)} = \frac{20^2}{4} \times (0.21+0+0.62+0.32) \text{ m}^3 = 115.0 \text{m}^3$$

方格Ⅷ底面为两个三角形，由表2-1第1项得

$$V_{\text{VIII}(+)} = \frac{20 \times 20 \times 0.23}{6} \text{ m}^3 = 15.33 \text{m}^3$$

$$V_{\text{VIII}(-)} = \frac{20 \times 20 \times 0.32}{6} \text{ m}^3 = 21.33 \text{m}^3$$

（4）计算土方总量

方格网总填土量：

$$\Sigma V_{(+)} = (3.53+9.20+19.12+55.0+15.33) \text{ m}^3 = 102.18 \text{m}^3$$

方格网总挖方量：

$$\Sigma V_{(-)} = (76.80+41.63+8.17+147.0+164.0+115.0+21.33) \text{ m}^3 = 573.93 \text{m}^3$$

2.1.3　土方调配

土方工程量计算完成后，即可着手土方调配工作。土方调配工作是土方规则设计的一个重要内容。土方调配是使土方运输量或土方运输成本为最低的条件下，确定填、挖方区土方的调配方向和数量，从而达到缩短工期、提高经济效益的目的。

2.1.3.1　土方调配原则

进行土方调配，必须综合考虑工程和现场情况、有关技术资料、进度要求、土方施工方法，以及分期分批施工的土方堆放和调运问题，经过全面研究，确定调配原则之后，方可进行土方调配工作。土方调配原则如下：

1）应力求达到挖、填平衡和运输量最小的原则，以降低成本。
2）应考虑近期施工与后期利用相结合的原则。
3）尽可能与大型地下建筑物的施工相结合的原则。
4）调配区大小的划分应满足主要土方施工机械工作面大小的要求，使土方机械和运输车辆的效率能得到充分发挥的原则。

2.1.3.2　土方工程施工机械

土方的开挖可借助于人工或机械挖掘。但人工挖掘的劳动强度高、效率低，只适用于工程量小、分散或缺乏挖掘机械的情况，因此土方的运输、填筑、压实等施工过程应尽量采用机械施工，以减轻繁重的体力劳动，加快施工进度。

土方工程施工机械的种类较多，有推土机、铲运机、装载机、单斗挖掘机、多斗挖掘机，以及各种碾压、夯实机械等。在房屋建筑工程施工中，尤以推土机、铲运机、单斗挖掘机和装载机应用最广，也最具有代表性，现就这几种类型机械的性能、适用范围及施工方法进行介绍。

1. 推土机

推土机是场地平整施工的主要机械之一，它实际上为一装有铲刀的拖拉机，可以独立地完成铲土、运土及卸土三种作业。按行走机构可分为履带式和轮胎式两种，履带式推土机附着牵引力大，接地压力小，但机动性不如轮胎式推土机。推土机的推土板一般用液压操纵，除可升降外，还可调整角度。按发动机功率大小可分为大型推土机（235kW 以上）、中型推土机（73.5~235kW）和小型推土机（73.5kW 以下）三种。图 2-8 为 T-180 型履带式推土机。

推土机

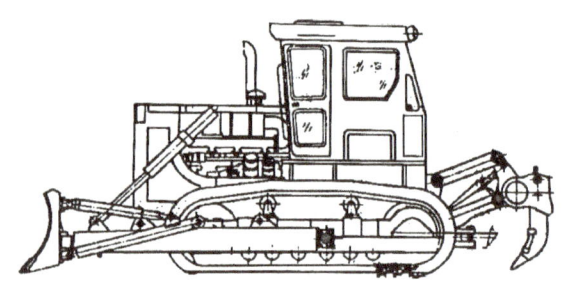

图 2-8　T-180 型履带式推土机

推土机的操纵灵活，运转方便，所需工作面较小，行驶速度快，易于转移，能爬 30° 左右的缓坡，因此应用范围较广，多用于场地清理和平整、开挖深度 1.5m 以内的基坑、填平沟坑，以及配合铲运机、挖土机工作等。此外，在推土机后面可安装松土装置，破松硬土和冻土；也可拖挂羊足碾进行土方压实工作。推土机可以推挖一~三类土，经济运距是 100m 以内，40~60m 效率最高。

（1）推土机作业方法

推土机作业常以切土和推运土为主，切土时应根据土质情况，尽量采用最大切土深度在最短距离（6~10m）内完成，以便缩短低速运行的时间，然后直接推送到预定地点。回填土和填沟渠时，铲刀不得超过土坡边沿。上下坡坡度不得超过 35°，横坡不得超过 10°。多台推土机同时作业时，前后距离应大于 8m。

（2）提高推土机生产效率的措施

推土机的生产效率主要取决于推土刀推移土的体积及切土、推土、回程等工作循环时间。为了提高推土机的生产效率，缩短推土时间和减少土的失散，常用以下几种施工方法：

1）下坡推土（图 2-9）。推土机顺地面坡度沿下坡方向切土与推土，借助机械本身的重力作用，提高推土能力和缩短推土时间。一般可提高生产效率 30%~40%，但推土坡度应在 15° 以内，以防后退时爬坡困难。

图 2-9　下坡推土

2)槽形推土(图2-10)。推土机重复多次在一条作业线上切土和推土,使地面逐渐形成一条浅槽,以减少土从铲刀两侧失散,可以增加推土量10%~30%。槽的深度以1m左右为宜,土埂宽约50cm。当推出多条槽后,再将土埂推入槽内,然后推出。

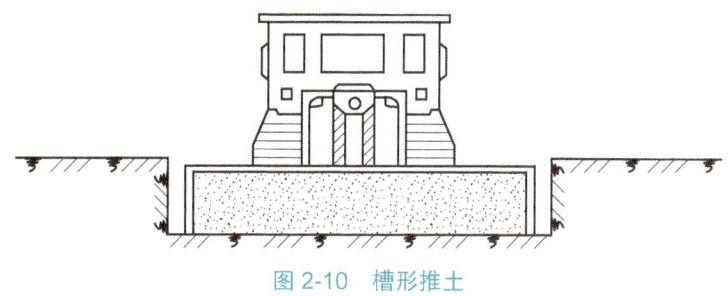

图2-10 槽形推土

3)并列推土(图2-11)。平整场地的面积较大时,可用2~3台推土机并列作业,铲刀相距15~30cm。一般两机并列推土可增加推土量15%~30%,三机并列推土可增加推土量30%~40%,但平均运距不宜超过50~70m,亦不宜小于20m。

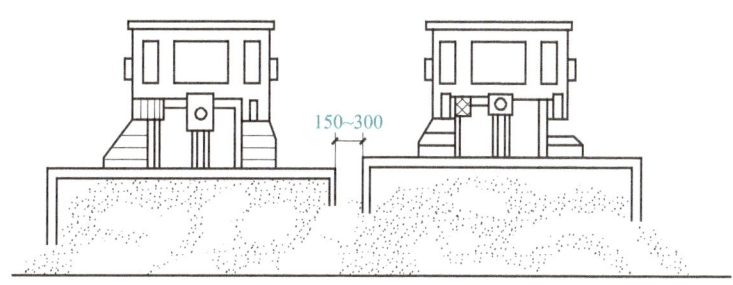

图2-11 并列推土

4)多刀送土。在硬质土中,切土深度不大,可先将土积聚在一个或多个中间点,然后再整批推送到卸土区,为提高推土机的效率,缩短运土时间,土的堆积距离不宜大于30m,堆土高度以2m为宜。

2. 铲运机

铲运机是一种能独立完成铲土、运土、卸土、填筑、整平的土工机械。按行走方式分为自行式铲运机(图2-12)和拖式铲运机(图2-13)两种。按斗容量可分为小斗容量(3m³以下)、中斗容量(3~14m³)和大斗容量(14m³以上)三种;按铲斗的操纵系统可分为钢丝绳操纵和液压操纵两种。液压操纵铲运机可以强制切土,能切较硬土壤,液压强制关闭斗门减少漏土,操纵机构轻便灵活,已逐渐取代钢丝绳操纵的铲运机。

铲运机

铲运机的工作装置是铲斗,铲斗前方有一个能开启的斗门,铲斗前设有切土刀片。切土时,铲斗门打开,铲斗下降,刀片切入土中;铲运机前进时,被切下的土挤入铲斗;铲斗装满土后,提起铲斗,放下斗门,将土运至卸土地点卸土。

铲运机对行驶的道路要求较低,操纵灵活,行驶速度快,生产效率高,运转费用低,在土方工程中常用于大面积场地平整、开挖大型基坑、填筑堤坝和路基等,最宜于开挖含水量不超过27%的一~三类土,硬土需用松土机预松后才能开挖。自行式铲运机适用于运距

800~3500m 的大型土方工程施工，运距在 800~1500m 范围内时生产效率最高。拖式铲运机适用于运距在 80~800m 的土方工程施工，运距在 200~350m 时效率最高。

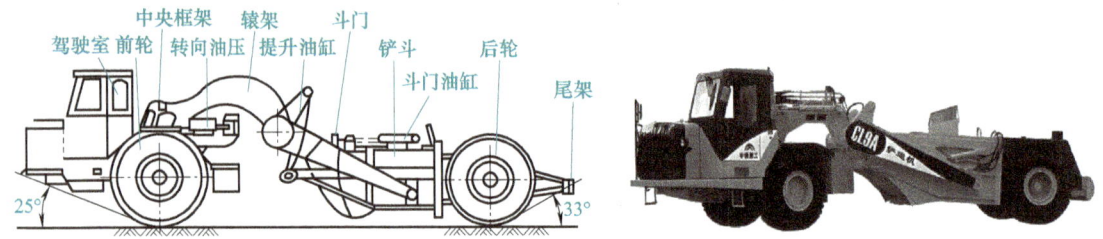

图 2-12　CL7 型自行式铲运机

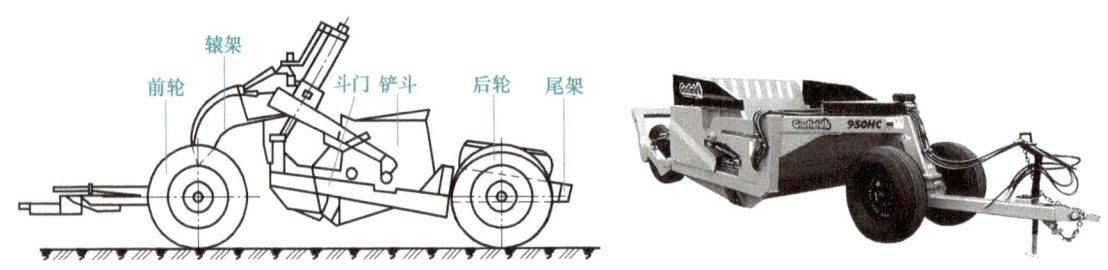

图 2-13　C6-2.5 型拖式铲运机

（1）铲运机的运行路线

铲运机运行路线应根据填方、挖方区的分布情况并结合当地具体条件进行合理选择。一般有以下两种运行路线：

1）环形路线：当地形起伏不大，施工地段较短时，多采用环形路线，如图 2-14a、b 所示，环形路线每一循环只完成一次铲土和卸土、挖土和填土交替；挖填之间距离较短时，可采用大循环路线，如图 2-14c 所示，一个循环能完成多次铲土和卸土，可减少铲运机的转弯次数，提高工作效率。采用环形路线时，为了防止机件单侧磨损，应每隔一定时间按顺、逆时针方向交换行驶，避免仅向一侧转弯。

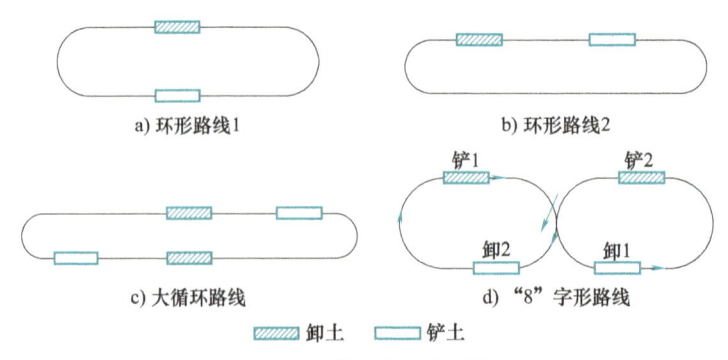

图 2-14　铲运机运行路线

2）"8"字形路线：施工地段较长或地形起伏较大时，多采用"8"字形运行路线，如图 2-14d 所示。对于这种运行路线，铲运机在上下坡时斜向行驶，一次循环完成两次挖土和卸土作业,装土和卸土沿直线开行时进行,转弯时刚好把土装完或卸完,适用于填筑路基、场地平整。"8"字形路线比环形路线运行时间短,减少了转弯和空驶距离。

(2)提高铲运机生产效率的措施

1)下坡铲土法:铲运机利用地形进行下坡铲土,借助铲运机的重力作用加深铲斗切土深度,提高铲土能力,缩短铲土时间。坡度一般为3°~9°,效率可提高25%左右,坡度最大不超过20°,铲土厚度以20cm为宜。平坦地形可将取土地段的一端先铲低,然后保持一定的坡度向后延伸,人为地创造下坡铲土条件。一般保持铲满铲斗的工作距离为15~20m。在大坡度上用下坡铲土法时,下坡运土应注意放低铲斗以低速前进;铲斗装满后,先关闭斗门,慢慢提斗后前进。

2)跨铲法:在坚硬的土内铲土时,铲运机间隔铲土,预留土埂,一般土埂高不大于300mm,宽度不大于铲运机两履带间的净距,如图2-15所示。由于形成一个土槽,减少了向外的撒土量。铲土埂时,由于增加了两个自由面,铲土阻力减小,达到了"切土快、铲斗满"的效果,比一般的方法可提高效率10%。

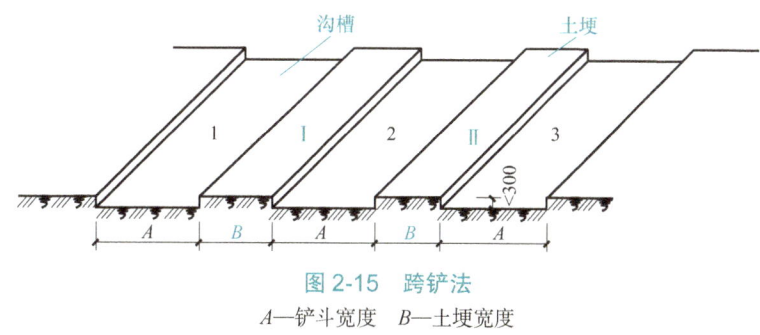

图2-15 跨铲法

A—铲斗宽度 *B*—土埂宽度

3)助铲法:当地势平坦、土质较坚硬时,可用推土机在铲运机后面顶推助铲,以提高铲刀切土能力,缩短铲土时间,提高生产效率,如图2-16所示。此法的关键是双机要紧密配合,否则达不到预期效果。一般一台推土机配合3~4台铲运机助铲。推土机在助铲的空隙可兼职进行松土或平整工作,为铲运机创造作业条件。

图2-16 助铲法

3. 单斗挖掘机

单斗挖掘机在土方工程中应用较广,种类很多,可以根据工作的需要,更换其工作装置。按其工作装置分为正铲、反铲、拉铲和抓铲四种;按行走方式分为履带式和轮胎式两种;按传动方式分为机械传动和液压传动两种,如图2-17所示。

单斗挖掘机

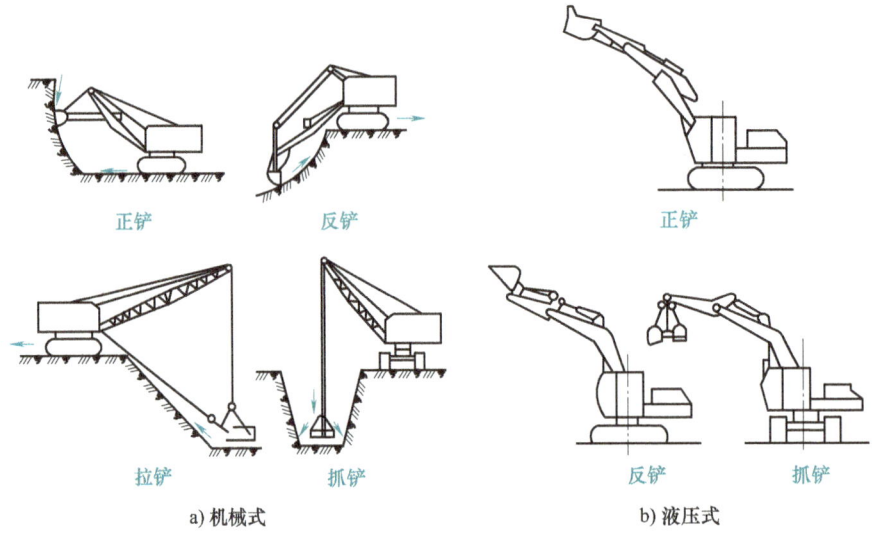

图 2-17 单斗挖掘机

（1）正铲挖掘机

正铲挖掘机的挖土特点是前进向上，强制切土，挖掘力大，生产效率高。一般用于开挖停机面以上含水量不大于 27% 的一～四类土和经爆破后的岩石和冻土，岩块和冻土块粒径不应大于土斗宽度的 1/3。正铲挖掘机的工作面高度一般不应小于 1.5m，过低则一次不宜装满铲斗，生产效率低。开挖高度超过挖掘机挖掘高度时，可分层开挖。正铲开挖应与运土自卸汽车配合完成整个挖运任务，汽车道路应设置在铲斗回转半径之内，可以在同一平面内，也可略高于停机面。当地下水位较高时，应采取降低地下水位的措施，把基坑土疏干。

1）挖土方法和卸土方式：根据挖掘机的开挖路线与运输工具的相对位置不同，可分为以下两种。

① 正向挖土，侧向卸土，如图 2-18a 所示。即挖掘机沿前进方向挖土，运输工具停在侧面装土。此法挖掘机卸土时，动臂回转角度小，运输工具行驶方便，生产效率高，采用较广。

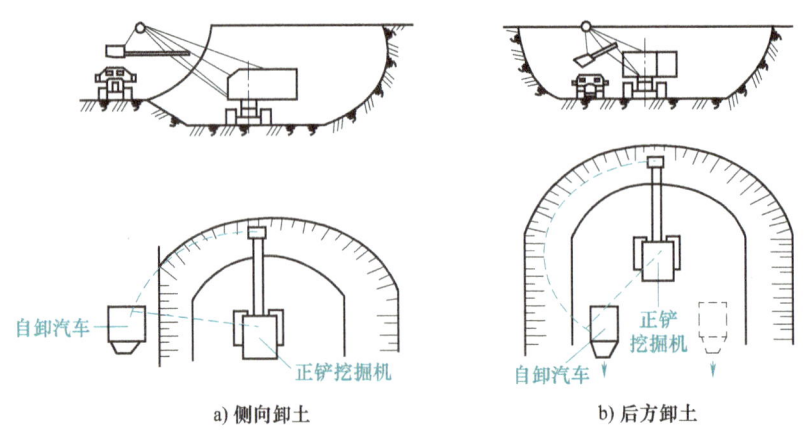

图 2-18 正铲挖掘机作业方式

② 正向挖土，后方卸土，如图 2-18b 所示。即挖掘机沿前进方向挖土，运输工具停在挖掘机后方装土。此法所挖的工作面较大，但动臂回转角度较大，生产效率低，运输工具要倒车开入，一般只用来开挖施工区域的进口处以及工作面狭小且较深的基坑。

2）影响生产效率的因素：生产效率参考表见表 2-2。

表 2-2　生产效率参考表

土的类别	不同回转角度下的生产效率		
一～四	90°	130°	180°
	100%	87%	77%

3）提高生产效率的措施：挖掘机的生产效率主要取决于每斗的装土量和每斗作业的循环延续时间。为了提高挖掘机生产效率，除了工作面高度必须满足装满铲斗的要求外，还要考虑开挖方式和运土机械的配合问题，尽量减小回转角度，缩短每个循环的延续时间。

① 分层挖土：将开挖面按机械的合理挖掘高度分为多层开挖，如图 2-19a 所示。当开挖面高度不能成为一次挖掘深度的整数倍时，则可在挖方的边缘或中部先开一条浅槽作为第一次挖土运输路线，如图 2-19b 所示，然后再逐次开挖直至基坑底部。这种方法多用于开挖大型基坑或沟渠。

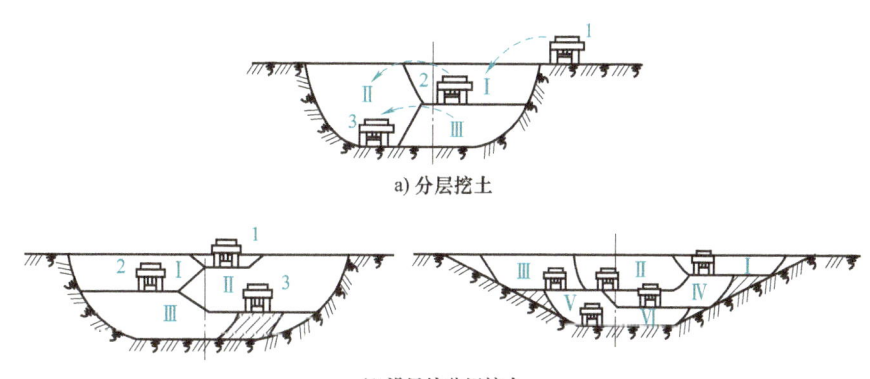

a) 分层挖土

b) 设导坑分层挖土

图 2-19　分层挖土

Ⅰ、Ⅱ、Ⅲ、Ⅳ挖掘机挖掘位置及分层
1、2、3—相应汽车装土位置

② 多层挖土：将开挖面按机械的合理开挖高度分为多层同时开挖，以加快开挖速度，土方可以分层运出，亦可分层递送至最上层用汽车运出，如图 2-20 所示。这种方法适用于开挖边坡或大型基坑。

③ 中心开挖法：正铲先在挖土区的中心开挖，然后转向两侧开挖，运输汽车按"八"字形停放装土，如图 2-21 所示。挖土区宽度宜在 40m 以上，以便汽车靠近装车。这种方法适用于开挖较宽的山坡和基坑。

④ 顺铲法：即铲斗从一侧向另一侧一斗一斗地按顺序开挖，使挖土多一个自由面，以减小阻力，易于挖掘，装满铲斗。适用于开挖坚硬的土。

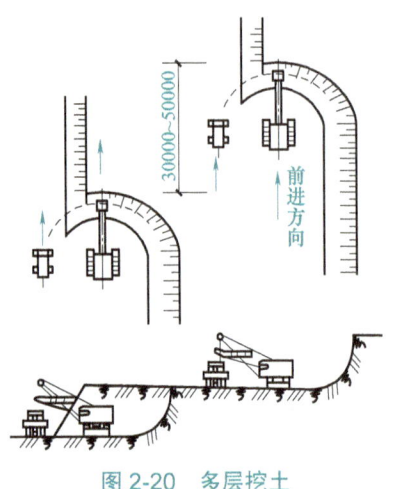

图 2-20 多层挖土　　图 2-21 正铲中心开挖法

⑤ 间隔挖土：即在扇形开挖面上第一铲与第二铲之间保留一定距离，使铲斗接触土的摩擦面减小，两侧受力均匀，铲土速度加快，容易装满铲斗，提高效率。

（2）反铲挖掘机

反铲挖掘机的挖土特点是后退向下，强制切土。其挖掘力比正铲小，能开挖停机面以下的一～三类土，如开挖深度在 4~6m 的基坑、基槽、管沟等，亦可用于地下水位较高的土方开挖。反铲挖掘机可以与自卸汽车配合，装土运走，也可弃土于坑槽附近。

反铲挖掘机的作业方式有沟端开挖和沟侧开挖两种，如图 2-22 所示。

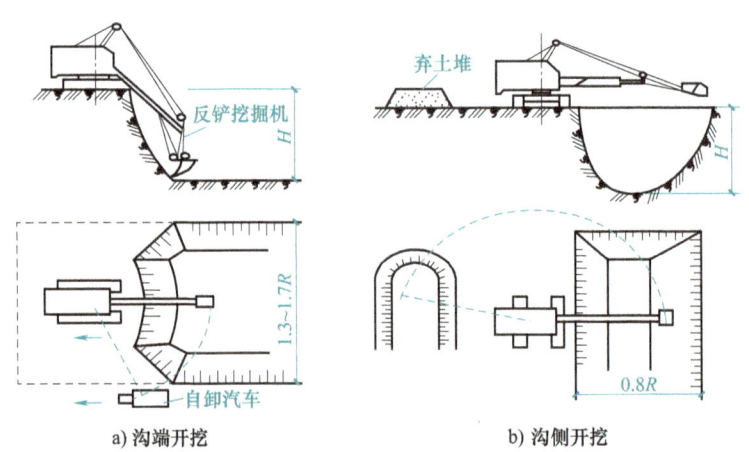

a) 沟端开挖　　b) 沟侧开挖

图 2-22 反铲挖掘机开挖方式

1）沟端开挖：就是挖掘机停在沟端，后退挖土，汽车停在两旁装土。此法的优点是挖土方便，挖掘宽度不受机械最大挖掘半径 R 限制，开挖的深度可达到最大挖土深度。当基坑宽度超过 1.7 倍的最大挖土半径时，就要分次开挖或按"之"字形路线开挖。

2）沟侧开挖：挖掘机停于沟侧，沿沟槽一侧直线移动，边走边挖，汽车停于挖掘机旁装土，或往沟一边卸土。此法挖土宽度和深度较小，边坡不易控制。由于机身停在沟边工作，边坡稳定性差，因此在无法采用沟端开挖方式或挖出的土不需运走时采用。

（3）拉铲挖掘机

拉铲挖掘机的铲斗用钢丝绳悬挂在挖掘机长臂上，挖土时铲斗在自重作用下落到地面切入土中。其挖土特点是后退向下，自重切土，其挖土深度和挖土半径均较大，能开挖停机面以下的一～三类土。一般情况下，拉铲挖掘机直接将土卸在基坑（槽）附近或用自卸汽车运走，但其工效不高，不如反铲动作灵活准确，适用于开挖大型基坑、水下挖土、填筑路基、修筑堤坝等。

1）开挖方法：拉铲挖掘机的开挖方法基本与反铲挖掘机相似，也可分为沟端开挖和沟侧开挖。

① 沟端开挖：拉铲挖掘机停在沟端，倒退着沿沟纵向开挖，如图2-23a所示。一次开挖宽度可以达到机械挖土半径的两倍，能两面出土，汽车停放在一侧或两侧，装车角度小，坡度较易控制，并能开挖较陡的坡，适用于就地取土填筑路基及修筑堤坝等。

② 沟侧开挖：拉铲挖掘机停在沟侧沿沟横向开挖，如图2-23b所示。沿沟边与沟平行移动，开挖宽度和深度均较小，一次开挖宽度约等于挖土半径。如沟槽较宽，则可在沟槽的两侧开挖。本法开挖边坡不易控制，挖出的土不需运走以便填筑路堤等工程时采用。

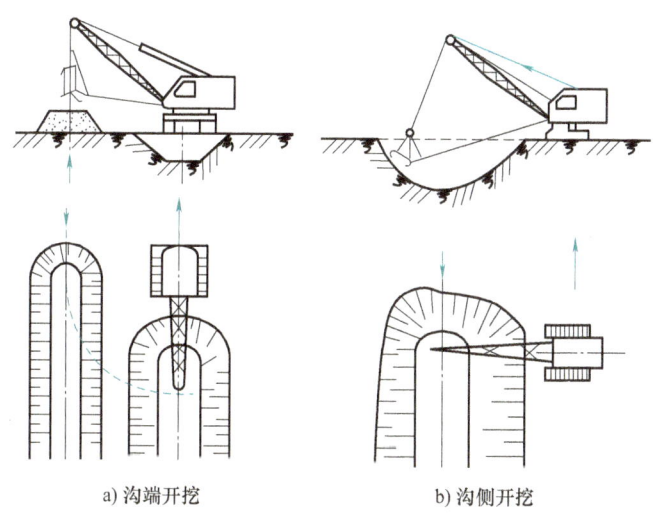

a) 沟端开挖　　b) 沟侧开挖

图2-23　拉铲挖掘机开挖方法

2）提高生产效率的措施：

① 三角开挖法：拉铲挖掘机按"之"字形移位，与开挖沟槽的边缘成45°角左右，如图2-24所示。本法拉铲挖掘机的回转角度小，生产效率高，而且边坡开挖整齐，适用于开挖宽度为8m左右的沟槽。

② 顺序挖土法：挖土时首先挖两边，保持两边低、中间高的地形，然后再按顺序向中间挖。由于挖土时，只两面遇到阻力，比较省力，同时边坡可挖得比较整齐，铲斗不会发生翻滚现象。适用于开挖土质较硬的基坑。

③ 转圈挖土法：拉铲挖掘机在边线外顺圆周转圈拉土。挖土时形成四周低中间高，可防止铲斗翻滚，当挖

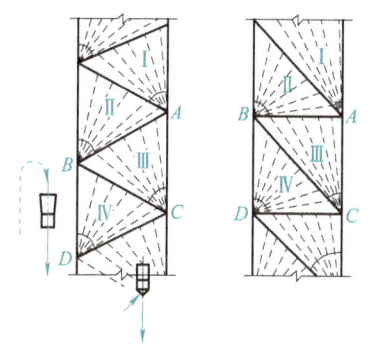

图2-24　拉铲挖掘机三角沟侧开挖法

A、B、C、D—拉铲挖掘机停放位置

Ⅰ、Ⅱ、Ⅲ、Ⅳ—开挖次序

到5m以下时，需人工配合在坑内沿坑周围边坡往下挖一条宽50cm、深40~50cm的槽，然后进行开挖，直至槽底平，接着再人工挖槽，再用拉铲挖掘机挖土，如此循环作业，到设计标高为止。适用于开挖圆形基坑。

（4）抓铲挖掘机

抓铲挖掘机是在挖掘机臂端用钢丝绳吊装一个抓斗。其挖土特点是直上直下，自重切土，其挖掘力较小，适宜开挖停机面以下一~二类土、挖窄而深的基坑、疏通原有渠道以及挖取水中淤泥等，以及用于装卸碎石、矿渣等松散材料。在软土地基的地区，常用于开挖基坑、沉井等。

4．装载机

装载机按行走方式分履带式和轮胎式两种；按工作方式有周期工作的单斗式装载机和连续工作的链斗与轮斗式装载机。装载机操作灵活、回转移位方便、快速，行驶速度快。适用于装卸土方和散料，也可用于较软土体的表层剥离、地面平整、场地清理和土方运送等工作。

2.1.4　土方填筑与压实

2.1.4.1　填筑要求和填料选择

1．填筑要求

1）土方填筑前，应根据工程特点、填料种类、设计压实系数、施工条件等，合理选择压实机具，并确定填料含水量控制范围、铺土厚度和压实遍数等参数。对于重要的填方工程或采用新型压实机具时，上述参数应通过填土压实试验确定。

2）土方填筑前，应清除基底的垃圾、树根等杂物，清除坑（槽）中的水、淤泥。

3）建筑物和构筑物底面下的填方或厚度小于0.5m的填方，应清除基底上的草皮、垃圾和软弱土层。

4）对于土质较好、地面坡度不陡于1/10的较平坦场地的填方，可不清除基底上的草皮，但应割除长草。

5）在稳定山坡上填方，当山坡坡度为1/15~1/10时，应清除基底上的草皮。坡度陡于1/5时，应将基底挖成阶梯形，阶宽不小于1m。

6）当填方基底为耕植土或松土时，应将基底碾压密实。

7）对于水田、沟渠或池塘的填方，应根据实际情况采用排水疏干、挖除淤泥或抛填块、砂砾、矿渣等方法处理后再进行填土。填方区如遇有地下水，则必须设置排水设施，以保证施工顺利进行。

8）填土施工应接近水平状态，并分层填土、压实并测定压实后土的干密度，压实系数和压实范围符合设计要求后才能填筑上层土。

9）填土应尽量采用同类土质填筑。当采用不同填料分层填筑时，上层宜填筑透水性较小的填料，下层宜填筑透水性较大的填料，填方地基土表面应做适当的排水坡度，边坡不得用透水性较小的填料封闭。因施工条件限制，当上层必须填筑透水性较大的填料时，应将下层透水性较小的土层表面做出适当的排水坡度或设置盲沟。

10）分段填筑时，每层接缝处应做成斜坡形，碾迹重叠0.5~1.0m。上、下层错缝距离不应小于1m。

11）回填基坑和管沟时，应从四周或两侧均匀地分层进行，以防基础和管道在土压力作用下产生偏移或变形。

2. 填料选择

为保证填方工程能够满足强度、变形和稳定性方面的要求，必须正确选择填土的种类、填筑和压实方法。填方土料应符合设计要求，当设计无要求时，应符合下列规定：

1）碎石类土、砂土（使用细、粉砂时应取得设计单位同意）和爆破石碴可用作表层以下的填料；含水量符合压实要求的黏性土可用作各层填料。

2）含水量较大的黏土不宜作为填土用。含有大量有机质的土、含水溶性硫酸盐大于5%的土，以及淤泥、冻土、膨胀土等均不应作为填土用。

3）碎石类土或爆破石碴用作填料时，其最大粒径不得超过每层铺填厚度的2/3，当使用振动碾时，不得超过每层铺填厚度的3/4。铺填时，大块料不应集中，且不得填在分段接头处或填方与山坡连接处。

2.1.4.2 土的压实原理

对于黏性土而言，其压实原理为：当含水量较小时，土中水主要是强结合水，土粒周围的水膜很薄，颗粒间较大的分子吸引力阻止颗粒移动，在外力作用下不易改变原来位置，因此，对这样的土进行压实就比较困难；当含水量适当增大时，土中结合水膜变厚，土粒间的连接力减弱而使土粒容易移动，此时进行压实，效果就会好些；但当含水量继续增加时，土中水膜变厚更多，出现了自由水，对土进行压实时，孔隙中过多的水分不易立即排出，反而不易压实。

对于无黏性土而言，要想达到比较好的压实效果，就需静荷载与动荷载联合作用。

2.1.4.3 填土压实方法

填土压实的方法主要有碾压法、夯实法和振动压实法三种。

1. 碾压法

碾压法是利用机械滚轮的压力压实土壤，适用于大面积填土工程。碾压机械一般有平碾（压路机）、羊足碾、振动碾。

平碾又称光面碾，适用于碾压砂类土和黏性土。羊足碾是在平碾滚筒上焊有若干羊足状的突出物，如图2-25所示。羊足碾特别适用于黏性土的压实，对于非黏性土及含水量过高的黏性土均不适用。振动碾是一种振动和碾压同时作用的高效能压实机械，适用于压实爆破石碴、碎石类土、杂填土等大型填方工程。

图2-25 羊足碾

2. 夯实法

夯实法是利用夯锤自由下落的冲击力来夯实土壤。夯实机械主要有夯锤、内燃夯土机、蛙式打夯机。夯实机械由于尺寸小、重量轻，故多用于小面积回填土的夯实。

夯锤是借助起重机悬挂一重锤进行夯土的夯实机械，常用于夯实砂性土、湿陷性黄土、杂填土以及含有石块的填土。蛙式打夯机构造简单、使用轻便，是建筑工地上常用的一种夯实机械。蛙式打夯机工作时，由电动机带动夯锤上部的偏心块旋转，偏心块离心力的作用使夯锤连续冲击地面。偏心块每回转一周，夯锤冲击地面一次，同时带动机身前移一步。

3. 振动压实法

振动压实法利用机械的静压力和激振力的共同作用压实土料。振动压实机械有振动板和振动碾两大类。振动板主要用于狭窄场地的小体积填方压实，振动碾主要用于大体积填方的压实。

2.1.4.4 填土压实质量标准

填土压实后，应具有一定的密实度。密实度的检验以设计规定的控制干密度为标准。土的控制干密度与最大干密度之比称为压实系数。不同的填方工程，设计要求的压实系数不同。对于一般场地平整，压实系数在 0.9 左右，对于地基填土为 0.93~0.97。填方压实后的干密度，应有 90% 以上符合设计要求，其余 10% 的最低值与设计值的差，不得大于 0.088g/cm^3，且应分散，不宜集中。检查土的实际干密度，可采用环刀法取样测定。取样组数为：基坑回填每 30~50m³ 取样一组（每个基坑不少于一组）；基槽或管沟回填每层按长度 20~50m 取样一组；室内填土每层按 100~500m² 取样一组；场地平整填方每层按 400~900m² 取样一组。取样部位应在每层压实后的下半部。取样后先称出土的湿密度并测定含水量，然后用下式计算土实际干密度 ρ_0：

$$\rho_0 = \frac{\rho}{1+0.01\omega} \quad (2\text{-}8)$$

式中　ρ——土的湿密度（g/cm³）；

　　　ω——土的湿含水量（%）。

根据式（2-8）计算，若 $\rho_0 \geq \rho_d$（控制干密度），则压实合格；若 $\rho_0 < \rho_d$，则压实不够，应采取相应措施，提高压实质量。

2.1.4.5 填土压实的影响因素

影响填土压实质量的因素有很多，其中主要影响因素有压实功、含水量和铺土厚度。

1. 压实功的影响

填土压实后的密度与压实机械对其所施加的功的关系如图 2-26 所示。从图 2-26 中可看出二者的关系：当土的含水量一定，在开始压实时，土的密度急剧增加，待到接近土的最大密度时，压实功虽然增加许多，但土的密度几乎没有变化。在实际施工中，对于砂土只需碾压或夯击 2~3 遍，对于亚砂土只需碾压或夯击 3~4 遍，对于亚黏土或黏土只需碾压或夯击 5~6 遍。对于松土不宜用重型碾压机械直接碾压，否则土层有强烈起伏现象，压实效果不佳。先用轻碾压实，再用重锤压实效果会更好。

2. 含水量的影响

在同一压实功条件下，填土的含水量对压实质量有直接影响，土的干密度与含水量的关系如图 2-27 所示。

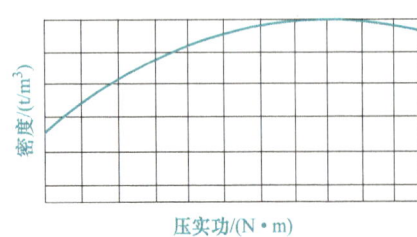

图 2-26　土的密度与压实功的关系

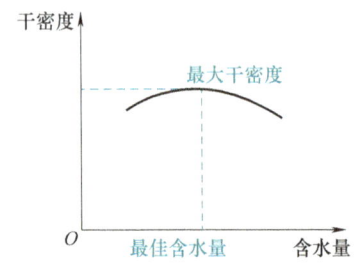

图 2-27　土的干密度与含水量的关系

用同样的方法压实不同含水量的土，压实后土的密实度各不相同。较干燥的土，由于土颗粒之间摩阻力减小，因此不容易被压实。但当土含水量过大时，成为橡皮土，也不易压实。在同样压实功的条件下，能使填土压实获得最大干重度时的含水量，称为最佳含水量。各种土的最佳含水量和最大干重度可参见表2-3。

表2-3　各种土的最佳含水量和最大干重度的参考值

土的类别	最佳含水量（%）	最大干重度（kN/m³）	土的类别	最佳含水量（%）	最大干重度（kN/m³）
砂土	8~12	18~18.8	粉质黏土	12~21	18.5~19.5
粉土	9~15	16~18	黏土	19~23	15.8~17

3. 铺土厚度的影响

土在压实功的作用下，其应力随深度增加而逐渐减小（图2-28），但超过一定深度后，反复碾压，土的密实度增加却很少。压实机械的压实深度与压实机械类型、土的性质和含水量等有关。铺土厚度应小于压实机械压土时的压实影响深度。为使压实机械消耗能量最少，铺土厚度有一个最优厚度范围，在这个厚度范围内，可以使填土在获得设计要求密度的条件下，压实机械压实遍数最少，最优铺土厚度可按表2-4选用。

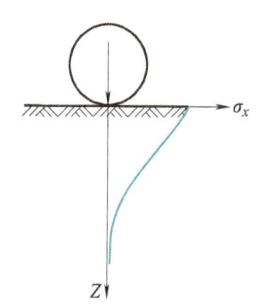

图2-28　压实作用沿深度的变化

表2-4　填方每层的铺土厚度和压实遍数

压实机具	每层铺土厚度/mm	每层压实遍数/遍	压实机具	每层铺土厚度/mm	每层压实遍数/遍
平碾	250~300	6~8	柴油打夯机	200~250	3~4
振动压实机	250~350	3~4	人工打夯	<200	3~4

注：人工打夯时，土块粒径不应大于50mm。

2.1.5　土方工程季节性施工

2.1.5.1　土方工程雨期施工

雨期施工时施工现场重点应解决好截水和排水问题。截水是在施工现场的上游设截水沟，阻止场外水流入施工现场。排水是在施工现场内合理规划排水系统，并修建排水沟，使雨水按要求排至场外。水沟的横断面和纵向坡度应按照施工期最大流量确定。一般水沟的横断面不小于0.5m×0.5m，纵向坡度一般不小于3%，平坦地区不小于2%。

大量的土方开挖和回填工程应在雨期来临前完成。必须在雨期施工的土方开挖工程，其工作面不宜过大，应逐级逐片分期完成。开挖场地应设一定的排水坡度，场地内不能积水。

基坑（槽）或管沟开挖时，应注意边坡稳定。必要时可适当放缓边坡坡度或设置支撑。施工时要加强对边坡和支撑的检查。对可能被雨水冲塌的边坡，可在边坡上挂钢丝网片，外抹50mm厚的细石混凝土。为了防止雨水对基坑浸泡，开挖时要在坑内设排水沟和集水井。挖至基础标高后，应及时组织验收并浇筑混凝土垫层。

填方工程施工时，取土、运土、铺填、压实等各道工序应连续进行，雨前应及时压完已填土层，将表面压光并做成一定的排水坡度。

对于处地下的水池或地下室工程，要防止水对建筑物的浮力大于建筑物自重，造成地下室或水池上浮。基础施工完毕，应及时完成基坑四周的回填工作。停止人工降水时，应验算箱形基础抗浮稳定性和地下水对基础的浮力。抗浮稳定系数不宜小于1.2，以防止出现基础上浮或者倾斜的重大事故。当抗浮稳定系数不能满足要求时，应继续抽水，直到能满足抗浮稳定系数要求为止。当遇上大雨，水泵不能及时有效地降低积水高度时，应迅速将积水灌回箱形基础之内，以提高基础的抗浮能力。

2.1.5.2 土方工程冬期施工

土在冻结时机械强度大大提高，使土方工程冬期施工造价增加，工效降低，寒冷地区土方工程施工一般宜在入冬前完成。当必须在冬期施工时，其施工方法应根据本地区气候、土质和冻结情况并结合施工条件进行技术经济比较后确定。施工前应周密计划，做好准备，做到连续施工。

课题2.2 基 坑 工 程

2.2.1 基坑（槽）施工

基坑（槽）的施工，首先应进行房屋定位和标高引测，然后根据基础的底面尺寸、埋置深度、土质好坏、地下水位的高低及季节性变化等不同情况，考虑施工需要，确定是否需要留置工作面、放坡、增加排水设施和设置支撑，从而定出挖土边线和进行放灰线工作。

2.2.1.1 测量放线

1）基槽放线：根据房屋轴线控制点，首先将外墙轴线的交叉点用木桩测设在地面上，并在桩顶钉上钢钉作为标志。房屋外墙轴线测定后，再根据建筑物平面图，将内部开间所有轴线都一一测出。最后根据中心轴线用石灰在地面上撒出基槽开挖边线。同时在房屋四周离基坑边一定距离设置龙门板，以便于基础施工时复核轴线位置和标高。

2）柱基放线：在基坑开挖前，从设计图上查对基础的纵横轴线编号和基础施工详图，根据柱子的纵横轴线，用经纬仪在矩形控制网上测定基础中心线的端点，同时在每个柱基中心线上，测定基础定位桩，每个基础的中心线上设置4个定位桩，其桩位离基础开挖线的距离为0.5~1.0m。若基础之间的距离不大，可每隔1~2个或几个基础打一个定位桩，但两个定位桩的间距以不超过20m为宜，以便拉线恢复中间柱基的中线。桩顶上钉一个钉子，标明中心线的位置。然后按施工图上柱基的尺寸和按边坡系数确定的挖土边线的尺寸，放出基坑上口挖土灰线，标出挖土范围。

3）大基坑开挖：根据房屋的控制点用经纬仪放出基坑四周的挖土边线。

2.2.1.2 施工工艺

1．施工准备

（1）熟悉图纸并了解工程情况

检查图纸和资料是否齐全，核对平面尺寸和坑底标高，核查图纸相互间有无错误和矛盾；掌握设计内容及各项技术要求，了解工程规模、结构形式、特点、工程量和质量要求；

熟悉土层地质、水文勘察资料；审查地基处理和基础设计；会审图纸，搞清地下构筑物、基础平面与周围地下设施管线的关系；研究好开挖程序，明确各专业工序间的配合关系、施工工期要求；向参加施工人员进行技术交底。

(2) 勘察施工现场

摸清工程场地情况，收集施工需要的各项资料，包括施工场地地形、地貌、地质水文，河流，气象，运输道路，邻近建筑物，地下基础，管线，电缆，防空洞，地面上施工范围内的障碍物和堆积物状况，供水、供电、通信情况，防洪排水系统等，以便为施工规划和准备提供可靠的资料和数据。

(3) 编制施工方案

研究制定现场场地平整、基坑开挖施工方案；绘制施工总平面布置图和基坑土方开挖图，确定开挖路线、顺序、范围、底板标高、边坡坡度、排水沟和集水井位置，以及挖走的土方堆放地点；提出需要用到的施工机具、劳力计划，推广新技术。

(4) 平整施工场地

按设计或施工要求的范围和标高平整场地，将土方弃到规定弃土区；凡在施工区域内，影响工程质量的软弱土层、淤泥、腐殖土、大卵石、孤石、垃圾、树根、草皮以及不宜做回填的土料，应分情况采取全部挖除、抛填块石、砂砾等措施进行妥善处理，以免影响地基承载力。

(5) 清除现场障碍物

将施工区域内所有障碍物，如高压电线、电杆、塔架、地上和地下管道、电缆、坟墓、树木、沟渠以及既有房屋、基础等进行拆除或进行搬迁、改建、改线；对附近既有建筑物、电杆、塔架等采取有效的防护加固措施，可利用的建筑物应充分利用。

(6) 进行地下墓探

在黄土地区或有古墓地区，应在工程基础部位的设计要求位置，用洛阳铲进行铲探，发现墓穴、土洞、地道(地窖)、废井等，应进行局部处理。

(7) 做好排水降水设施

在施工区域内设置临时性或永久性排水沟，将地面水排走，或排到低洼处再设水泵排走，或疏通原有排水泄洪系统；排水沟纵向坡度一般不小于2‰，使场地不积水；山坡地区，在离边坡上沿5~6m处，设置截水沟、排洪沟，阻止坡顶雨水流入开挖基坑区域内，或在需要的地段修筑挡水堤坝阻水。地下水位高的基坑，在开挖前一周将水位降低到要求的高度。

(8) 设置测量控制网

根据给定的国家永久性控制坐标和水准点，按建筑物总平面要求，引测到现场。在工程施工区域设置测量控制网，包括控制基线、轴线和水平基准点；做好轴线控制的测量和校核。控制网要避开建筑物、构筑物、土方机械操作及运输路线，并有保护标志；场地平整应设方格网，在各方格点上做控制桩，并测出各标桩处的自然地形、标高，作为计算挖、填土方量和施工控制的依据。对建筑物应做定位轴线的控制测量和校核；进行土方工程的测量定位放线，设置龙门板、放出基坑(槽)挖土灰线、上部边线、底部边线和水准标志。灰线、标高、轴线复核无误后，方可进行场地平整和基坑开挖。

(9) 修建临时设施及管线路

根据土方和基础工程规模、工期长短、施工力量安排等修建简易的临时性生产和生活设施(如工具库、材料库、机具库、修理棚、休息棚等)，同时敷设现场供水、供电、供压缩空气（爆破石方用）管线路，并进行试水、试电、试气。

（10）准备机具、物资并组织人员

做好设备调配，对进场挖土、运输车辆及各种辅助设备进行维修检查，试运转，并运至使用地点就位；准备好施工用料及工程用料，按施工平面图要求堆放。组织并配备土方工程施工所需各专业技术人员、管理人员及技术工人；组织安排好作业班次；制定技术岗位责任制，完善技术、质量、安全管理网络；建立质量保证体系；对拟采用的土方工程新机具、新工艺、新技术，组织力量进行研制和试验。

2. 操作工艺

开挖基坑（槽）应按规定的尺寸，合理确定开挖顺序，连续进行施工。相邻基坑开挖时，应遵循"先深后浅"或"同时进行"的原则。挖土应自上而下水平分段分层进行，每层0.3m左右，边挖边检查坑底宽度和坡度，不满足要求时及时修整，每3m左右修一次坡，至设计标高后，再统一进行一次修坡清底，检查坑底宽和标高，要求坑底凹凸不超过2.0cm。挖出的土除留一部分用作回填外，不得在场地内任意堆放，应把多余的土运到弃土地区，以免妨碍施工。在基坑边缘堆置土方和建筑材料时，一般距基坑上部边缘不少于1m，堆置高度不应超过1.5m。基坑开挖后若不能立即进行下一道工序，应预留15~30cm土层不挖，等到进行下道工序施工时再挖到设计标高。机械开挖时，为避免破坏基底土，应在基底标高以上预留一层土，待基础施工前用人工铲平修整。使用铲运机、推土机时，保留土层厚度为15~20cm，使用正铲、反铲或拉铲挖土时保留土层厚度为20~30cm。挖土不得挖至基坑（槽）的设计标高以下，若个别处超挖，应用与地基土相同的材料填补，并夯实到要求的密实度。当用原土填补不能达到要求的密实度时，应用碎石类土填补，并夯实。重要部位被超挖时，用低强度等级的混凝土填补。

深基坑开挖

在地下水位以下挖土，应在基坑（槽）四侧或两侧挖好临时排水沟和集水井，或采用井点降水，将水位降低至坑（槽）底以下500mm，以利挖方进行。降水工作应持续到基础（包括地下水位下回填土）施工完成。

雨期施工时，基坑（槽）应分段开挖，挖好一段浇筑一段垫层，并在基坑（槽）两侧围以土堤或挖排水沟，以防地面雨水流入基坑（槽），同时应经常检查边坡和支撑情况，以防止坑壁受水浸泡造成塌方。

深基坑开挖必须遵循"开槽支撑，先撑后挖，分层开挖，严禁超挖"的原则。

深基坑的开挖方案，主要有放坡开挖、中心岛（墩）式开挖、盆式开挖和逆作法开挖，后三种方案均有支护结构。

（1）放坡开挖

放坡开挖是最经济的挖土方案，当基坑开挖深度不大（软土地区挖深不超过4m；地下水位低的土质较好地区挖深可较大）、周围环境能确保土坡的稳定性时，均可采用放坡开挖。开挖深度较大的基坑，宜设置多级平台分层开挖，每级平台的宽度不宜小于1.5m。

放坡开挖要验算边坡稳定，可采用圆弧滑动简单条分法进行验算。对土层性质变化较大的土坡，应分别采用各土层的重度和抗剪强度进行验算。当含有可能出现流砂的土层时，采取井点降水等措施。对土质较差且施工工期较长的基坑，边坡宜采用钢丝网水泥喷浆或用高分子聚合材覆盖等方式进行护坡。坑顶不宜堆土或堆载（材料或设备），若遇有不可避免的附加荷载，在进行边坡稳定性验算时，应计入附加荷载的影响。在地下水位较高的软土地区，应在降水达到要求后，再进行土方开挖，并采用分层开挖的方式。分层挖土厚度不宜超过2.5m。基坑采用机械挖土时，坑底应保留20~30cm厚地基土用人工挖除，以免扰动地基土。待挖至设计标高后，应清除浮土，验槽合格后，及时进行垫层施工。

（2）中心岛（墩）式开挖

中心岛（墩）式开挖方式适用于大型基坑，支护结构的支撑形式为角撑、环梁式或边桁（框）架式，中间具有较大空间。此时可利用中间的土墩作为支点搭设栈桥。挖掘机可利用栈桥下到基坑挖土，运土的汽车也可利用栈桥进入基坑运土，如图2-29所示。

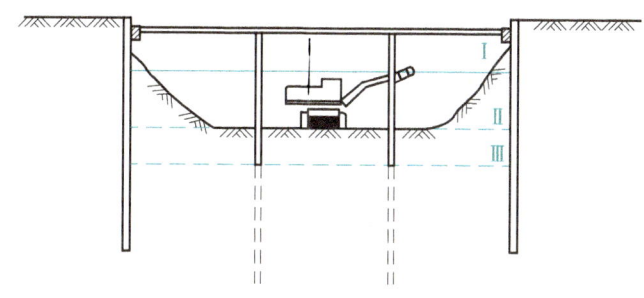

图2-29 中心岛（墩）式开挖

（3）盆式开挖

盆式开挖方式是先挖基坑中间部分的土，周围四边留土坡，土坡最后挖除。此方式的优点是周边的土坡对围护墙有支撑作用，有利于减小围护墙的变形。缺点是大量的土方不能直接外运，需集中提升后装车外运，如图2-30所示。

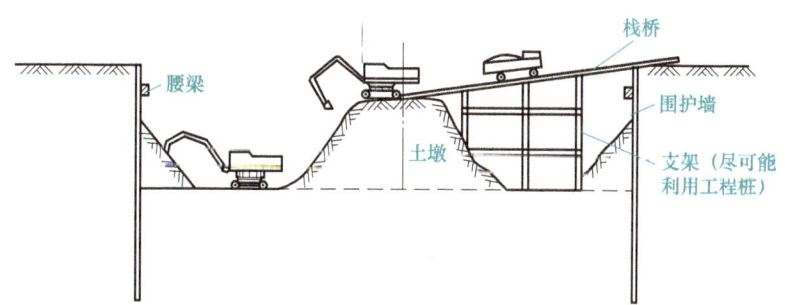

图2-30 盆式开挖

土方回填时，回填土一般选用含水量在10%左右的干净黏性土。若土过湿，则要进行晾晒或掺入干土、白灰等处理；若土含水量偏低，则可适当洒水湿润。深浅基坑（槽）相连时，应先填深基坑（槽），填至与浅基坑（槽）标高一致时，再与浅基坑（槽）一起填夯。分段填夯时，交错处做成阶梯形，上下接槎距离不小于1.0m。墙基及管道应在两侧用细土同时均匀回填、夯实，防止墙基及管道中心线产生位移。回填土要分层铺摊夯实，每层至少夯击3遍。回填管沟时，人工先将管子周围填土夯实，直到管顶0.5m以上时，在不损坏管道的情况下，方可用蛙式打夯机夯实。雨期施工时，应采取措施防止地面水流入坑内，导致边坡塌方或浸泡地基土。冬期施工时，每层回填土厚度比常温时减少25%，其中冻土块体积不得超过总填土体积的15%，且应分散，冻土块粒径不大于15cm。

3. 质量标准

（1）土方开挖施工质量标准

1）基坑（槽）地基土质必须符合设计要求。

2）基坑（槽）内不得有积水、浮土和淤泥，基底面土质应保持原土结构状况。

3）土方开挖工程的质量检验标准应符合表 2-5 的规定。

表 2-5　土方开挖工程质量检验标准　　　　　　　　　　（单位：mm）

项目	序号	检查项目	允许偏差或允许值					检验方法
			柱基基坑（槽）	挖方场地平整		管沟	地（路）面基层	
				人工	机械			
主控项目	1	标高	-50	±30	±50	-50	-50	用水准仪
	2	长度、宽度（由设计中心线向两边量）	+200 -50	+300 -100	+500 -150	+100	—	用经纬仪，用钢尺量
	3	边坡	设计要求					观察或用坡度尺检查
一般项目	1	表面平整度	20	20	50	20	20	用 2m 靠尺和楔形塞尺检查
	2	基底土性	设计要求					观察或土样分析

注：地（路）面基层的偏差只适用于直接在挖、填方上做地（路）面的基层。

（2）土方回填施工质量标准

1）土方回填前应清除基底的垃圾、树根等杂物，抽除坑（槽）内积水、淤泥，验收基底标高。如在耕植土或松土上填土，则应在基底压实后再进行。

2）对填方土料应按设计要求验收合格后方可回填。

3）填方施工过程中应检查排水设施、每层铺土厚度、含水量及控制压实程度。回填厚度及压实遍数，应根据土质压实系数及所用机具经试验确定，无试验数据按《建筑地基基础工程施工质量验收标准》(GB 50202—2018) 规定执行。

4）填方工程结束后，应检查标高、边坡坡度、压实程度。检验标准应符合表 2-6 相关规定。

表 2-6　填方工程质量检验标准　　　　　　　　　　（单位：mm）

项目	序号	检查项目	允许偏差或允许值					检验方法
			柱基基坑（槽）	挖方场地平整		管沟	地（路）面基层	
				人工	机械			
主控项目	1	标高	-50	±30	±50	-50	-50	用水准仪
	2	分层压实系数	设计要求					按规定方法
一般项目	1	回填土料	设计要求					取样检查或直观鉴别
	2	分层厚度及含水量	设计要求					水准仪及抽样检查
	3	表面平整度	20	20	30	20	20	用靠尺或水准仪

4. 安全技术

安全技术就是研究生产技术中的安全问题，针对生产劳动中的不安全因素，研究控制措施，制定对策，预防工伤事故的发生。

在土方工程的施工中，施工安全是一个很重要也很突出的问题，历年来发生的工伤事故不少。而其中大部分事故是因为土方塌方造成的。因此我们要在施工过程中，认真贯彻落实《中华人民共和国安全生产法》《建设工程安全生产管理条例》以及安全生产的各项法规、规范、标准、条例、安全操作规程等，坚持不懈地执行"安全第一、预防为主、综合治理"的方针。在土方工程施工前应编制专项安全施工方案或施工组织设计，并进行技术交底，确保基坑（槽）施工的安全。

1）在施工中必须派专人负责检查基坑（槽）边坡土质稳定情况，发现有裂缝、疏松、渗水或支撑走动等情况，必须立即停止施工并采取加固措施。

2）施工现场堆放的各种材料和施工机械与基坑（槽）边的安全距离，应根据土质、沟深、水位、机械设备质量等情况确定，往基坑（槽）内运输材料应用信号联系。

3）基坑开挖深度超过 4m 时，四周必须设置安全防护栏杆，并设有明显安全警示标志，人员上下基坑必须用爬梯。夜间施工必须有足够的照明设施。

4）人工挖土时，必须由上往下进行，禁止采用掏洞、挖空底脚和挖"伸悬土"的方法，防止发生塌方事故。多人同时挖土时，应保持足够的安全距离，横向间距不得小于 2m，纵向间距不得小于 3m，禁止面对面进行施工。

5）在挖方作业中，如遇有电缆、管道、地下埋藏物或辨认不清的物品，应立即停止工作，设专人看护并立即向施工负责人报告，严禁随意敲击、刨挖和玩弄。

6）从基坑（槽）内挖出的土方应堆放在距基坑（槽）边沿至少 1m 的距离外，堆土高度不得超过 1.5m。按规定放坡或设支护结构防护。

7）作业中作业人员不得在阶坡、深坑和陡坎下休息。随时观察边坡稳定情况，如发现边坡有裂缝、疏松、渗水，以及支撑断裂、移位等现象，应先撤离作业现场，并立即报告施工负责人及时采取有效措施，待险情排除后方可继续作业。

8）在电杆附近挖土时，对于不能取消的拉线地垄及杆身，应留出土台，土台半径为：电杆 1.0m~1.5m，拉线 1.5m~2.5m，土台周围应设标杆警示。

9）在公共场所如道路、城区、广场等处进行挖土时，应在作业区四周设围栏和护板，并设立警告标志牌，夜间设红灯警示。

10）采用拉铲或反铲作业时，履带距基坑（槽）作业面边缘的距离应大于 1.0m，轮胎距作业面边缘的距离应大于 1.5m，确保施工机械的施工安全和基坑（槽）边坡的稳定。

11）机械挖土时，如在多台阶同时开挖，则应验算边坡的稳定。根据规定和验算确定挖掘机离边坡的安全距离。多台挖掘机同时挖土时，挖掘机之间的距离应大于 10m，在挖掘机工作范围内，不允许进行其他作业。挖土应由上而下，逐层进行，严禁先挖坡脚或逆坡挖土。

12）运土道路的坡度、转弯半径要符合安全规定。

5. 成品保护措施

1）对建筑物的定位桩、水准点、龙门板等，应用混凝土浇筑保护，挖运土方时不得碰撞。要经常测量和校核其平面位置、水平标高和边坡坡度是否符合设计要求。定位标准桩和标准水准点也要定期复测和检查是否正确。

2）土方开挖时，应防止邻近建筑物或构筑物、道路、管线等发生下沉和变形。必要时应与设计单位或建设单位协商，采取防护措施，并在施工中进行沉降或位移观察。

3）施工中如发现有文物或古墓等，应配专人妥善保护，并及时报请当地有关部门处理，方可继续施工。如发现有测量用的永久性标桩或地质、地震部门设置的长期观察点等，应加以保护。

4）在设有地下管线（管道、电缆、通信）的地段进行施工时，事先取得相关部门的书面同意，施工中应采取措施，以防止损坏管线，造成严重事故。

5）基坑（槽）支撑宜选用质地坚实、无枯节、穿心裂折的松木或杉木，不宜使用杂木。

6）支撑应挖一层支一层，并严密顶紧、支撑牢固，严禁一次将土挖好后再支撑。

7）基坑边坡保护。在深基坑施工中，当基坑放坡高度较大，工期和暴露时间较长或土质较差，易疏松或滑塌时，为防止基坑边坡因气温变化、失水过多而松散、坡面受雨水冲刷而产生溜坡现象，应根据土质情况和实际条件采取边坡保护措施，以保护基坑边坡的稳定，常用的基坑坡面保护方法如下：

① 塑料薄膜覆盖或水泥砂浆覆盖法（图2-31a）。对基础施工工期较短的临时性基坑边坡，采取在边坡上铺塑料薄膜，在坡顶及坡脚用草袋或编织袋装土压住或用砖压住，或在边坡上抹2~2.5cm厚水泥砂浆保护层。为防止薄膜脱落，在上部及底部均应搭盖不少于80cm，同时土中插适当锚筋连接，在坡脚设排水沟。

② 挂网或挂网抹面法（图2-31b）。对基础施工工期短、土质较差的临时性基坑边坡，可在垂直坡面楔入直径10~12mm、长40~60mm的插筋，纵横间距1m，上铺20号钢丝网，上、下用草袋或编织袋装土或砂压住，或在钢丝网上抹2.5~3.5cm厚的M5水泥砂浆，在坡顶或坡脚均应设排水沟。

③ 喷射混凝土或混凝土护面法（图2-31c）。对邻近有建筑物的深基坑边坡应加强保护。具体做法是在基坑坡面上打入长为40~50cm、直径为10~12mm的插筋，纵横方向的间距均为1m，再铺20号钢丝网，然后喷射40~60mm厚的C15细石混凝土保护层。也可铺设直径为4~6mm，间距为250~300mm的钢筋网片，然后浇筑50~60mm厚的细石混凝土，随浇随压光。

④ 土袋或砌石压坡法（图2-31d）。对深度在5m以内的临时基坑边坡，在边坡下部用草袋或编织袋装土、砂堆砌，或者采用砌砖、石压住坡脚。边坡高在3m以内采用单排顶砌法，在5m以内采用二排顶砌法，保护坡脚稳定，在坡顶、坡脚设排水沟。

6. 应注意的质量问题

1）土方开挖前，一定要按照设计总平面图复核建筑物的定位桩。按基坑平面图对基坑（槽）的灰线进行轴线和几何尺寸的复核，并检查方向是否符合设计图纸的朝向。工程轴线控制桩设置位置离开建筑物的距离一般应大于两倍挖土深度。水准点标高应引测到邻近的建筑物或构筑物上，如邻近没有建筑物，可引测到稍远的地方并妥善保护。挖土过程中要经常检查复核其位置。

2）开挖过程中要严格控制开挖尺寸、标高、放坡和排水。基坑（槽）底部的开挖宽度要考虑因工作面而增加的宽度。基坑（槽）底地基土严禁超挖，如发生个别超挖，须经设计单位给出处理方案，用级配砂石或混凝土回填到设计标高并夯实，不得用松土回填，也不得私自处理。

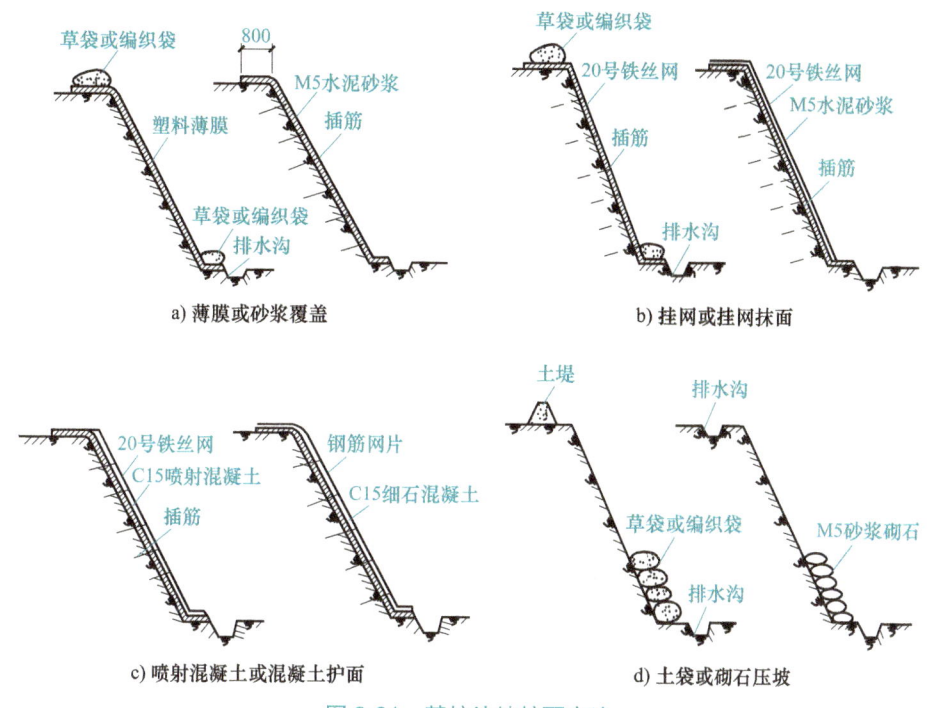

图 2-31 基坑边坡护面方法

3）当用机械开挖时，5m 深以内的基坑可一次开挖，在接近设计标高时为保证不扰动坑底地基土应留 20~30cm 厚的一层土不挖，待基础施工时用人工挖至设计标高。

4）雨期施工时，基坑（槽）底应预留 30cm 土层不挖，待施工垫层或基础时再挖至设计标高，以免基坑（槽）基层被水浸泡。

5）按坑底"50 线"严格进行基底抄平工作，保证基坑（槽）底面必须在同一设计标高的水平面上。

6）基础墙体达到一定强度后，才能进行回填土的施工，以免对基础结构造成损坏。

7）基坑（槽）回填土必须清理完基坑的杂物后，才能逐层回填，并夯实。严禁采用浇水使土下沉的水夯法。

8）虚铺土过厚、夯实不密实、冬期回填冻土块过多、粒径太大都将造成回填土下沉，导致地面或散水空鼓、裂缝甚至下沉塌陷。

9）回填时必须分层回填、分层夯实、分层测定密实度，达到符合设计要求的密实度后才能回填上一层，否则应进行处理或返工。

10）回填土料应选择砂类土、原槽土料等，严禁使用建筑垃圾回填。

2.2.1.3 钎探与验槽

1. 钎探

钎探是地质勘察的一种辅助手段，是指在基坑（槽）土方开挖之后，用锤将钎工具打入基坑（槽）底下一定深度的土层内，通过锤击次数探查判断地下有无异常情况或不良地基现象。

（1）钎探的目的

钎探是施工单位在开挖完基坑（槽）土方之后，必须进行的一项施工程序，其主要目的如下：

1) 查明基坑（槽）底是否有局部古井、墓穴、空洞、菜窖、人防通道等地下埋藏物。

2) 查明地下是否有松土坑、古河、古湖、砂井等。

3) 探测基坑（槽）底土质是否有局部软弱或显著不均匀现象，若有，还需探测其平面范围及深度。

4) 校核基坑（槽）底土质是否与勘察设计资料相一致。

5) 查明地下是否有局部坚硬物。

6) 为是否进行地基处理提供依据。

（2）钎探的重要意义

"百年大计，质量第一""质量责任重于泰山"，这是历史赋予每一个工程技术管理人员的神圣职责，任何建筑物都要建造在安全、稳定、可靠的地基上面，这样才能保证建筑物使用安全。如果建筑物建造在一个存在质量问题或隐患的地基上，那将会产生什么样的后果？轻者使上部结构开裂、倾斜，或影响建筑物的正常使用，或缩短建筑物的使用寿命；重者由于地基失稳造成基础破坏而导致建筑局部或全部倒塌，将直接威胁到人们的生命安全。

我们知道，一般地质勘察的布点间距比较大，再者由于地下情况十分复杂，不同的地区，地质生成条件不同，土层分布、土的物理力学性质也不同。即使是同一施工场地，往往土质分布也不尽相同。同时，地下土层中还可能存在地下埋藏物、不良地基、空洞等隐患。所以如果对地质条件掌握不全、处理不当，将会引发重大的工程质量事故。由于忽视钎探工作而造成的质量事故也很多。因此，把好钎探的最后一关至关重要。

（3）钎探工具

施工现场目前采用的钎探工具主要有以下几种（由于各地区情况不同，因此应根据当地具体情况选用）：

1) 钢钎钎探。钢钎采用直径为22~25mm的圆钢制成，钢筋下端呈60°锥状，从钢钎下端起向上每隔30cm刻一条横线，并刷红色漆以示醒目，钢钎构造如图2-32所示。

钎探时，采用10kg重大锤，由人工举锤离开钢钎顶50cm，将钢钎垂直打入土中，并记录钢钎每打入30cm的锤击数，钢钎的打入深度按设计规定执行。

2) 穿心锤钎探（轻便触探器）。穿心锤钎探（图2-33）的工具由穿心锤、锤垫、钎探杆、探头组成。穿心锤重10kg。钎探时，用双手提起穿心锤把，当提升至钎探杆顶部50cm高时，松开双手，让锤自由落下打击钎探杆上的锤垫，将钎探杆打入土中。同时记录每打入30cm的锤击数。钎探杆上每30cm有刻度，打入深度按设计规定执行。

3) 洛阳铲探孔。洛阳铲（图2-34）由铲头、铁杆和探杆三部分组成。铲头的刃部呈月牙形，长约20cm，宽约6cm。铲头上部焊有一节铁杆，铁杆上部做圆管状，以便插入探杆，铁杆连接铲头，长约1m。探杆一般用白蜡杆制成，杆长2m，当探深孔时可接长木杆或在白蜡杆上端系上绳子。探孔时应根据不同的地质情况，采用不同的铲头形式，以解决探孔进度困难的问题。

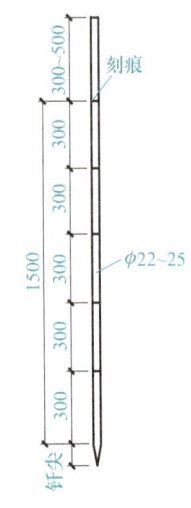

图2-32 钢钎

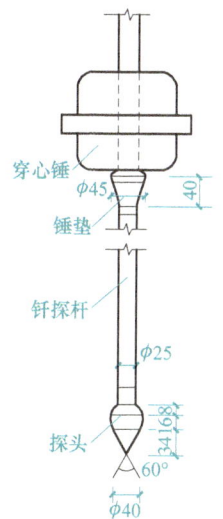
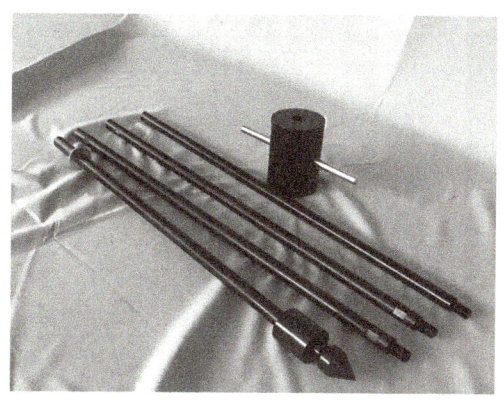

图 2-33 穿心锤钎探

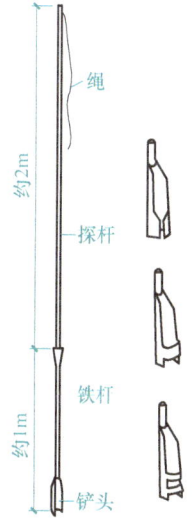

图 2-34 洛阳铲

4）夯探。夯探较以上几种方法更为方便，不用复杂的设备，而是用蛙式打夯机对地基进行夯击，通过打夯的声响判断下卧层的强弱，是否有空洞、墓穴、土洞、古井等。

（4）钎探方法及操作工艺

1）钎探时，基坑（槽）土方已挖至设计标高，并清理基坑（槽），基底表面应平整，轴线及几何尺寸必须符合设计图纸的要求。

2）根据基础设计图纸要求绘制钎探点的平面布置图，确定钎探点的位置及顺序编号。当设计无要求时，可参照表 2-7～表 2-9 执行。

3）钎探工艺流程。放钎探点线→撒白灰点标志→就位打钎（分级记录锤击数）→拔钎→检查孔深（合格）→钎孔灌砂→移位打下一个孔。

表 2-7 钎探点布置及排列

基坑（槽）宽 /cm	排列方式及图式	间距 /m	钎探深度 /m
小于 80	中心一排	1~2	1.2
80~200	两排错开	1~2	1.5
大于 200	梅花形	1~2	2.0
柱基	梅花形	1~2	≥1.5m 并不浅于短边宽度

注：对于较软弱的新近沉积黏性土和人工杂填土的地基，钎孔间距应不大于 1.5m。

表 2-8 穿心锤钎探检验深度及间距

排列方式	基坑（槽）宽 /cm	检验深度 /m	检验间距 /m
中心一排	<80	1.2	1.0~1.5 视地层复杂情况定
两排错开	80~200	1.5	
梅花形	>200	2.1	

表 2-9 洛阳铲探孔布置及排列形式

基坑（槽）宽 /cm	排列方式及图式	间距 /m	探孔深度 /m
小于 200		1.5~2.0	3.0
大于 200		1.5~2.0	3.0
柱基		1.5~2.0	3.0（荷载较大时为 4.0~5.0）
加孔（房屋拐角处、内外墙交接处）		<2.0（当基础过宽时，中间再加孔）	3.0

（5）钎探施工方法及技术要求

在正式打钎探前，应按钎探平面布置图放线，并在孔位上钉小木桩或撒白灰点，就位打钎锤的落距一般为 50cm，钎探杆必须垂直打入土中。在打钎的过程中，钎探杆每打入 30cm 记录一次锤击数，一直到规定深度为止。然后将钎探杆拔出，移位到下一个孔位继续打钎。打完后的钎孔，要经过质检人员和有关施工员（工长）检查孔深与记录，无误后，进行灌砂，每灌 30cm 左右，捣实一次。

灌砂的方法有两种：一种是每孔打完或几个孔打完后及时灌一次；另一种是每天打完后，统一灌一次砂。冬、雨期施工要注意，当基坑（槽）受雨水浸泡后不得进行打钎。冬期打钎探时，每打完几个孔后，应及时用保温材料盖孔，不能大面积铺开，以免基土受冻。

钎探打完之后，要及时整理记录资料，按钎孔顺序编号，将锤击数统一填在规定的表格内，字迹要清楚，经项目技术负责人、工长、质检员、打钎人员签字认可后归档。将钎探中发现的异常情况填写在备注栏内。

钎探记录表见表2-10。

表2-10 钎探记录表

探孔号	打入长度/m	每30cm锤击数							总锤击数	备注
		1	2	3	4	5	6	7		
打钎者		施工员							质量检查员	

（6）钎探质量要求及注意事项

钎探深度和布孔间距必须符合规定要求，否则视为不合格钎探。锤击数记录必须准确，数据真实可靠，不得弄虚作假。钎探点的位置应基本准确，钎探孔不得遗漏。

钎探时应注意防止记录表探孔位置和平面布置图探孔位置填错。应将钎探点平面布置图上的钎探孔与记录表上的钎探孔先行对照，发现问题及时修改或补打。在钎探点平面布置图上，注明过硬或过软的探点位置，并用彩色笔分开，以便勘察设计人员验槽时分析处理。

（7）安全措施

要认真贯彻"安全第一，预防为主"的方针。进施工现场，必须遵守现场的安全管理制度，戴好安全帽，提高职业健康安全意识。专业工长（施工员）负责钎探工作的实施并做好详细记录。操作人员要专心施工，打钎人员与扶钎杆人员要密切配合。要配备好操作时的专用凳子。夜间施工时，应有足够的照明设施，并合理安排钎探顺序，防止错打或漏打。

2. 验槽

验槽属于建筑工程隐蔽验收的重要内容之一，是指基坑（槽）土方挖完之后，为了确保建筑物的质量安全，由建设单位组织施工、设计、勘察、监理、质检等部门的项目技术负责人到施工现场对地基土进行联合检查验收。

验槽是在基坑（槽）土方按设计要求全部完成，并钎探完毕，清理基坑（槽）后进行。

（1）验槽的目的

地基土层经过开挖后，可以清楚地显示出它的真实情况。通过进行现场实地核查检验，核对现场实际土层情况是否与勘察报告相符。如有出入，应进行补充修正，必要时应做进一步的施工勘察。验槽的主要目的如下：

1）检验地质勘察报告及结论、建议是否正确，是否与实际情况相一致。

2）可以及时发现问题及存在的隐患，解决勘察报告中未解决的遗留问题，防患于未然。必要时布置施工勘察项目，以便进一步完善设计方案，确保工程质量。

(2) 验槽的内容

基坑（槽）的验槽工作主要是以认真仔细地观察为主，并与钎探、夯探等手段配合。其主要内容如下：

1）核对基坑（槽）的平面位置、尺寸、坑底标高是否符合设计图纸的要求。

2）核对基坑（槽）土质和地下水情况是否与地质勘察报告相一致，是否挖到了持力层，土质分布是否均匀一致。

3）通过检查分析钎探记录，判断地下是否有局部空洞、古墓、古井、人防道、菜窖、松土坑，若有，需判断地下埋藏物的位置、深度、性质及范围。

4）查验在施工中有无破坏地基土的原土结构或发生较大的扰动现象。

5）查验是否有严重的超挖现象。

经检查验收合格后，填写基坑（槽）隐蔽验收记录，各方签字盖章，并及时办理相关验收手续。对于验收不合格或需做局部处理的，待处理和整改合格后，重新验收确认。

(3) 验槽应注意的事项

1）验槽前必须完成合格的钎探，并有详细的钎探记录。不合格的钎探不能作为验槽的依据。必要时对钎探孔深及间距进行抽样检查，核实其真实性。

2）基坑（槽）土方开挖完后，应立即组织验槽。一般应根据施工进度提前安排约定，否则要延误施工。

3）在特殊情况下，如雨期，要做好排水措施，避免被雨水浸泡。冬期要防止基底土受冻，要及时用保温材料覆盖。也可组织分段验收，尽快进行下道工序的施工。确保地基土的安全，不可形成隐患。

4）验槽时要认真仔细查看土质及其分布情况，是否有杂物、碎砖、瓦砾等杂填土质，是否有贝壳等杂物，是否已挖到老土等，从而判断是否需做加深处理。

总之，验槽是一项十分重要的工作，不可轻视。一旦隐患或不良地基没有查清，后果将不堪设想。

2.2.1.4 质量通病的防治

质量通病一般是指在施工过程经常发生的、普遍存在的一些质量问题或事故，也是一种常见病、多发病。所以在施工之前要针对本地区施工现场的具体情况制定一套行之有效、针对性较强的施工方案，要认真贯彻预防为主的方针，把质量通病消灭在萌芽状态。

1. 基坑（槽）边坡塌方

(1) 现象

在基坑（槽）土方的开挖过程中或是土方挖完之后，边坡土方局部或大面积的塌陷或滑塌。不仅容易造成人身安全事故，而且往往使地基土受到严重的扰动，影响地基的承载力，严重的会影响邻近建筑物的安全和稳定。特别是在市区，新旧建筑物之间距离比较近，更要引起高度的重视。

(2) 原因分析

1）基坑（槽）土方开挖较深，放坡坡度不够，或开挖土层时，没有根据土的特性分别放成不同的坡度，致使边坡失去稳定造成塌方。

2）在有地表水（雨水、生产和生活用水）、地下水作用的情况下未采取有效的降水、排水措施，致使土体自重增加，土的内聚力降低，抗滑力下降，在重力作用下失去稳定而引起边坡塌方。

3）边坡坡顶堆放荷载过大或受外力振动影响，使坡体内剪切应力增大，从而引起边坡失稳而塌方。

4）土质疏松、开挖土方的施工方法不当而造成塌方。

（3）预防措施

1）应根据土层的物理性能确定适当的边坡坡度。挖方经过不同的土层时应选不同的坡度，其边坡可做成折线形，分上陡下缓或是上缓下陡等多种形式。

2）做好地面排水措施，避免在影响边坡稳定的范围内积水。

3）坡顶堆放弃土时应保持距坡顶 1m 以上的距离，高度不要超过 1.5m，减少坡顶的堆放荷载。

（4）治理方法

1）对基坑（槽）边坡塌方，可将坡脚塌方清除后做临时性支护（如用编织袋、草袋装土或砂堆放护坡，也可设支撑，用砖砌墙）。

2）对永久性边坡局部塌方，将塌土清除，用砖或片石砌筑护坡，也可修改成平缓护坡，防止滑动。

2. 基坑（槽）泡水（浸水）

（1）现象

基坑（槽）土方开挖过程中或是开挖后，坑（槽）底地基土被水浸泡。

（2）原因分析

1）在雨期施工时，没有设置排水设施，特别是遇到大暴雨时降水量很大，大量地面水流入基坑（槽）内。

2）在采用机械开挖时，由于事先对施工区内的地下管网布置情况不了解，盲目施工，将上、下水管道挖断造成基坑（槽）被水淹没。

3）由于对地下水位线的情况掌握不准，在地下水位线以下或接近地下水位线挖土，没有采取降排水措施或措施不当，造成地下水渗流到基坑（槽）内，造成泡槽。如遇到停电或降水系统出现故障等也会导致泡水。

（3）预防措施

1）基坑（槽）土方开挖时应尽量避开雨期，如避不开，一定要在基坑（槽）四周设置排水沟或挡水坝。排水沟、挡水坝距基坑（槽）坡顶必须保持在1m以上的距离，防止地面雨水流入基坑（槽）内。

2）在施工前一定向当地市政管理部门了解施工区域内的地下管网的布置情况，包括管网的位置、走向及埋设深度等，应撒出白灰线以示注意。当开挖至离管网一定深度时，应采用人工辅助开挖，并做好管网的保护，以免将管网挖断，造成泡水事故。

3）在开挖地下水位线以下或接近地下水位线的土方时，应预先制订降水方案，将地下水位降至坑底标高以下 500mm 时再开挖。

（4）治理方法

1）已被水泡的基坑（槽）要立即排水，并将水排净。

2）立即检查排水降水设施，尽快抢修排除故障。

3）对被水泡过的基土，可根据泡水的轻重程度及土质的具体情况，采取相应的处理措施，如排水晾晒后夯实、换土夯实或挖去淤泥加深基础等。

3. 回填土密实度达不到要求

（1）现象

回填土经碾压或夯实后，达不到设计要求的密实度，将使填土场地、地基在荷载作用下变形增大，承载能力和稳定性降低，从而导致填土不均匀下沉并发生质量事故。

（2）原因分析

1）回填土料不符合要求，如采用了碎块草皮、有机杂物含量大于8%的土、淤泥、杂填土作为回填土料。

2）土的含水量过大或过小，因而达不到最优含水量的密实度要求。

3）压实机械的能量不够，达不到影响深度的要求，使土密实度达不到要求。

4）回填土厚度过大，没有按照规定的填土厚度施工，压实遍数不够或机械碾压过程中行驶速度过快。

（3）预防措施

1）应选择合格的回填土料进行回填。

2）填土的密实度应根据土的工程性质来确定。通常按设计要求的压实系数换算为干密度来控制，当设计无要求时，压实系数可参考表2-11选取。

表2-11 填土压实系数λ_C（密实度）

结构类型	填土部位	压实系数λ_C
砌体或框架结构	在地基的持力层范围内	>0.96
	在地基的持力层范围以下	0.93~0.96
简支式排架结构	在地基的持力层范围内	0.94~0.97
	在地基的持力层范围以下	0.91~0.93
一般工程	基础四周或两侧一般回填土	0.9
	室内地坪、管道地沟回填土	0.9
	一般堆放场地回填土	0.85

3）对有密实度要求的填方，应按所选用的土料、压实机械性能，通过试验确定含水量控制范围、每层铺土厚度、压实遍数、机械的行驶速度（振动碾压为2km/h，羊足碾为3km/h），严格执行分层回填、分层压实，必须达到设计规定的质量要求。

4）必须加强对回填土料、含水量、施工操作工艺、回填土的干密度的现场检验，按规定取样，严格把好每道工序的质量关。

（4）治理方法

1）经检验回填土料不合格的，必须返工重做，或掺入石灰、碎石等夯实加固。

2）对由于回填土含水量过大，达不到密实度要求的土层，可进行翻松、晾晒、风干或均匀掺入干土及其他吸水性材料，重新夯实。

3）当含水量小时，夯实前，应预先洒水润湿；当碾压机械能量过小时，可采取增加压实遍数，或使用大功率压实机械碾压等措施补救。

4. 回填土沉陷现象

（1）现象

在基坑（槽）回填土施工中，由于施工不当造成基坑（槽）回填土局部或大片出现沉陷，从而造成室外道路、散水等空鼓、下沉、开裂，有的甚至引起建筑物的不均匀沉降和开裂。在房心回填土时，引起房心回填土局部或大片下沉，造成地面空鼓、开裂、塌陷，导致围护墙体倒塌等。

（2）原因分析

1）回填土质量不符合规定要求，如干土块过多，遇水浸泡产生沉陷；回填土中含有大量的有机杂物、草皮；大量采用淤泥或淤泥质土等含水量较大的土质作为回填土。

2）回填土未按规定的铺土厚度分层回填、夯实；由于回填土厚度过大，造成下部松填，仅表面夯实，密实度达不到要求。

3）回填土时，对基坑（槽）中的积水、淤泥杂物未做清除就回填；对室内回填处局部有软弱土层的，施工时未经处理或未发现，使用后，荷载增加造成局部塌陷。

4）回填时，采用人工夯实或采用灌水法沉实，致使回填土的密实度达不到要求而发生沉陷。

5）冬期回填时，冻土块过多或粒径过大，致使夯填不密实。

（3）预防措施

1）回填土前必须将基坑（槽）中的积水、杂物、松土、淤泥清理干净，如在耕植土或松土上填方，则应在基底压实后再进行，对填方土料应验收合格后再填。

2）回填土时要严格按照规范规定的分层填土厚度，分层夯实，土的含水量要符合要求。

3）填土不得用直径大于5cm的土块，也不应有较多的干土块。

4）严禁采用水夯（即灌水沉实）。

5）回填土应分层检验夯实质量，必须达到规定的标准。

（4）治理方法

1）因回填土沉陷而导致的散水空鼓，如果面层尚未破坏，可采用高压泵入水泥砂浆填充；如面层已有沉陷裂缝，则应视情况进行局部或全部返工，返工时可用切割机切开，填粗砂或灰土夯实，再做面层。

2）引起建筑物下沉时，应会同设计等有关部门针对情况采取加固措施。

3）如造成地面空鼓、开裂，根据轻重程度，可采取灌浆补缝切割返工。

2.2.2 土壁支护结构

基坑（槽）开挖过程中，基坑（槽）土体主要依靠土体内颗粒间存在的内摩擦力和黏聚力来保持稳定。一旦土体在外力作用下失去平衡，坑壁就会坍塌。为了防止坑壁坍塌，确保施工安全，在基坑（槽）开挖深度超过一定限度时，土壁应做成有斜率的边坡。当场地受限制不能做成斜坡或为减少挖方量不采用斜坡时，应设置临时支撑以保持土壁的稳定。

2.2.2.1 土方边坡

土方边坡的坡度用土方挖方深度 H 与底宽 B 之比表示，如图 2-35 所示。土方边坡坡度 = $H/B=1/(B/H)=1:m$，$m=B/H$，称为边坡的坡度系数。

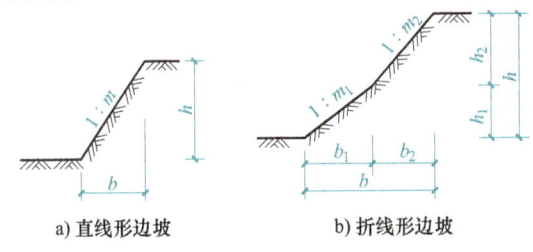

a) 直线形边坡　　b) 折线形边坡

图 2-35　土方边坡

土方边坡大小，应根据土质条件、开挖深度、地下水位高低、施工方法、开挖后边坡留置时间的长短、坡顶有无荷载以及相邻建筑物情况等因素而定。当地质条件良好、土质均匀且地下水位低于基坑（槽）或管沟底面标高时，挖方边坡可做成直立壁不加支撑，但挖方深度不宜超过表 2-12 的规定。

表 2-12　直立壁不加支撑挖方深度

土的类别	挖方深度/m	土的类别	挖方深度/m
密实、中密的砂土和碎石类土（填充物为砂土）	1.00	硬塑、可塑的黏土和碎石类土（填充物为黏性土）	1.50
硬塑、可塑的粉土及粉质黏土	1.25	坚硬的黏土	2.00

当地质条件良好、土质均匀且地下水位低于基坑（槽）或管沟底面标高时，挖方深度在 5m 以内不加支撑的边坡最陡坡度应符合表 2-13 规定。

表 2-13　挖方深度在 5m 内的基坑（槽）、管沟边坡的最陡坡度（不加支撑）

土的类别	边坡坡度（1∶m）		
	坡顶无荷载	坡顶有静载	坡顶有动载
中密的砂土	1∶1.00	1∶1.25	1∶1.50
中密的碎石类土（填充物为砂土）	1∶0.75	1∶1.00	1∶1.25
硬塑的粉土	1∶0.67	1∶0.75	1∶1.00
中密的碎石类土（填充物为黏性土）	1∶0.50	1∶0.67	1∶0.75
硬塑的粉质黏土、黏土	1∶0.33	1∶0.50	1∶0.67
老黄土	1∶0.10	1∶0.25	1∶0.33
软土（经过井点降水后）	1∶1.00	—	—

注：静载指堆土或材料等产生的荷载，动载指机械挖土或汽车运输作业等产生的荷载。

永久性挖方边坡应按设计要求放坡。临时性挖方边坡值应符合表 2-14 规定。

表2-14 临时性挖方边坡值

土的类别		边坡值（高：宽）	土的类别		边坡值（高：宽）
砂土（不包括细砂、粉砂）		1:1.50~1:1.25	一般性黏土	软	1:1.5 或更缓
一般性黏土	硬	1:1.00~1:0.75	碎石类土	充填坚硬、硬塑黏性土	1:1.0~1:0.5
	硬塑	1:1.25~1:1		充填砂土	1:1.5~1:1

注：1. 有成熟施工经验，可不受本表限制，设计有要求时，应符合设计标准。
2. 如采用降水或其他加固措施，也不受本表限制。
3. 开挖深度对软土不超过 4m，对硬土不超过 8m。

2.2.2.2 支护结构

建筑基坑工程的土方开挖，当受到场地限制不允许按规定坡度放坡开挖，或深基坑放坡开挖所增加的工程量过大不经济，而采用坑壁竖直开挖时，必须设置基坑支护结构，以防止坑壁坍塌，确保基坑内施工作业安全，避免对邻近建筑物和市政设施等的正常使用造成威胁。

基坑支护结构主要承受基坑土方开挖卸荷时所产生的土压力、水压力和附加荷载产生的侧压力，起到挡土和止水作用，是一种稳定基坑的施工临时挡墙结构。

1. 支护结构的类型与构造

支护结构按其受力状况可分为重力式支护结构和非重力式（或称桩墙式）支护结构两类。深层搅拌水泥土桩、水泥旋喷桩和土钉墙等皆属于重力式支护结构，钢板桩、H型钢桩、混凝土灌注桩和地下连续墙等皆属于非重力式支护结构。

非重力式支护结构根据不同的开挖深度和不同的工程地质与水文地质等条件，可选用悬臂式支护结构或设有撑锚体系的支护结构。悬臂式支护结构由挡墙和冠梁组成，设有撑锚体系的支护结构由挡墙、冠梁和撑锚体系三部分组成。

（1）挡墙

挡墙主要起挡土和止水作用，其种类很多，下面主要介绍几种常用挡墙。

1）钢板桩挡墙。钢板桩由带锁口的热轧型钢制成，常用的截面形式有平板形、波浪形（亦称拉森式）等（图2-36）。钢板桩通过锁口连接、相互咬合而形成连续的钢板桩挡墙，除可起挡土作用外，还有一定的止水作用。

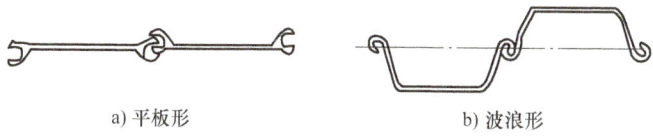

a) 平板形　　b) 波浪形

图2-36 常用的钢板桩截面形式

钢板桩施工时，由于一次性投资较大，目前多以租赁方式租用，施工完后拔出归还，故成本较低。在软土层施工速度快，且打设后可立即组织土方开挖和基础施工，有利于加快施工进度；但在砂砾层及密实砂土中打设施工困难。钢板桩的刚度较低，一般当基坑开挖深度为4~6m时就需设置支撑（或拉锚）体系。它适用于基坑深度不太大的软土地层的基坑支护。

2）混凝土灌注桩挡墙。混凝土灌注桩作为支护结构的挡墙，其平面布置，视有无挡水要求，通常可采用连续式排列、间隔式排列和交错相接排列等形式（图2-37）。连续式排桩在目前施工中桩与桩之间仍会有间隙，挡水效果差。因此，连续式和间隔式排桩挡墙只能挡土，不能挡水，仅用于无挡水要求或已采取降水措施的基坑支护。

当有挡水要求，又没有采取降水措施时，除可采用交错式排桩挡墙外，通常采用在连续式或间隔式排桩外面加深层搅拌水泥土桩（或水泥旋喷桩）组成止水帷幕（图2-38a），也可采用在排桩间加压密注浆止水（图2-38b）等组合支护结构，既挡土又止水。

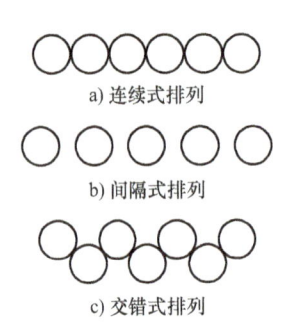

图 2-37　混凝土灌注桩挡墙平面布置形式

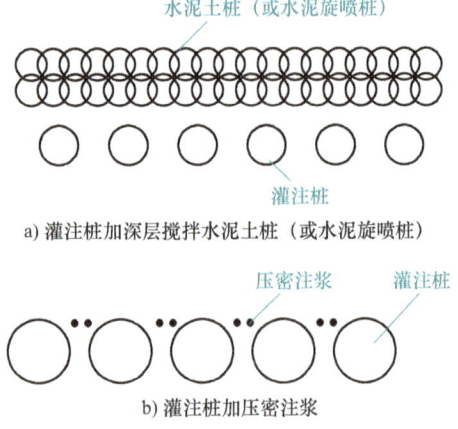

图 2-38　挡土兼止水挡墙形式

排桩式挡墙具有平面布置灵活、施工工艺简单、成本低、无噪声、无挤土、对周围环境不会造成危害等优点。由于挡墙由单桩排列而成，所以整体性较差。因此，使用时需在单桩顶部设置一道钢筋混凝土圈梁（亦称冠梁）将单桩连成整体，以提高排桩挡墙的整体性和刚度。排桩式挡墙多用于较弱土层中两层地下室及其以下的深基坑支护。

3）深层搅拌水泥土桩挡墙。采用水泥作为固化剂，通过深层搅拌机械，在地基土中就地将原状土和固化剂强制拌和，经过土和固化剂之间所产生的一系列物理化学反应后，使软土硬化成水泥土柱状加固体，称为深层搅拌水泥土桩。施工时将桩体相互搭接（通常搭接宽度为150~200mm），形成具有一定强度和整体结构性的深层搅拌水泥土挡墙，简称水泥土墙。

水泥土墙属于重力式支护结构（图2-39），它利用其自身重力挡土，维持支护结构在重力和水压力等作用下的整体稳定。桩体相互搭接形成连续整体，可兼作止水结构。

根据土质条件和支护要求，深层搅拌水泥土桩的平面布置可灵活采用壁式、实体式或格栅式等（图2-40）。用格栅式布置时，水泥土与其包围的天然土共同形成重力式挡墙，维持坑壁稳定。在深度方面，桩长可采用长短结合的布置形式，以提高挡墙底部抗滑性能和抗渗性，是目前最常用的一种形式。

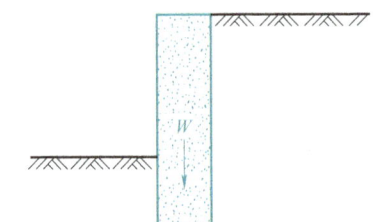

图 2-39　水泥土墙重力式支护结构

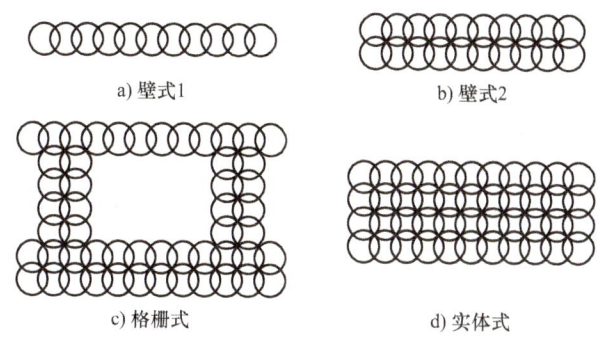

图 2-40 深层搅拌水泥土桩平面布置方式

水泥土墙既可挡土，又能形成隔水帷幕，施工时振动小，噪声低，对周围环境影响不大，施工速度快，造价低。但水泥土墙抗拉强度低，重力式水泥土墙宽度往往比较大，尤其是采用格栅式时墙宽可达 4~5m，实际施工时，要求周边有较宽的施工场地。

水泥土墙特别适用于软土地基、开挖深度不大于 6m 的基坑支护。

4）地下连续墙。沿拟建工程基坑周边，利用专门的挖槽设备，在泥浆护壁的条件下，每次开挖一定长度（一个单元槽段）的沟槽，在槽内放置钢筋笼，利用导管法浇筑水下混凝土，即完成一个单元槽段施工（图 2-41）。施工时，每个单元槽段之间，通过接头管等方法处理后，形成一道连续的地下钢筋混凝土墙，简称地下连续墙。基坑土方开挖时，地下连续墙既可挡土，又可挡水，还可以作为建筑物的承重结构。

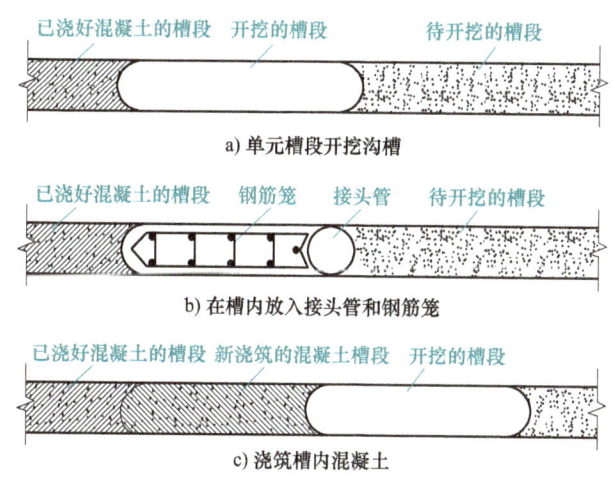

图 2-41 地下连续墙施工过程示意图

地下连续墙整体性好，刚度大，变形小，施工时噪声低，振动小，无挤土，对周围环境影响小，比其他类型挡墙具有更多优点，但成槽需专用设备，施工难度较大，工程造价高。适用于地下水位高的软土地基，或基坑开挖深度大，且与邻近的建筑物、道路等市政设施相距较近的深基坑支护。

（2）冠梁

在混凝土灌注桩挡墙、水泥土墙和地下连续墙顶部设置的一道钢筋混凝土圈梁，称为冠梁，也称为压顶梁。

冠梁施工前，应将桩顶与地下连续墙顶上的浮浆凿除，清理干净，并将外露的钢筋伸入冠梁内，与冠梁混凝土浇筑成一体，有效地将单独的挡土构件连系起来，以提高挡墙的整体性和刚度，减小基坑开挖后挡墙顶部的位移。冠梁宽度不小于桩径或墙厚，高度不小于400mm，冠梁可按构造配筋，混凝土强度等级宜大于C20。

（3）撑锚体系

对较深基坑的支护结构，为改善挡墙的受力状况，减小挡墙的变形和位移，应设置撑锚体系，撑锚体系按其工作特点和设置部位，可分为坑内支撑体系和坑外拉锚体系。

1）坑内支撑体系。坑内支撑体系是内撑式支护结构的重要组成部分。它由支撑、腰梁和立柱等构件组成，是承受挡墙所传递的土压力、水压力等的结构体系。坑内支撑体系根据不同的基坑宽度和开挖深度，可采用无中间立柱的对撑（图2-42a）、有中间立柱的单层或多层水平支撑（图2-42b）；当基坑平面尺寸很大而开挖深度不太大时，可采用斜撑（图2-42c）。

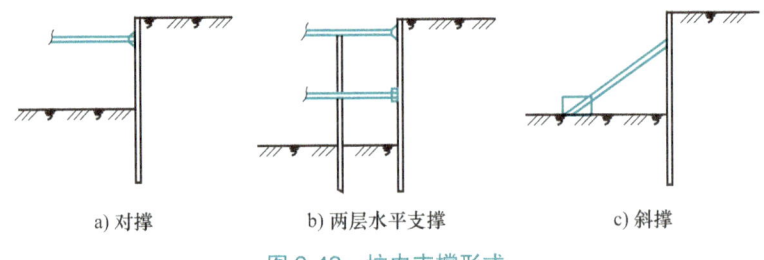

图2-42 坑内支撑形式

水平支撑的布置根据基坑平面形状、大小、深度和施工要求，还可以设计成多种形式。常用的有井字形、角撑形和圆环形等。无论采用何种形式，支撑结构体系必须具有足够的强度、刚度和稳定性，节点构造合理，安全可靠，能满足支护结构变形控制要求，同时要方便土方开挖和地下结构施工。

水平支撑轴线平面位置，应避开地下结构的柱网或墙轴线，相邻水平支撑净距一般不小于4m。

立柱应布置在纵横向水平支撑的交点处，并避开地下结构柱、梁与墙的位置。立柱间距一般不大于15m，其下端应支撑在较好的土层中。

斜撑宜对称布置，水平间距不宜大于6m，斜撑与基坑底面之间的夹角一般不宜大于35°，在地下水位较高的软土地区不宜大于26°，并与基坑内预留土坡的稳定坡度相一致。斜撑的基础与挡墙之间的水平距离应大于基坑的深度。当斜撑长度大于15m时，宜在斜撑中部设置立柱。

斜撑底部的基础应具备可靠的水平力传递条件，一般有以下几种做法：

① 利用工程桩承台作为斜撑基础。基坑两侧对应的斜撑基础之间填筑毛石混凝土或另设置压杆，以抵抗斜撑底的水平分力。

② 允许利用地下室的钢筋混凝土底板或基坑底整体铺设的混凝土垫层作为斜撑基础。支撑体系按其材料分，主要有钢支撑（钢管、型钢等）和钢筋混凝土支撑。钢支撑安装拆除方便，施工速度快，可周转使用，可以施加预压力，有效控制挡墙变形。但钢支撑的整体刚度较弱，钢材价格较高。钢筋混凝土支撑可设计成任意形状和断面，这种支撑体系整体性好、刚度大、变形小、可靠度高、节点处理容易、价格比较便宜，但施工制作时间较长，混

凝土浇筑后还要有养护期，不像钢支撑，施工完毕就可以使用。因此，其工期长，拆除较难，采用爆破法拆除时，会对周围环境有所影响，工程完成后，支撑材料不能回收。

这里必须指出，土质越差，基坑越深，支撑结构的质量、安全保证体系越显得重要。因此，在进行坑内支撑体系设计与施工时，必须慎重从事，特别注意防止因支撑结构的局部失效，而导致整个支护结构的破坏，给工程带来损失。

2）坑外拉锚体系。坑外拉锚体系由杆件与锚固体组成。根据拉锚体系的设置方式及位置不同，常可分为两类：

① 锚碇式支护结构（图 2-43）。水平拉杆锚碇是沿基坑外地表水平设置的，水平拉杆一端与挡墙顶部连接，另一端锚固在锚碇桩上，用于承受挡墙所传递的土压力、水压力和附加荷载产生的侧压力。拉杆通过开沟浅埋于地表下，以免影响地面交通，锚碇位置应处于地层滑动面之外，以防止坑壁土体整体滑动时，引起支护结构整体失稳。

拉杆通常采用粗钢筋或钢绞线。根据使用时间长短和周围环境情况，事先应对拉杆采取相应的防腐措施，拉杆中间设有紧固器，将挡墙拉紧之后即可进行土方开挖作业。

此法施工简便，经济可行，适用于土质条件较好、开挖深度不大、基坑周边有较开阔施工场地的基坑支护。

② 锚杆式支护结构（图 2-44）。土层锚杆是沿坑外地层设置的，土层锚杆的一端与挡墙连接，另一端锚固在岩土层中，挡墙所承受的荷载通过锚固体传递给周围土层，从而发挥地层的自承能力。

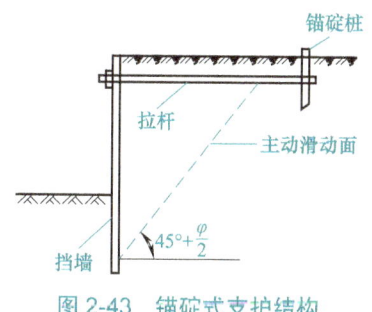
图 2-43 锚碇式支护结构

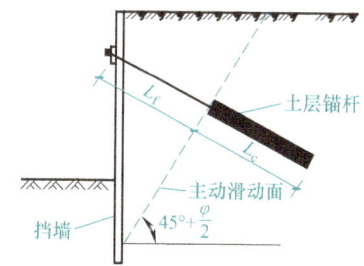
图 2-44 锚杆式支护结构

对于深基坑支护采用锚杆代替支撑，施工时使坑内没有支撑的障碍，从而改善坑内工程的施工条件，大大提高土方开挖和地下结构工程施工的效率和质量。

土层锚杆适用于基坑开挖深度大且地质条件为砂土或黏性土地层的深基坑支护。当地质太差或环境不允许时（建筑红线外的地下空间不允许侵占或锚杆范围内存在着深基础、沟管等障碍物）不宜采用。

2. 支护结构的选型原则

支护结构的选型原则应满足下列基本要求：

1）符合基坑侧壁安全等级要求，确保坑壁稳定，施工安全。
2）确保邻近建筑物、道路、地下管线等的正常使用。
3）要方便土方开挖和地下结构工程施工。
4）应做到经济合理、工期短、效益好。

基坑支护结构应根据上述基本要求，并综合考虑基坑实际开挖深度、基坑平面形状和尺寸、地基土层的工程地质和水文地质条件、施工作业设备和挖土方案、邻近建筑物的重要程度、地下管线的限制要求、工期及造价等因素，经技术经济比较后优选确定。基坑支护结构设计应根据表 2-15 选用相应的侧壁安全等级及重要性系数。

表 2-15　基坑侧壁安全等级及重要性系数

安全等级	破坏后果	重要性系数 γ_0
一级	支护结构破坏、土体失稳或过大变形对基坑周边环境及地下结构施工影响很严重	1.10
二级	支护结构破坏、土体失稳或过大变形对基坑周边环境及地下结构施工影响一般	1.00
三级	支护结构破坏、土体失稳或过大变形对基坑周边环境及地下结构施工影响不严重	0.90

注：有特殊要求的，建筑基坑侧壁安全等级可根据具体情况另行确定。

基坑支护结构形式及其适用条件见表 2-16。

表 2-16　基坑支护结构形式及其适用条件

支护结构形式	适用条件
排桩或地下连续墙	1. 适用于基坑侧壁安全等级为一、二、三级； 2. 悬臂式结构在软土场地中不宜大于 5m； 3. 当地下水位高于基坑底面时，宜采取降水措施，采用排桩加截水帷幕或地下连续墙
水泥土墙	1. 基坑侧壁安全等级为二、三级； 2. 水泥土桩施工范围内地基土承载力不宜大于 150kPa； 3. 开挖深度不宜大于 6m
土钉墙	1. 基坑侧壁安全等级为二、三级； 2. 基坑深度不宜大于 12m； 3. 当地下水位高于基坑底面时，宜采取降水或截（止）水措施
逆作拱墙	1. 基坑侧壁安全等级为二、三级，淤泥和淤泥质土场地不宜采用； 2. 施工场地应满足拱墙矢跨比大于 1/8； 3. 基坑深度不宜大于 12m； 4. 地下水位高于基坑底面时，宜采取降水或截水措施
放坡	1. 基坑侧壁安全等级宜为三级； 2. 施工场地应满足放坡条件； 3. 可独立或与其他结构形式结合使用； 4. 当地下水位高于坡脚时，宜采取降水措施

注：根据具体情况和条件，采用上述支护结构形式的组合。

3. 支护结构的破坏形式

（1）挡墙平面变形过大或弯曲破坏

挡墙的截面过小，在过大的侧向压力作用下，产生的最大弯矩超过墙体受弯承载力，造成强度破坏（图 2-45）。

挡墙平面变形过大，引起墙后地面过大沉降，对邻近的建筑物、道路和地下管线等会造成损害，尤其在城市内建筑物和市政设施密集地区施工，更要注意这方面的问题。

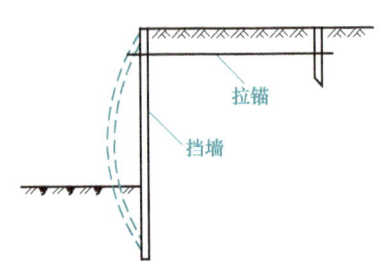

图 2-45　挡墙平面变形过大或弯曲破坏

（2）支撑压曲或拉锚破坏（图2-46）

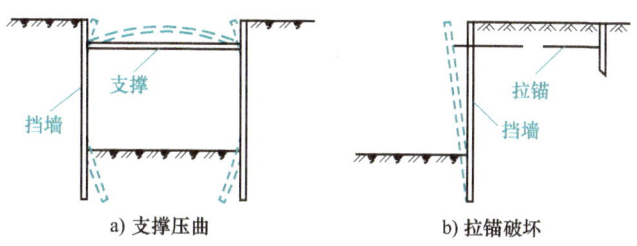

图2-46　支撑压曲或拉锚破坏

（3）挡墙底端向坑内移动

挡墙入土深度不够、挖土超深或坑底土过于软弱等原因都可能导致这种破坏（图2-47）。

（4）土体整体滑动失稳

在松软地层中，由于挡墙入土深度不够或支撑位置不当，软黏土发生圆弧形滑动导致支护结构整体失稳破坏（图2-48）。

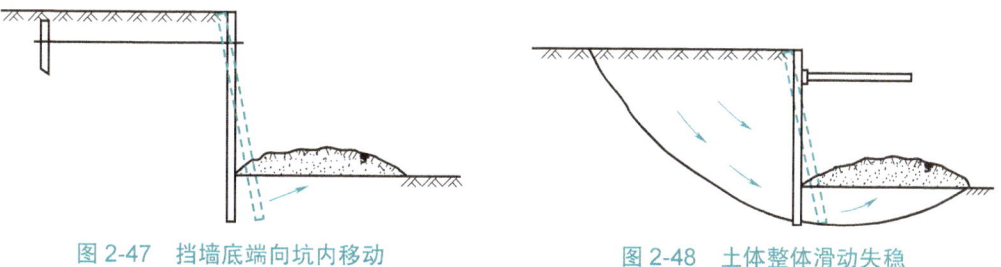

图2-47　挡墙底端向坑内移动　　　　　图2-48　土体整体滑动失稳

（5）基坑底隆起

在软弱的黏性土中，若基坑挖土深度大，会由于坑内缺土过多，在坑外土重力及地面荷载作用下，引起基坑底隆起，造成坑壁坍塌和基底破坏（图2-49）。

（6）管涌

在粉土和砂性土中，若地下水位较高，基坑深度大，由于坑内降水，挖土后在坑内外水头差产生的动水压力作用下，地下水绕过挡墙，连同细砂土一起涌入坑内，导致挡墙发生位移，坑底破坏（图2-50）。

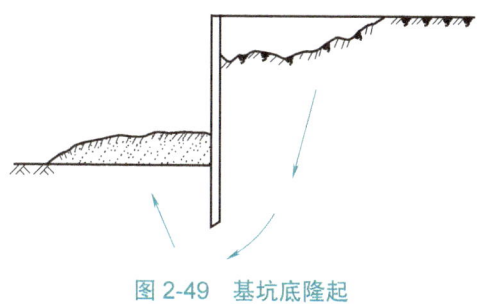
图2-49　基坑底隆起

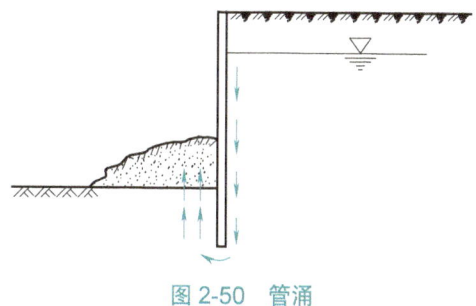
图2-50　管涌

2.2.3 基坑降水

在土方开挖过程中,当开挖的基坑坑底低于地下水位时,土的含水层会被切断,地下水会不断渗入坑内,若不采取措施将坑内的水及时排走或将地下水位降低,则不但会使施工条件恶化,而且地基土被水泡软后,容易造成边坡塌方并使地基承载力下降。因此,为保证工程质量和施工安全,在基坑开挖前或开挖过程中,必须采取措施,降低地下水位。

降低地下水位常用的方法有集水井降水和井点降水两类。

2.2.3.1 集水井降水法

这种方法是在基坑或沟槽开挖时,于基坑两侧或四周设置排水沟,在基坑四角或每隔20~40m处设置集水井,使基坑渗出的地下水通过排水沟汇入集水井内,然后用水泵抽出坑外(图2-51)。

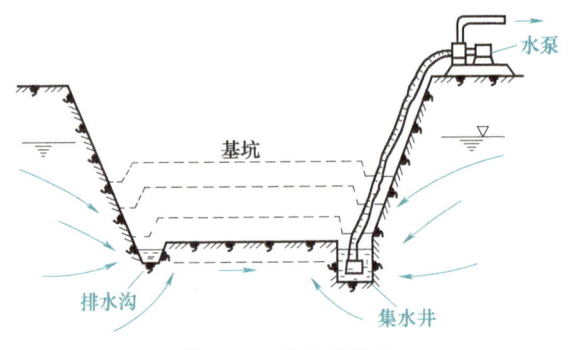

图2-51 集水井降水

集水井的直径或宽度一般为0.6~0.8m。深度随基坑挖土的加深而加深,要始终低于挖土面0.7~1.0m。井壁可用竹木或砌干砖、水泥管、挡土板等做临时简易加固。基坑挖至设计标高后,井底应低于基坑底1~2m,并铺设0.3m厚碎石滤水层,以免在抽水时将泥砂抽出,并可防止井中土被搅动。

集水井降水法设备简单且排水方便,应用比较广泛,但土质为细砂或粉砂,地下水渗流时会产生流砂现象,使边坡塌方,从而增加施工难度,此时可采用井点降水法施工。

2.2.3.2 井点降水法

1. 井点降水的作用

井点降水法就是在基坑开挖前,预先在基坑四周埋设一定数量的滤管(井),利用真空原理,通过抽水泵不断抽出地下水,使地下水位降低到坑底以下,从根本上解决地下水涌入坑内的问题,如图2-52a所示。井点降水可防止边坡由于受地下水流的冲刷而引起的塌方,如图2-52b所示;可使坑底的土层消除因地下水位差引起的压力,防止管涌,如图2-52c所示;由于没有了水压,可减小支护结构的水平荷载,如图2-52d所示;由于没有地下水的渗流,也可防止流砂,如图2-52e所示;降低地下水位后,由于土体固结,还能使土层密实,提高地基土的承载能力。

2. 轻型井点降水

(1)轻型井点设备

轻型井点设备由管路系统和抽水设备组成(图2-53)。

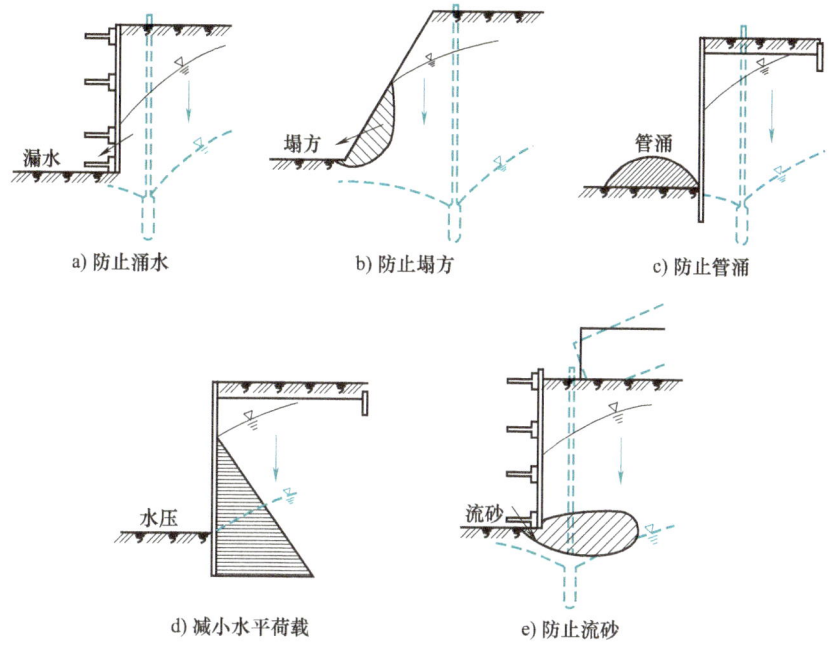

图 2-52 井点降水的作用

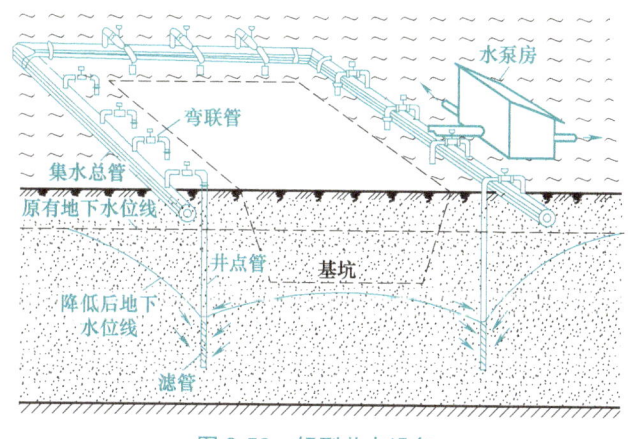

图 2-53 轻型井点设备

1）管路系统包括滤管、井点管、弯联管及集水总管。

① 滤管（图 2-54）直径常与井点管直径相同，长度为 1.0~1.5m，采用无缝钢管，管壁上钻有直径为 12~18mm 的呈梅花形分布的滤孔，滤孔面积为滤管面积的 20%~25%。管壁外包两层滤网，内层为细滤网，采用 30~50 孔 /cm^2 的黄铜丝布或生丝布；外层为粗滤网，采用 8~10 孔 /cm^2 的钢丝布或尼龙丝布。为避免滤孔淤塞，在管壁与滤网间用钢丝绕成螺旋形隔开，滤网外面再围一层 8 号粗钢丝保护网。滤管下端放一锥形铸铁头，滤管上端与井点管连接。

② 井点管采用直径为 38~55mm 钢管，长度为 5~7m。井点管上端用弯联管与集水总管相连。

③ 弯联管用胶皮管、透明塑料管制成，直径为 38~55mm。

④ 集水总管采用直径为 100~127mm 无缝钢管，每节长 4m，上有与井点管连接的短接头，间距为 0.8m、1.2m 或 1.6m。

2）轻型井点的抽水设备有干式真空泵井点设备、射流泵井点设备、隔膜泵井点设备。干式真空泵井点设备由真空泵、离心式水泵和水气分离器组成（图 2-55）。

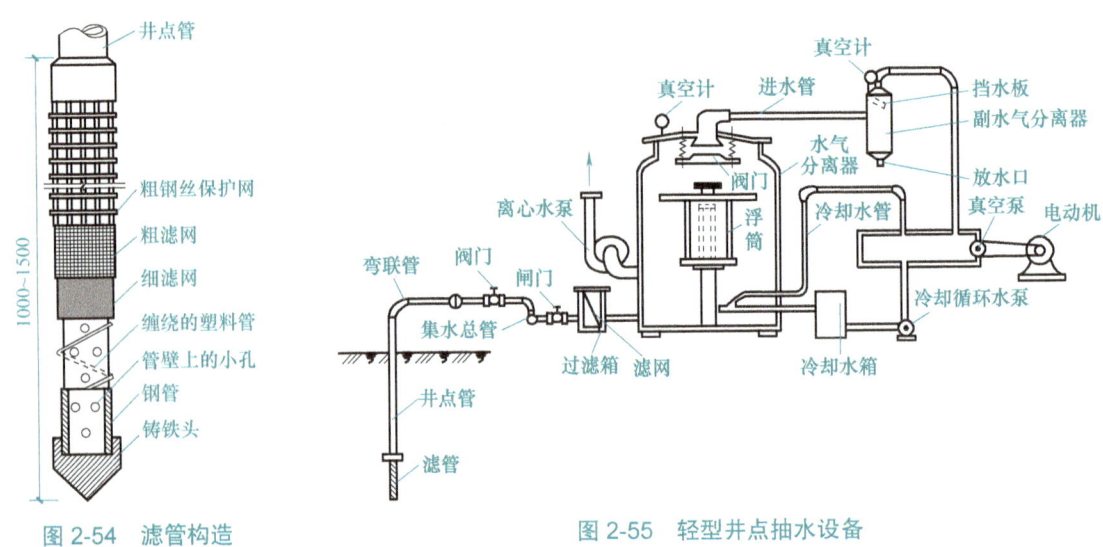

图 2-54 滤管构造　　　　图 2-55 轻型井点抽水设备

抽水时先开动真空泵，将水气分离器内部抽成一定程度的真空，使土中的水分和空气受真空吸力作用而被吸出，经管路系统，再经过滤箱（防止水流中的细砂进入离心泵引起磨损）进入水气分离器。水气分离器内有一浮筒，能沿中间导杆升降。

当进入水气分离器内的水多起来时，浮筒即上升，此时即可开动离心泵，将水气分离器内的水经离心泵排出，空气集中在上部由真空泵排出。为防止水进入真空泵，水气分离器顶装有阀门，并在真空泵与进气管之间装有一个副水气分离器。为对真空泵进行冷却，特设一个冷却循环水泵。

（2）轻型井点的布置

轻型井点的布置应根据基坑的平面形状及尺寸、基坑深度、土质、地下水位高低与流向、降水深度要求等因素确定。

1）平面布置：当基坑宽度小于 6m，且降水深度不超过 5m 时，可采用单排线状井点（图 2-56），布置在地下水流上游一侧，两端延伸长度以不小于槽宽为宜。如宽度大于 6m 或土质不良，则可用双排线状井点（图 2-57）。当基坑面积较大时宜采用环状井点（图 2-58）。考虑到便于挖掘机和运土车辆出入基坑，有时亦可布置成"U"形。井点管距离基坑壁一般可取 0.7~1.0m，以防局部漏气。井点管间距一般为 0.8~1.6m，由计算或经验确定。在确定井点管数量时应考虑在基坑四角部分适当加密。

2）高程布置：轻型井点的降水深度，在管壁处一般可达 6~7m。由图 2-56 知，井点管的埋设深度 H（不包括滤管长）按下式计算：

$$H \geqslant H_1 + h + IL \quad (2-9)$$

式中 H_1——井点管埋设面至基坑底的距离（m）；
　　　h——降低后的地下水位至基坑中心底的距离（m），一般不应小于 0.5m；
　　　I——地下水降落坡度，双排线状和环状井点为 1/10，单排线状井点为 1/5~1/4；
　　　L——井点管至基坑中心的水平距离（m），单排线状井点为井点管至基坑另一边的距离。

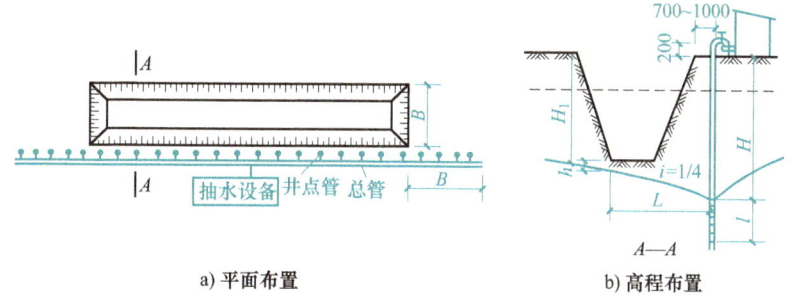

图 2-56　单排线状井点布置图

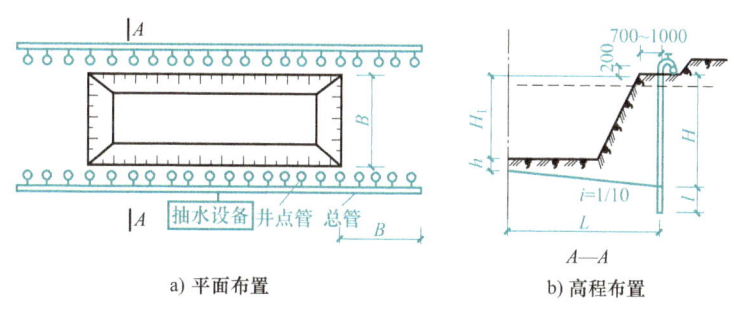

图 2-57　双排线状井点布置图

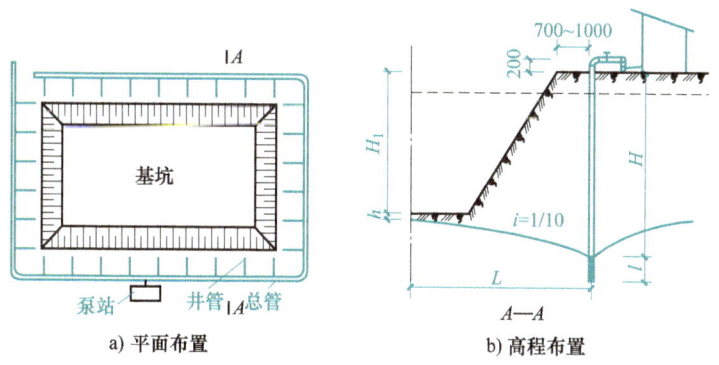

图 2-58　环状井点布置图

此外，确定井点管埋设深度时，应注意计算所得，还要考虑井点管一般要露出地面 0.2m 左右。

根据上述算出的 H 值，当小于降水深度 6m 时，可用一级轻型井点；H 值大于 6m 时，应降低井点管的埋设面，以适应降水深度要求，若能满足降水要求，则仍可采用一级轻型井点。不能满足时，可采用二级轻型井点，即先挖去一级轻型井点疏干的土，然后再在其底部装设第二级轻型井点（图 2-59）。

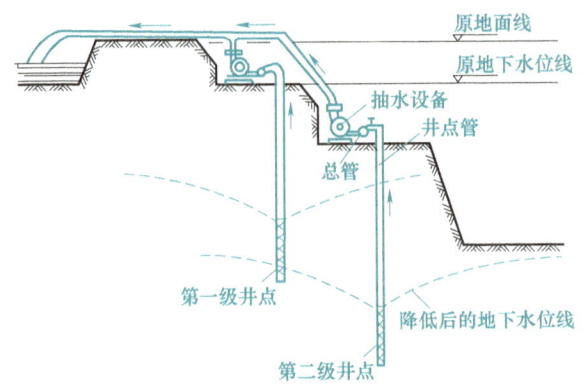

图 2-59 二级轻型井点降水

（3）井点管的安装与使用

井点管的埋设程序为：先排放总管，再沉设井点管，用弯联管将井点管与集水总管接通，然后安装抽水设备。其中沉设井点管是关键性工序之一。

井点管沉设一般用水冲法进行，并分为冲孔与埋管填料两个过程，如图 2-60 所示。冲孔时先用起重设备将冲管吊起并插在井点的位置上，然后开动高压水泵将土冲松。冲孔时冲管应垂直插入土中，并上下左右摆动，加速土体松动，边冲边沉。冲孔直径一般为 300mm，以保证井点管周围有一定厚度的砂滤层。冲孔深度宜比滤管底深 0.5~1.0m，以防冲管拔出时，部分土颗粒沉淀于孔底面触及滤管底部。冲孔时冲水压力不宜过大或过小。井孔冲成后，应立即拔出冲管，插入井点管，并在井点管与孔壁之间迅速填灌砂滤层，以防孔壁塌土（图 2-60b）。一般宜选用干净粗砂，填灌均匀，并填至滤管顶上 1~1.5m，以保证水流畅通。井点填好砂滤料后，须用黏土填补井点管与孔壁上部空隙，以防漏气。

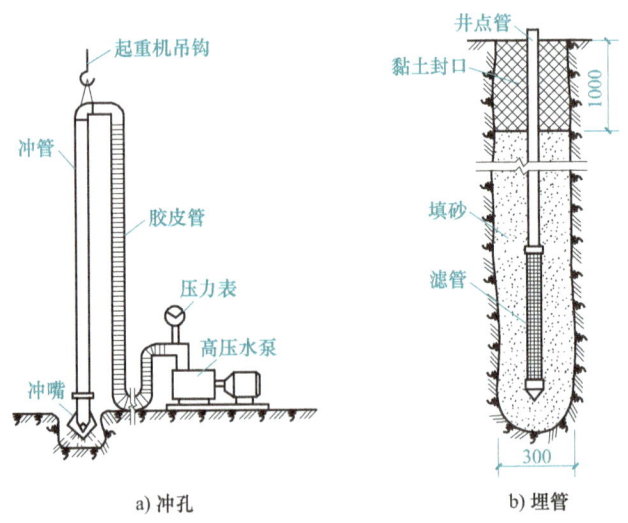

图 2-60 水冲法井点管的埋设

井点系统全部安装完毕后，应进行抽水试验，检查有无漏水、漏气现象，若有异常，应检修好后方可使用。如发现井点管不出水，表明滤管已被泥砂堵塞，属于"死井"。当在同一范围内有连续几根"死井"时，应逐根用高压水反向冲洗或拔出井点管重新沉设。

轻型井点使用时，一般应连续抽水。时抽时停滤管容易堵塞，也易抽出土颗粒，使水浑浊，并导致附近建筑物因土颗粒流失而沉降开裂。正常的出水规律是"先大后小，先浑后清"，否则应立即查明原因，采取相应措施。真空泵的真空度是判断井点系统工作情况是否良好的尺度，应通过真空表经常观测，一般真空度应不低于 55.3kPa。真空度不够通常是由于管路漏气导致的，应及时修复。井点降水工作结束后所留的井孔，必须用砂砾或黏土填实。

2.2.3.3 流砂产生的原因及防治

基坑开挖时地表以下的土层会受到向上的渗透力的作用。对砂性土层而言，当渗透的水力坡度增大到某种程度时，砂性土会呈流土破坏形式，即呈流态状涌出坡面，通常称为流砂。

1. 流砂产生的原因

流砂是水在土中渗流所产生的动水压力对土体作用的结果。图 2-61 说明水由高水位（水头为 h_1）经过长度为 l、截面面积为 F 的土体，流向低水位（水头为 h_2）时的力学现象。

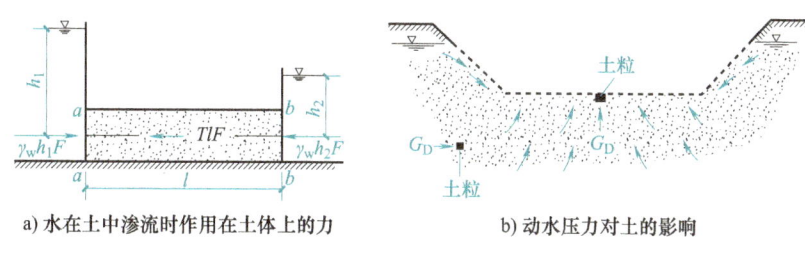

a) 水在土中渗流时作用在土体上的力　　b) 动水压力对土的影响

图 2-61　动水压力原理图

水在土中渗流时，作用在土体上的力如下：

$\gamma_w h_1 F$——作用在土体左端 a—a 截面处的静水压力，方向与水流方向一致（γ_w 为水的重度）。

$\gamma_w h_2 F$——作用在土体右端 b—b 截面处的静水压力，方向与水流方向相反。

TlF——水渗流时受到土颗粒的阻力（T 为单位土体阻力）。

由静力平衡条件得

$$\gamma_w h_1 F - \gamma_w h_2 F - TlF = 0$$

化简得

$$T = \frac{h_1 - h_2}{l} \cdot \gamma_w \quad (2\text{-}10)$$

式中　$\dfrac{h_1-h_2}{l}$——水头差与渗透路程长度之比，称为水力坡度，以 I 表示。

则式（2-10）可写为

$$T = I\gamma_w$$

由于单位土体阻力 T 与水在土中渗透时对单位土体的压力 G_D（动水压力）大小相等，方向相反，即 $G_D = -T$，所以可得

$$G_D = -\frac{h_1-h_2}{l} \cdot \gamma_w = -I \cdot \gamma_w \quad (2\text{-}11)$$

由式（2-11）可知：动水压力的大小 G_D 与水力坡度成正比，即水位差 h_1-h_2 越大，G_D

越大；而渗透路程 l 越长，G_D 越小；动水压力的作用方向与水流方向相同。当水流在水位差的作用下对土颗粒产生向上的压力时，动水压力不但使土粒受到水的浮力，而且还使土粒受到向上推动的压力。如果动水压力大于或等于土浸水后的自重 G'，即 $G_D \geq G'$，则此时土粒处于悬浮状态，土粒能随着渗透的水一起流动，这种现象就叫流砂现象。

2. 流砂的防治

在基坑（槽）开挖中，防治流砂的途径有两个：一是减小或平衡动水压力；二是设法使动水压力方向向下。具体防治流砂的方法如下：

1）抢挖法：组织分段抢挖，使挖土速度超过冒砂速度，挖到标高后立即铺竹筏或芦席，并抛大石块，增加土的压重，平衡动水压力，以此解决局部的或轻微的流砂问题。

2）打板桩法：将板桩打入基坑底下面一定深度，增加地下水从坑外流入坑内的渗流路线，从而减小水力坡度，降低动水压力，防止流砂发生。

3）水下挖土法：采用不排水施工，使坑内水压与坑外地下水压相平衡，以阻止流砂。

4）井点降地下水位法：如采用轻型井点等降水方法，使地下水的渗流向下，动水压力的方向也朝下，坑底土面保持无水状态，从而可有效地防止流砂现象。

5）地下连续墙法：此法是在基坑周围先浇筑一道混凝土或钢筋混凝土的连续墙，以支撑土壁、截水并防止流砂产生。

此外，防治流砂的方法还有土壤冻结法、压密注浆法等多种，可根据不同条件选用。

实 训 课 题

直接剪切试验是测定土抗剪强度指标内聚力、摩擦角的一种常用方法。黏性土的抗剪强度指标与试验方法有关。试验方法根据试样在法向压力作用下的排水固结情况不同，分为慢剪、固结快剪和快剪三种。

本试验所用的主要仪器设备应符合下列规定：

1）应变控制式大型直剪仪（图 2-62）：由上剪切盒、下剪切盒、传压板、滚珠排、加荷设备、垂直加压框架和水平加压支座等组成。

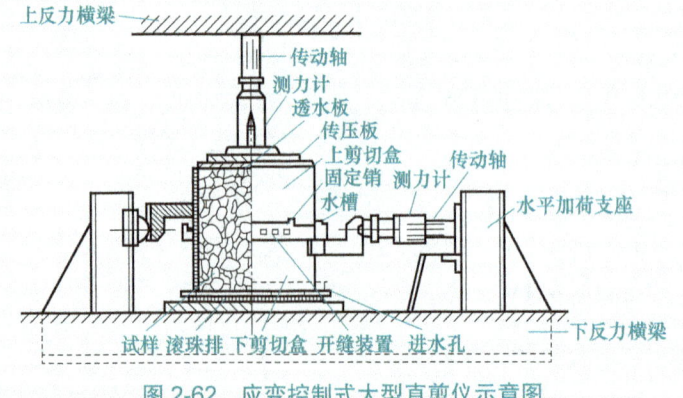

图 2-62 应变控制式大型直剪仪示意图

2)百分表或位移计:分度值 0.01mm。
3)粗筛:孔径 60mm、40mm、20mm、10mm、5mm、2mm。
4)磅秤:分度值 250g。
5)其他设备:附真空测压表的真空泵、饱和器、环刀、台秤、水平尺、拌和工具、恒湿设备与击实锤。

本实训课题以慢剪试验为例进行介绍。

1. 试样制备

(1)原状土试样制备

1)应小心开启原状土样包装皮,辨别土样上下和层次,整平土样两端。无特殊要求时,切土方向应与天然层次垂直。

2)将试验用的切土环刀内壁涂一薄层凡士林,刃口向下,放在土样上。用切土刀将土样切削成稍大于环刀直径的土柱。然后将环刀垂直向下压,边压边削,至土样露出环刀为止。削去两端余土并修平。

3)切削过程中,应细心观察土样的情况,并应描述土样的层次、气味、颜色,同时记录土样有无杂质、土质是否均匀、有无裂缝等情况。

4)切取试样后剩余的原状土样,应用蜡纸包好置于保湿器内,以备补做试验之用;切削的余土做物理性试验。

5)应视试样本身及工程要求,决定试样是否进行饱和,当不立即进行试验或饱和时,应将试样暂存于保湿器内。

(2)扰动土试样制备

1)对扰动土试样进行描述,描述内容可包括颜色、土类、气味及夹杂物。当有需要时,将扰动土充分拌匀,取代表性土样进行含水量测定。

2)将块状扰动土放在橡皮板上用木碾或利用碎土器碾散,碾散时勿压碎颗粒。当含水量较大时,可先风干至易碾散为止。

3)根据试验所需试样数量,将碾散后的土样过筛。过筛后用四分对角取样法或分砂器,取出足够数量的代表性试样装入玻璃缸内,试样应有标签,标签内容应包括任务单号、土样编号、过筛孔径、用途、制备日期和试验人员,以备各项试验之用。对风干土,应测定风干含水量。

4)配制一定含水量的试样,取过筛的风干土 1~5kg,平铺在不吸水的盘内,按计算所需的加水量,用喷雾器喷洒预计的加水量,静置一段时间,装入玻璃缸内密封,润湿一昼夜备用,砂性土润湿时间可酌情减短。测定湿润土样不同位置的含水量,取样点不应少于 2 个,最大允许差值应为 ±1%。

(3)扰动土试样制备

扰动土试样的制备,根据工程实际情况可分别采用击样法、击实法和压样法。以下主要介绍击样法制备。

1)根据模具的容积及所要求的干密度、含水率,应式(2-12)、式(2-13)计算的用量制备湿土试样。

干土质量应按下式计算：

$$m_d = \frac{m_0}{1+0.01w_0} \quad (2\text{-}12)$$

式中 m_d——干土质量（g）；

m_0——风干土质量（或天然湿土质量）(g)；

w_0——风干含水量（或天然含水量)(%)。

土样制备含水量所加水量应按下式计算：

$$m_w = \frac{m_0}{1+0.01w_0} \times 0.01(w' - w_0) \quad (2\text{-}13)$$

式中 m_w——土样所需加水质量（g）；

w'——土样所要求的含水量（%）。

2）将湿土倒入模具内，并固定在底板上的击实器内，用击实方法将土击入模具内。

3）称取试样质量。试样制备的数量视试验需要而定，应多制备1~2个备用。原状土样同一组试样的密度最大允许差值应为±0.03g/cm³，含水量最大允许差值应为±2%；扰动土样制备试样密度、含水量与制备标准之间最大允许差值应分别为±0.02g/cm³与±1%；扰动土平行试验或一组内各试样之间最大允许差值应分别为±0.02g/cm³与±1%。

（4）饱和试样制备

1）选用重叠式饱和器（图2-63）或框式饱和器（图2-64），在重叠式饱和器下板正中放置稍大于环刀直径的透水板和滤纸，将装有试样的环刀放在滤纸上，试样上再放一张滤纸和一块透水板，以此顺序由下向上重叠至拉杆的高度，将饱和器上夹板放在最上部透水板上，旋紧拉杆上端的螺钉，将各个环刀在上下夹板间夹紧。

2）将装好试样的饱和器放入真空缸内（图2-65），盖上缸盖，盖缝内应涂一薄层凡士林，以防漏气。

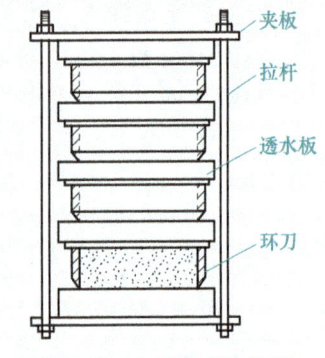

图 2-63 重叠式饱和器

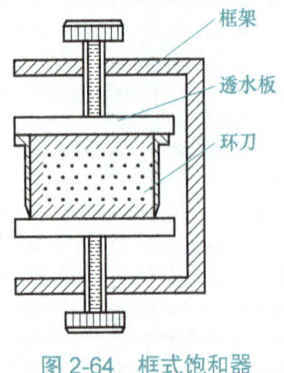

图 2-64 框式饱和器

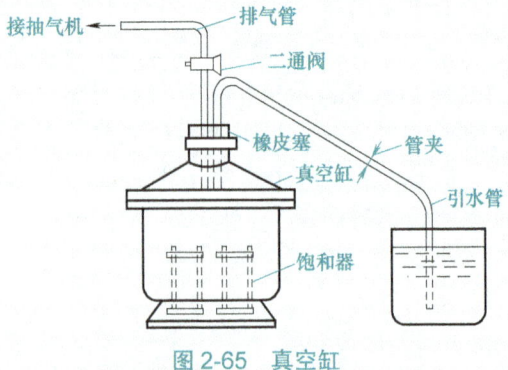

图 2-65 真空缸

3）关管夹、开二通阀，将抽气机与真空缸接通，开动抽气机，抽除缸内及土中气体，真空表接近-100kPa后，继续抽气，黏质土约1h，粉质土约0.5h后，稍微开启管夹，使清水由引水管徐徐注入真空缸内；在注水过程中，应调节管夹，使真空表上的数值基本上保持不变。

4）待饱和器完全淹没于水中后即停止抽气，将引水管自水缸中提出，开管夹令空气进入真空缸内，静置一定时间，细粒土宜为10h，使试样充分饱和。

5）试样饱和后，取出饱和器，松开螺钉，取出环刀，擦干外壁，吸去表面积水，取下试样上下滤纸，称出环刀、土总质量，准确至0.1g，应按下式计算饱和度：

$$S_r = \frac{(\rho - \rho_d) G_s}{e\rho_d} \times 100\%$$

或

$$S_r = \frac{wG_s}{e} \quad (2-14)$$

式中　S_r——饱和度（%）；

　　　ρ——饱和后的密度（g/cm³）；

　　　G_s——土粒相对密度；

　　　e——土的孔隙比；

　　　w——饱和后的含水率（%）。

6）如饱和度小于95%，则将环刀再装入饱和器，浸入水中延长饱和时间直至满足要求。

2. 其他步骤

1）在试样面上依次放上细铜丝布、透水钢板等。要求安装对中，透水钢板应用水平尺校平。上、下反力钢梁应水平。安装2~4个垂直百分表，徐徐开动直剪仪垂直传动轴，使各部接触。记录变形起始读数。

2）在试样上施加垂直荷载后，当每小时垂直变形小于0.03mm时，认为变形稳定。测记此时垂直百分表读数。

3）试样达到固结稳定后，拔除上、下剪切盒固定销并取掉开缝环。检查垂直荷载、水平测力计、百分表等，记录其读数。开动水平传动轴和秒表，以一定剪切速率施加水平荷载，每隔1mm测记1次水平荷载读数和垂直百分表读数。按式（2-15）计算剪切破坏时间，根据剪损时的剪切变形计算剪切速率。当水平荷载读数达到稳定，或有显著后退时，表示试样已剪损。若剪应力读数继续增加，应控制剪切变形达试样直径的1/10~1/5，方可停止试验。

$$t_1 = 50t_{50} \quad (2-15)$$

式中　t_1——达到破坏所经历的时间（s）；

　　　t_{50}——固结度达到50%的时间（s）。

4）试验结束后，尽快卸去百分表或位移计、水平荷载、垂直荷载和加荷设备。视需要对剪切面做简要描述。取剪切面附近的试样，测定其剪切后含水量与颗粒级配。

剪应力应按下式计算：

$$\tau = \frac{CR-F}{A} \tag{2-16}$$

式中　τ——剪应力（kPa）；
　　　C——水平测力计率定系数（kN/0.01mm）；
　　　R——水平测力计读数（0.01mm）；
　　　F——某垂直压力下仪器摩擦力（kN）；
　　　A——试样面积（m²）。

以剪应力和垂直变形为纵坐标，水平位移为横坐标，分别绘制某级垂直压力下剪应力 τ 与水平位移 ΔL 关系曲线、垂直变形 Δs 与水平位移 ΔL 关系曲线。

取剪应力 τ 与水平位移 ΔL 关系曲线上的峰值或稳定值作为抗剪强度。当无明显峰值时，取水平位移达到试样直径 1/15~1/10 处的剪应力作为抗剪强度 S。以抗剪强度 S 为纵坐标、垂直压力 p 为横坐标，绘制抗剪强度 S 与垂直压力 p 的关系曲线。直线的倾角为粗颗粒土的内摩擦角 φ，直线在纵坐标轴上的截距为粗颗粒土的黏聚力 c。

复习思考题

1. 什么是土的压缩系数？如何评价地基土的压缩性高低？
2. 什么是土的抗剪强度？黏性土和砂土的抗剪强度有何区别？
3. 了解土方施工机械的种类及选用。
4. 土方开挖、填筑有哪些质量通病？如何防治？
5. 什么是钎探？钎探的目的是什么？
6. 什么是验槽？验槽的目的是什么？
7. 基坑支护结构的选型原则是什么？
8. 为什么要做基坑降水？降水的常用方法有哪些？
9. 什么是流砂现象？产生流砂的原因是什么？

单元3
地基处理技术

知识要点：

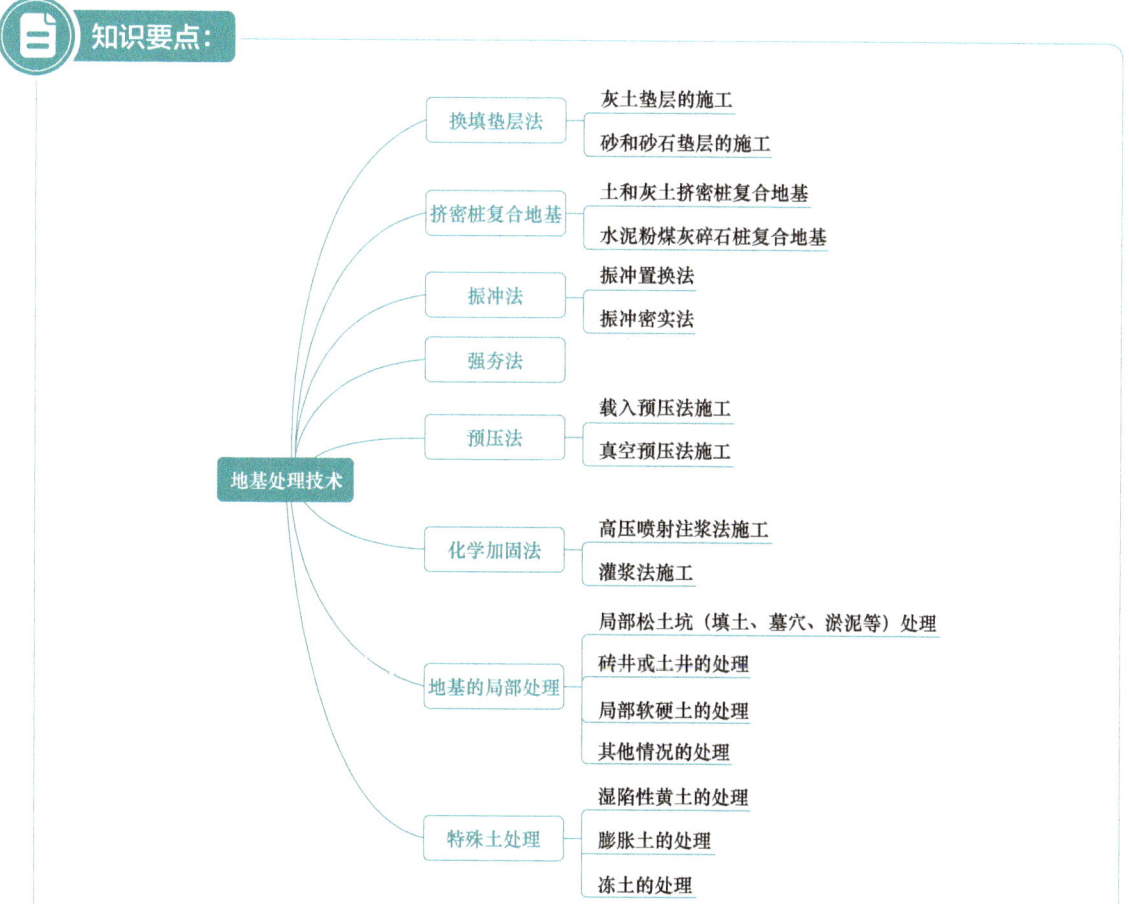

学习目标：

通过本单元的学习，学生应达到以下要求：
1. 了解常见地基处理方法及相应的质量检验标准。
2. 发挥主体作用，畅谈学习收获和体会，进而激励自己丰富学识、锤炼品格、磨炼本领。

课前导学：

众所周知，在高原冻土区修建铁路，如果不能解决冻土融塌、沉降以及膨胀变形等难题，修建铁路便只是空谈。请自行查阅资料了解青藏铁路修建过程，以及青藏铁路在修建过程中是如何破解冻土这一工程难题的，感受工程所蕴含的巨大智慧和家国情怀，学习"挑战极限，勇闯一流"的青藏铁路精神，树立为社会和国家建设发展贡献力量的理想与信念。

青藏铁路

课题3.1　换填垫层法

当建筑物的地基土为软弱土、不均匀土、湿陷性土、膨胀土、冻胀土等，不能满足上部结构对地基强度和变形的要求，而软弱土层的厚度又不是很大时，常采用换填垫层法（也称为换土垫层法）处理，即将基础下一定范围内的土层挖去，然后换填密度大、强度高的砂、碎石、灰土、素土，以及粉煤灰、矿渣等性能稳定、无侵蚀性的材料，并分层夯（振、压）实至设计要求的密实度。换填垫层法的处理深度通常控制在3m以内时较为经济合理。

换填垫层法适用于处理淤泥、淤泥质土、湿陷性土、膨胀土、冻胀土、素填土、杂填土，以及暗沟、暗塘、古井、古墓或拆除旧基础后的坑穴等浅层地基。对于承受振动荷载的地基，不应选择换填垫层法进行处理。

根据换填材料的不同，可将垫层分为砂石（砂砾、碎卵石）垫层、土垫层（素土、灰土）、粉煤灰垫层、矿渣垫层等，其适用范围见表3-1。

表 3-1　垫层的适用范围

垫层种类		适用范围
砂石（砂砾、碎卵石）垫层		多用于中小型建筑工程的浜、塘、沟等的局部处理；适用于一般饱和、非饱和的软弱土和水下黄土地基处理；不宜用于湿陷性黄土地基，也不适宜用于大面积堆载、密集基础和动力基础的软土地基处理；可有条件地用于膨胀土地基；砂垫层不宜用于有地下水且流速快、流量大的地基处理；不宜采用粉细砂作为垫层
土垫层	素土垫层	适用于中小型工程、大面积回填、湿陷性黄土地基的处理
	灰土垫层	适用于中小型工程，尤其适用于湿陷性黄土地基的处理，也可用于膨胀土地基处理
粉煤灰垫层		用于厂房、机场、港区陆域和堆场等大、中、小型工程的大面积填筑，粉煤灰垫层在地下水位以下时，其强度降低幅度在30%左右
矿渣垫层		用于中小型建筑工程，尤其适用于地坪、堆场等工程大面积的地基处理和场地平整；可用于铁路、道路地基等；但不得用于受酸性或碱性废水影响的地基处理

3.1.1 灰土垫层的施工

1. 施工准备
（1）作业条件

基坑（槽）要事先进行钎探，当垫层底部存在古井、古墓、洞穴、旧基础、暗塘等软硬不均的部位时，应根据建筑对不均匀沉降的要求予以处理，经检验合格并及时办好隐蔽验槽手续后，方可铺填垫层。

基坑（槽）要事先进行测量放线，保证基坑（槽）尺寸、位置准确。要制定灰土工程施工工艺，并做好水平标高量度点。基坑（槽）开挖时应避免坑底土层受扰动，可保留约200mm厚的土层暂不挖去，待铺填垫层前再挖至设计标高。

铺填垫层施工前应注意基坑（槽）排水，不得在浸水条件下施工，当地下水位高于基坑（槽）时，应先行降水至施工面下500mm。

（2）材料要求

灰土垫层的灰料宜用新鲜的消石灰，用前充分熟化，不得夹有未熟化的生石灰块，也不得含有过量的水。灰料应过筛，粒径不得大于5mm。

灰土垫层的土料宜优先选用基坑（槽）挖出的土，但不得含有有机杂质。应尽可能使用不含松软杂质的粉质黏土，黏粒含量越高其灰土强度也越高。不宜使用块状黏土、砂质粉土、淤泥、耕土、冻土、膨胀土及有机质含量超过5%的土。土料应过筛，粒径不得大于15mm。

2. 施工要点

灰土体积配合比宜按2∶8或3∶7配置，必须用斗量并拌和均匀后在当日铺填压实。含水量宜控制在最优含水量 $w_{op} \pm 2\%$ 的范围内，最优含水量可通过击实试验确定，也可按当地经验取用。当土中水分过多或不足时，应晾干或洒水湿润，一般可按经验在现场直接判断，判断方法为：手握成团，落地开花。此时土的含水量合适。

灰土垫层施工应选用平碾、振动碾或羊足碾，也可采用轻型夯实机或压路机等。垫层的施工方法、分层铺填厚度、每层压实遍数等宜按所使用的夯实机具及设计的压实系数通过现场试验确定。当无实测资料时，除接触下卧软土层的垫层底部应根据施工机械设备及下卧层土质条件确定厚度外，一般情况下，垫层的分层铺填厚度取200~300mm，可参考表3-2。

表3-2 灰土最大虚铺厚度

夯实机具种类	夯具质量/t	虚铺厚度/mm	备注
石夯、木夯	0.04~0.08	200~250	人力送夯，落高400~500mm
轻型夯实机具	—	200~250	蛙式打夯机
压路机	6~10	200~300	双轮

垫层底面宜设在同一标高上，当深度不同时，基坑底土面应挖成阶梯或斜坡搭接，并按先深后浅的顺序进行垫层施工，搭接处应夯压密实。

垫层分段施工时，不得在墙角、柱基及承重窗间墙下接缝。上下两层的接缝距离不得小于500mm，接缝处应夯压密实。

雨期施工应连续进行，并应尽快完成，防止受水浸泡和边坡塌方，通常要求灰土夯压密实后3d内不得受水浸泡。已遭雨淋浸泡灰土要挖去补填夯实或晾干后再夯压密实。

冬期施工土中不准有冻块，做到随筛、随拌、随打、随盖。对松散土允许洒盐水防冻，对已冻灰土要清除重打。气温在-10℃以下不宜施工。

垫层竣工验收合格后，应及时进行基础施工与基坑回填，或做临时遮盖，防止日晒雨淋。

3．质量检验

1）灰土土料、石灰或水泥等材料及配合比应符合设计要求，灰土应搅拌均匀。

2）施工过程中应检查分层铺设的厚度，分段施工时上下两层的搭接长度，夯实时加水量、夯压遍数、压实系数。

3）垫层的施工质量检验必须分层进行，应在每层的压实系数（通常可取压实系数为0.95）符合设计要求后铺填上层土。垫层的施工质量可采用环刀法、贯入仪、静力触探、轻型动力触探或标准贯入试验检验，并均应通过现场试验以设计压实系数所对应的贯入度为标准检验垫层的施工质量。压实系数可采用环刀法、灌砂法、灌水法或其他方法检验。

4）当采用环刀法检验垫层的施工质量时，取样点应位于每层厚度的2/3深度处。检验点数量：对大基坑每50~100m²不应少于1个点；对基槽每10~20m不应少于1个点；每个独立柱基不应少于1个点。采用贯入仪或轻型动力触探检验垫层的施工质量时，每分层检验点的间距应小于4m。

5）垫层施工完成后，还应对地基强度或承载力进行检验。检验方法和标准按设计要求。检验数量：每单位工程不应少于3个点；1000m²以上工程，每100m²至少应有1个点；3000m²以上工程，每300m²至少应有1个点；每一独立基础下至少应有1个点；基槽每20延米应有1个点。

6）竣工验收采用荷载试验检验垫层承载力时，每个单体工程不宜少于3个点，对于大型工程则应按单体工程的数量或工程的面积确定检验点数。

7）灰土地基质量检验标准应符合表3-3的规定。

表3-3　灰土地基质量检验标准

项目	序号	检查项目	允许值或允许偏差		检验方法
			单位	数值	
主控项目	1	地基承载力	不小于设计值		静载试验
	2	配合比	设计值		检查拌和时的体积比
	3	压实系数	不小于设计值		环刀法
一般项目	1	石灰粒径	mm	≤5	筛析法
	2	土料有机质含量	%	≤5	灼烧减量法
	3	土颗粒粒径	mm	≤15	筛析法
	4	含水量	最优含水量±2%		烘干法
	5	分层厚度	mm	±50	水准测量

3.1.2 砂和砂石垫层的施工

1. 施工准备

（1）作业条件

砂和砂石等渗水材料的垫层不适合用于湿陷性黄土地基。其余作业条件同灰土垫层。

（2）材料要求

砂石垫层宜采用级配良好、质地坚硬的石屑、中砂、粗砂、砾砂、圆砾、角砾、卵石、碎石等材料，其颗粒的不均匀系数 $d_{60}/d_{10} \geqslant 5$（最好为 $d_{60}/d_{10} \geqslant 10$），不含植物残体、垃圾等杂质，且含泥量不应超过5%（若用作排水固结的垫层，其含泥量不应超过3%）。

若用粉细砂或石粉作为换填材料，则不容易压实，而且强度也不高，使用时宜掺入一定量的碎石或卵石，其掺量应符合设计要求。当设计无要求时，通常可掺入不少于总重30%的碎石或卵石，最大粒径不超过5cm或垫层厚度的2/3，并拌和均匀，使其颗粒的不均匀系数 $d_{60}/d_{10} \geqslant 5$。

石屑的性质接近于砂，作为换填材料时应控制含泥量及含粉量，以保证垫层质量。

2. 施工要点

级配砂石原材料应现场取样，进行技术鉴定，符合规范及设计要求。进行室内击实试验确定最大干密度和最优含水量，然后再根据设计要求的压实系数确定设计要求的干密度，以此作为检验砂石垫层质量控制的技术指标。无击实试验数据时，砂石垫层的中密状态可作为设计要求的干密度：中砂 $1.6t/m^3$、粗砂 $1.7t/m^3$、碎石或卵石 $2.0 \sim 2.2t/m^3$ 即可。

砂和砂石垫层采用的施工机具和方法对垫层的施工质量至关重要。若下卧层是高灵敏度的软土，则在铺设第一层时要注意不能采用振动能量大的机具扰动下卧层，除此之外，一般情况下砂和砂石垫层首选振动法，因为振动法能更有效地使砂和砂石密实。我国目前常用的方法有振动压实法、夯实法、碾压法、水撼法等；常用的机具有振捣器、振动压实机、平板式振动器、蛙式打夯机、压路机等。

砂和砂石垫层的压实效果、分层铺填厚度、最优含水量等应根据施工方法及施工机具现场试验确定。无试验资料时可参考表3-4。分层厚度可用样桩控制。施工时，下层的密实度应经检验合格后，方可进行上层施工。

表 3-4 砂和砂石垫层每层铺筑厚度及最优含水量

振捣方法	每层铺筑厚度/mm	施工时最优含水量（%）	施工说明	备注
平振法	200~250	15~20	用平振式振捣往复器振捣	不宜用于细砂或含泥量较大的砂所铺筑的砂垫层
插振法	振捣器插入深度	饱和	1. 用插入式振捣器； 2. 插入间距根据机械振幅大小决定； 3. 不应插入下卧黏性土层； 4. 插入式振捣器所留的孔洞，应用砂填实	
水撼法	250	饱和	1. 注水高度应超过每次铺筑面； 2. 钢叉摇撼捣实，插入点间距为100mm	湿陷性黄土、膨胀土地区不得使用
夯实法	150~200	8~12	1. 用木夯或机械夯； 2. 木夯重400N，落距400~500mm； 3. 一夯压半夯，全面夯实	

(续)

振捣方法	每层铺筑厚度/mm	施工时最优含水量（%）	施工说明	备注
碾压法	250~350	8~12	60~100kN 压路机往复碾压	① 适用于大面积砂垫层；② 不宜用于地下水位以下的砂垫层

砂和砂石垫层铺筑前，应先验槽，清除浮土，且边坡须稳定，防止塌方。开挖基坑铺设垫层时，必须避免扰动下卧的软弱土层，防止被践踏、浸泡或暴晒过久。在卵石或碎石垫层底部应铺设 150~300mm 厚的砂层，并用木夯夯实（不得使用振捣器）或铺一层土工织物，以防止下卧的淤泥土层表面局部破坏。当下卧的软弱土层不厚，在碾压荷载下抛石能挤入该土层底部时，可堆填块石、片石等，将其压入以置换或挤出软土。

砂和砂石垫层应铺设在同一标高上，当深度不同时，应挖成阶梯形或斜坡搭接，并按先深后浅的顺序施工。分段施工时接槎做成斜坡，每层错开 0.5~1.0m，并应充分捣实。

振（碾）前应根据干湿程度、气候条件适当洒水，以保持砂石最佳含水量。

碾压遍数由现场试验确定。通常用机夯或平板振捣器时不少于 3 遍，一夯压半夯全面夯实；用压路机往复碾压不少于 4 遍，轮迹搭接不小于 50cm；边缘和转角处用人工补夯密实。

水撼法施工时，应在基槽两侧设置样桩控制铺砂厚度，每层 25cm。铺砂后灌水与砂面齐平，然后用钢叉插入砂中摇撼十几次。如砂已沉实，将钢叉拔出，在相距 10cm 处重新插入摇撼，直到这一层全部结束，经检验合格后再铺设第二层。所用钢叉如图 3-1 所示。

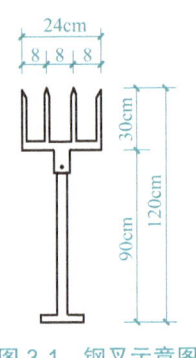

图 3-1　钢叉示意图

3．质量检验

1）砂、石等原材料质量、配合比应符合设计要求，砂、石应搅拌均匀。

2）施工过程中必须检查分层厚度、分段施工时搭接部分的压实情况、加水量、压实遍数、压实系数。

3）垫层的施工质量检验必须分层进行，应在每层的压实系数符合设计要求后铺填上一层。

4）垫层的施工质量检验方法主要有环刀法和贯入法（检验点数量同灰土垫层）。在粗粒土（如碎石、卵石）垫层中也可设置纯砂检测点，在相同的试验条件下，用环刀测其干密度，或用灌砂法、灌水法进行检验。

5）垫层施工完成后，还应对地基强度或承载力进行检验。检验方法和标准按设计要求。检验数量同灰土垫层。

6）砂和砂石地基的质量检验标准应符合表 3-5 的规定。

表 3-5 砂和砂石地基质量检验标准

项目	序号	检查项目	允许值或允许偏差		检验方法
			单位	数值	
主控项目	1	地基承载力	不小于设计值		静载试验
	2	配合比	设计值		检查拌和时的体积比或质量比
	3	压实系数	不小于设计值		灌砂法、灌水法
一般项目	1	砂石料有机质含量	%	≤5	灼烧减量法
	2	砂石料含泥量	%	≤5	水洗法
	3	砂石料粒径	mm	≤50	筛析法
	4	分层厚度	mm	±50	水准测量

课题3.2 挤密桩复合地基

3.2.1 土和灰土挤密桩复合地基

土挤密桩和灰土挤密桩复合地基是利用沉管、冲击或爆扩等方法成孔时的侧向挤土作用，使桩间一定范围内的土得以挤密、扰动和重塑，然后将桩孔用素土或灰土分层夯填密实。前者称为土挤密桩，后者称为灰土挤密桩，属于深层挤密加固地基处理的一种方法，是一种人工复合地基。其机理均为将桩孔部位原有土体强制侧向挤压，从而使桩间土得到挤密；对土挤密桩而言，桩孔内夯填的素土与桩间土均属机械挤密的重塑土，当土桩与桩间土的挤密质量基本一致时，其力学性质指标也趋于一致，因此可以把土挤密桩地基视为一个厚度较大、基本均匀的素土垫层；对灰土挤密桩而言，桩体材料石灰和土之间产生一系列物理和化学反应，凝结成一定强度的桩体，形成由桩体和桩间挤密土共同组成的人工复合地基。

土挤密桩法和灰土挤密桩法适用于处理地下水位以上的湿陷性黄土、素填土和杂填土等地基，可处理的深度为5~15m（应根据建筑场地的土质情况、工程要求、成孔及夯实设备等综合因素确定）。当以消除地基土的湿陷性为主要目的时，宜选用土挤密桩法；当以提高地基土的承载力为主要目的时，宜选用灰土挤密桩法；当地基土的含水量大于24%、饱和度大于65%时，不宜选用土挤密桩法和灰土挤密桩法。

土挤密桩和灰土挤密桩处理地基的面积，一般应大于基础或建筑物底层平面的面积。当采用局部处理时，超出基础底面的宽度：对非自重湿陷性黄土、素填土和杂填土等地基，每边不应小于基底宽度的1/4，并不应小于0.5m；对自重湿陷性黄土地基，每边不应小于基底宽度的3/4，并不应小于1.0m。当采用整片处理时，超出建筑物外墙基础底面外缘的宽度：每边不宜小于处理土层厚度的1/2，并不应小于2.0m。

桩孔直径宜为300~450mm，并可根据所选用的成孔设备或成孔方法确定。桩孔宜按等边三角形布置，桩孔之间的中心距离可为桩孔直径的2~2.5倍。

1. 施工准备

（1）作业条件

要切实了解建筑场地的工程地质条件和环境情况，需要收集的资料有：建筑场地的岩土工程勘察报告，施工钻探资料，地基土和桩孔填料的击实试验资料；建筑物的平面定位图、基础和桩施工布孔图；建筑场地内外、地面上下影响施工的障碍物的情况；主要施工机械及配套设备的技术性能情况和目前的状态；工程的施工技术要求等。避免盲目进场后无法施工或施工难度大。

编制施工技术方案及相应的技术措施；做好场地平整工作；复测基线、水准点和基础轴线，定出控制桩和各基桩的中心点。

进行成孔试验（一般不宜少于两组），当普遍出现缩孔、回淤或沉管贯入反常等情况时，应及时会同设计单位、建设单位、监理单位解决（提出切实可行的施工技术措施或拟定补救措施，甚至重新考虑地基处理方案）。

（2）材料要求

土料应采用一般黏性土或粉土，使用前要过筛，土粒粒径不得大于15mm，有机质含量不得超过5%，严禁使用耕土、杂填土、淤泥质土等，不得夹有砖块、瓦砾、生活垃圾、杂土、冻土和膨胀土。当含有碎石时，其粒径不得大于50mm。含水量应接近最优含水量w_{op}，一般可控制在$w_{op}±3\%$之内。

石灰宜用新鲜的消石灰，一般是生石灰消解（闷透）3~4d后过筛的熟石灰粉，其粒径不得大于5mm。石灰储存时间不得超过3个月。石灰质量应符合三级以上标准，活性氧化物含量越高，灰土的强度越高。

灰土的配合比应符合设计要求（常用体积配合比为2∶8或3∶7），在接近最优含水量（一般为14%~18%）的情况下拌和而成。在配制灰土过程中，一般需均匀加水浸湿、搅拌均匀、颜色一致，并应随拌随填孔，不得隔日使用。

2. 施工要点

土挤密桩和灰土挤密桩的施工工艺包括成孔和孔内回填夯实两部分。常用的成孔方法有锤击沉管成孔、振动沉管成孔、冲击成孔、爆扩成孔及人工挖孔等，通常应按设计要求、成孔设备、现场土质和周围环境等因素确定。夯实机具种类较多，按提锤方法有偏心轮夹杆式和卷扬机提升式两种。

成孔和孔内回填夯实应符合下列要求：①成孔和孔内回填夯实的施工顺序：当整片处理时，宜从里（或中间）向外间隔1~2孔进行；对大型工程，可采取分段施工；当局部处理时，宜从外向里间隔1~2孔进行。②向孔内填料前，孔底应夯实，并应抽样检查桩孔的直径、深度和垂直度。③桩孔的垂直度偏差不宜大于1.5%。④桩孔中心点的偏差不宜超过桩距设计值的5%。⑤经检验合格后，按设计要求向孔内分层填入筛好的素土、灰土或其他填料，并应分层夯实至设计标高。

填夯施工前应进行填夯试验，以确定每次合理的填料量和夯填次数，桩体的夯实质量用平均压实系数$\bar{\lambda}_c$控制（对素土或灰土$\bar{\lambda}_c$均不应小于0.96）。

桩顶标高以上应设置300~500mm厚的2∶8灰土垫层，其压实系数不应小于0.95。由于在成孔和拔管的过程中，对桩孔上部土层有一定的松动作用，因此在桩顶设计标高以上应预留覆盖层：当沉管（锤击、振动）成孔时，宜为0.5~0.7m；当冲击成孔时，宜为1.2~1.5m。

在铺设灰土垫层前将其挖除或按设计规定处理。

雨期或冬期施工应采取防雨或防冻措施，防止灰土和土料受雨水淋湿或冻结。

为保证施工质量，对填料量、填入次数、填料的拌和质量、含水量、夯击次数、夯击时间等均应有专人操作、记录和管理。对施工完毕的桩号、排号、桩数应逐个与施工图对照检查，发现问题应立即返工或补填、补打。

施工过程中常见问题、其原因及相应的处理措施见表3-6。

表3-6 施工中常见问题、其原因及处理措施

施工过程	问题	原因	处理措施
沉管	1. 桩锤突然回跳过高，桩管进入很慢； 2. 桩孔斜移，桩靴、桩头、活瓣损坏； 3. 桩管贯入度很大，桩锤不回弹或沉入速度过快	1. 遇地下障碍物； 2. 桩机就位不平稳，架设不牢固，遇地下障碍物； 3. 土质疏松，有空洞	1. 查明障碍物埋深、分布范围，并予以清除或在周围增加桩数； 2. 使桩机牢固平稳，或从结构上采取适当弥补措施，增加桩数； 3. 填入无黏性土料反复沉管挤压，增大桩管直径
桩孔	1. 孔内积水； 2. 桩管起拔困难； 3. 缩颈或堵塞，孔壁坍塌，孔底有虚土； 4. 挤密困难	1. 土层渗水、涌水、积水； 2. 桩管在土中搁置时间过久等； 3. 土层含水量过大； 4. 挤密顺序有误	1. 将水排出地表或将水下部分改为混凝土桩、碎石桩； 2. 用水浸润桩管周围土层或将桩管旋转后再拔出； 3. 向孔内填干砂、生石灰块、干水泥、粉煤灰，稍后重新成孔； 4. 成孔挤密由外向里间隔进行（硬土由里向外）
夯填	1. 回填不均匀； 2. 夯实不密实； 3. 桩身疏松，夹有生土或断裂，出现孔洞或孔隙	1. 锤击数不够； 2. 锤击静压力，能量比夯击能不够； 3. 填料不均匀，含水量不佳	1. 增加锤击数； 2. 更换夯锤或夯实机； 3. 填料拌和不均匀，控制含水量接近最优含水量

3. **质量检验**

1）施工前应检查土及灰土的质量、桩孔放样位置及高程是否与施工图相符等。

2）施工中应检查桩孔直径、桩孔间距、桩孔深度、垂直度、夯击次数、填料的含水量等。

3）成桩后应及时抽样检查处理地基的质量。对一般工程，主要应检验施工记录、全部处理深度内桩体和桩间土的干密度；对重要工程，除检验上述内容外，还应测定全部处理深度内桩间土的压缩性和湿陷性；抽样检验的数量，对一般工程不应少于桩总数的1%，对重要工程不应少于桩总数的1.5%。

4）灰土挤密桩和土挤密桩地基竣工验收时，承载力检验应采用复合地基荷载试验；检验数量不应少于桩总数的0.5%，且每项单体工程不应少于3个点。

5）土和灰土挤密桩地基质量检验标准应符合表3-7的规定。

表 3-7 土和灰土挤密桩地基质量检验标准

项目	序号	检查项目	允许值或允许偏差		检验方法
			单位	数值	
主控项目	1	复合地基承载力		不小于设计值	静载试验
	2	桩体填料平均压实系数		≥0.97	环刀法
	3	桩长		不小于设计值	测桩管长度或用测绳测孔深
一般项目	1	土料有机质含量		≤5%	灼烧减量法
	2	含水量		最优含水量±2%	烘干法
	3	石灰粒径	mm	≤5	筛析法
	4	桩位	条基边桩沿轴线	≤1/4D	全站仪或用钢尺量
			垂直轴线	≤1/6D	
			其他情况	≤2/5D	
	5	桩径	mm	+500	用钢尺量
	6	桩顶标高	mm	±200	水准测量，最上部500mm劣质桩体不计入
	7	垂直度		≤1/100	经纬仪测桩管
	8	砂、碎石褥垫层夯填度		≤0.9	水准测量
	9	灰土垫层压实系数		≥0.95	环刀法

注：D 为设计桩径（mm）。

3.2.2 水泥粉煤灰碎石桩复合地基

水泥粉煤灰碎石桩是由碎石、石屑、砂、粉煤灰掺适量水泥加水拌和，用各种成桩机械在地基中制成的强度等级为 C5~C25 的桩，亦称为 CFG 桩。这种桩是在碎石桩体中添加以水泥为主的胶结材料，同时还添加粉煤灰以增加混合料的和易性并起到低强度等级水泥的作用，添加适量的石屑以改善级配。使桩体从散体材料桩转化为具有某些柔性桩特点的黏结强度桩。CFG 桩与桩间土、褥垫层一起构成复合地基。

与一般的碎石桩相比，碎石桩是散体材料桩，桩本身没有黏结强度，主要靠周围土的约束形成桩体强度，并和桩间土组成复合地基共同承担上部建筑的垂直荷载。土越软对桩的约束作用越差，桩体强度越低，传递垂直荷载的能力就越差。CFG 桩则不同于碎石桩，它具有一定黏结强度，在外荷载作用下，桩身不会像碎石桩那样出现鼓胀破坏，可全桩长作用侧摩阻力，桩落在硬土层上具有明显端承力。桩周的侧摩阻力和桩端阻力可抵抗上部荷载，其复合地基承载力可大幅度提高。

CFG 桩复合地基既适用于条形基础、独立基础，也适用于筏形基础和箱形基础。对土性而言，适用于处理黏性土、粉土、砂土和已自重固结的素填土等地基。对淤泥质土应按地区经验或通过现场试验确定其适用性。CFG 桩既可用于挤密效果好的土，又可用于挤密效果差的土。当用于挤密效果好的土时，承载力的提高既与挤密作用有关，又与置换作用有关；当用于挤密效果差的土时，承载力的提高只与置换作用有关。对一般黏性土、粉土或砂土，桩端具有好的持力层，经 CFG 桩处理后可作为高层或超高层建筑地基。

CFG 桩处理软弱地基应以提高地基承载力和减小地基沉降为主要加固目的。布桩时要考虑桩受力的合理性，通常情况下，桩只可在基础范围内布置。桩径宜取 350~600mm，桩径过小，施工质量不容易控制；桩径过大，需加大褥垫层厚度才能保证桩土共同承担上部结构传来的荷载。桩距的大小取决于设计要求的复合地基承载力和变形量、土性及施工工艺。试验表明：其他条件相同时，桩距越小复合地基承载力越大，但当桩距小于 3 倍桩径后，复合地基承载力的增长速度明显下降，从桩、土作用的发挥考虑，桩距取 3~5 倍桩径为宜。

褥垫层是指桩顶和基础垫层（常做 10cm 厚素混凝土垫层）之间的散体材料垫层，是 CFG 桩复合地基的一个重要部分。设置一定厚度的褥垫层，可以保证桩和桩间土共同承担外荷载，调整桩和桩间土的荷载分担比，减弱桩顶对基础底面的应力集中现象。褥垫层厚度宜取 150~300mm，当桩径大或桩距大时取大值。褥垫层的加固范围应比基底面积大，一般其四周宽出基底的部分不宜小于褥垫层的厚度。

1. 施工准备
（1）作业条件

施工前应具备的资料和条件有：建筑场地工程地质勘察报告；CFG 桩布桩图，并应注明桩位编号、设计说明和施工说明等；建筑场地邻近的高压电缆、电话线、地下管线、地下构筑物及障碍物等的调查资料；建筑场地的水准控制点和建筑物位置控制坐标等资料；具备"三通一平"条件。

编制施工技术方案及相应的技术措施；确定施工机具和配套设备；确定施工顺序；确定材料供应计划（应标明所用材料的规格、技术要求和数量）；复测基线、水准点和基础轴线，按施工平面图定出桩位。

试成孔应不少于 2 个，以复核地质资料及设备、工艺选用的技术参数是否适宜。

（2）材料要求

水泥一般采用 42.5 级普通硅酸盐水泥，碎石的粒径一般采用 20~50mm，石屑的粒径一般采用 2.5~10mm。

粉煤灰是燃煤电厂排出的一种工业废料，由于不同电厂的原煤种类、燃烧条件、煤粉细度、收灰方式的不同，其性质有所差异，使用时应控制化学成分及烧失量。

褥垫层材料宜用中砂、粗砂、级配砂石或碎石等，最大粒径不宜大于 30mm。由于卵石咬合力差，施工时扰动较大，不容易保证褥垫层厚度均匀，故一般不宜采用卵石。

由于地域不同，粉煤灰、石屑等材料性能各异，很难给出一个统一的、精度很高的桩体配合比。施工前应按设计要求由试验室进行配合比试验，施工时按配合比配置混合料。

2. 施工要点

水泥粉煤灰碎石桩的施工，应根据现场条件确定成桩方式：长螺旋钻孔灌注成桩，适用于地下水位以上的黏性土、粉土、素填土、中等密实以上的砂土；长螺旋钻孔、管内泵压混合料灌注成桩，适用于黏性土、粉土、砂土，以及对噪声或泥浆污染要求严格的场地；振动沉管灌注成桩，适用于黏性土、粉土、素填土。

桩机进入现场，要根据设计桩长、沉管入土深度确定机架高度和沉管长度。桩机就位后调整沉管与地面垂直，确保施工垂直度偏差不大于1%；对满堂布桩基础，桩位偏差不应大于2/5桩径；对条形基础，桩位偏差不应大于1/4桩径；对单排布桩基础，桩位偏差不应大于60mm。

长螺旋钻孔、管内泵压混合料成桩施工在钻至设计深度后，应准确掌握提拔钻杆时间，混合料泵送量应与拔管速度相配合，遇到饱和砂土或饱和粉土层，不得停泵待料；沉管灌注成桩施工拔管速度应按匀速控制，一般控制在1.2~1.5m/min左右，如遇淤泥或淤泥质土，拔管速度应适当放慢。拔管过程中不允许反插。

混合料坍落度过大、桩顶浮浆过多，均会影响桩体强度。通常长螺旋钻孔、管内泵压混合料成桩施工的坍落度宜为160~200mm；振动沉管灌注成桩施工的坍落度宜为30~50mm，振动沉管灌注成桩后，桩顶浮浆厚度不宜超过200mm。混合料按设计配合比经搅拌机加水拌和，搅拌时间不得少于1min，如粉煤灰用量较多可适当延长。冬期施工时混合料入孔温度不得低于5℃，对桩头和桩间土应采取保护措施。

施工桩顶标高应考虑保护桩长（是指成桩时预先设定加长的一段桩长，基础施工时将其剔除），通常宜高出设计桩顶标高不少于0.5m。

施工过程中应抽样做混合料试块，每台机械一天应做一组（3块），试块尺寸为边长150mm的立方体，标准养护并测定28d立方体抗压强度。

CFG桩施工完毕，待桩体达到一定强度后可进行开槽，但注意清土和截桩时，不得造成桩顶标高以下桩身断裂和扰动桩间土。当设计桩顶标高距地表不深时，宜考虑采用人工开挖；当基坑较深，开挖面积大，采用人工开挖效率太低时，可采用机械和人工联合开挖，但要留置足够的人工开挖厚度，防止对桩身和桩间土产生不良影响。

桩头处理后（桩间土和桩头处于同一平面，桩顶表面不可出现斜平面），应及时进行褥垫层铺设。夯填度（夯实后的褥垫层厚度与虚铺厚度的比值）不得大于0.9，宜采用静力压实法，当桩间土的含水量较小时，也可采用动力夯实法。

3. 质量检验

1）施工前应检查水泥、粉煤灰、砂及碎石等原材料是否符合设计要求；桩位测量放线是否与施工图一致等。

2）施工中应检查桩身混合料的配合比、坍落度、提拔钻杆速度（或提拔套管速度）、成孔深度、混合料贯入量等。

3）施工结束后应检查施工记录、桩数、桩顶标高、桩位偏差、褥垫层质量、桩体试块抗压强度等。

4）水泥粉煤灰碎石桩复合地基竣工验收时，承载力检验应采用复合地基荷载试验。应在桩身强度满足试验荷载条件时，并宜在施工结束28d后进行，试验数量宜为总桩数的0.5%~1%，且每个单体工程的试验数量不应少于3个点。

5）水泥粉煤灰碎石桩复合地基应抽取不少于总桩数10%的桩进行低应变动力试验检测桩身完整性。

6）水泥粉煤灰碎石桩复合地基的质量检验标准应符合表3-8的规定。

表 3-8 水泥粉煤灰碎石桩复合地基质量检验标准

项目	序号	检查项目	允许值或允许偏差		检验方法
			单位	数值	
主控项目	1	复合地基承载力	不小于设计值		静载试验
	2	单桩承载力	不小于设计值		静载试验
	3	桩长	不小于设计值		测桩管长度或用测绳测孔深
	4	桩径	mm	+500	用钢尺量
	5	桩身完整性	—		低应变检测
	6	桩身强度	不小于设计要求		28d 试块强度
一般项目	1	桩位	条基边桩沿轴线	≤1/4D	全站仪或用钢尺量
			垂直轴线	≤1/6D	
			其他情况	≤2/5D	
	2	桩顶标高	mm	±200	水准测量,最上部 500mm 劣质桩体不计入
	3	桩垂直度	≤1/100		经纬仪测桩管
	4	混合料坍落度	mm	160~220	坍落度仪
	5	混合料充盈系数	≥1.0		实际灌注量与理论灌注量的比
	6	褥垫层夯填度	≤0.9		水准测量

注:D 为设计桩径(mm)。

课题3.3 振 冲 法

振冲法的主要施工设备包括振冲器和射水泵等。振冲器在吊机上就位后,启动电机和射水泵,在高频振动和高压水的联合作用下,振冲器下沉到设计标高。振动作用能有效增加接近饱和状态和饱和状态的非密实砂土的相对密度。

振冲器在砂土中振动时,使其周围的砂土液化,液化后的土粒在重力和上部覆盖土层压力以及填料的挤压作用下,土粒结构重新排列,土的孔隙比减小,从而增加了土的密实度。振冲挤密后的砂土地基,不仅地基承载力和变形模量提高了,而且砂土预先经历人工液化,其抗震能力也提高了。

1. 分类

1)振冲置换法:是在地基土中借助振冲器成孔,振密置换填料,形成以碎石、砾石等散粒材料组成的桩体,与原地基土一起构成复合地基使地基承载力提高,减小沉降,故又称为振冲置换碎石桩法。适用于处理不排水抗剪强度大于 20kPa 的黏性土、粉土、饱和黄土和人工填土等地基。在不排水抗剪强度小于 20kPa 的软土中,碎石桩无法成形,不能采用此法。

2）振冲密实法：是利用振动和高压水使砂层液化，砂土颗粒相互挤密，重新排列，孔隙减少，从而提高地基承载力和抗液化能力，故又称为振冲挤密砂桩法。适用于处理疏松砂土和粉土等地基。不加填料的振冲密实法仅适用于处理黏粒含量小于10%的粗砂、中砂等地基。

2. 施工要点

（1）振冲置换法施工规定

1）水压可用200~600kPa，水量可用200~600L/min，造孔速度宜为0.5~2.0m/min。

2）当稳定电流达到密实电流值后宜留振30s，并将振冲器提升300~500mm，每次填料厚度不宜大于500mm。

3）施工顺序宜从中间向外围或间隔跳打进行，当加固区附近存在既有建（构）筑物或管线时，应从邻近建筑物一边开始，逐步向外施工。

4）施工现场应设置排泥水沟及集中排泥的沉淀池。

（2）振冲密实法施工规定

1）振冲加密宜采用大功率振冲器，下沉宜快速，造孔速度宜为8~10m/min，每段提升高度宜为500mm，每米振密时间宜为1min。

2）对于粉细砂地基，振冲加密可采用双点共振法进行施工，留振时间宜为10~20s，下沉和上提速度宜为1.0~1.5m/min，水压宜为100~200kPa，每段提升高度宜为500mm。

3）施工顺序宜从外围或两侧向中间进行。

3. 质量检验

1）施工前应检查振冲器的性能，电流表、电压表的准确度，填料的性能。

2）施工中应检查密实电流、供水压力、供水量、填料量、孔底留振时间、振冲点位置、振冲器施工参数等（施工参数由振冲试验或设计确定）。

3）振冲法施工对原土结构造成扰动，使其强度降低。因此质量检验应在施工结束后间歇一定时间，对砂土地基间隔1~2周，对黏性土地基间隔3~4周，对粉土、杂填土地基间隔2~3周，桩顶部位因为周围约束力小，密实度较难达到要求，检验取样应考虑到此因素。

4）对采用振冲密实法加固的砂土地基，如不加填料，则主要检验地基的密实度，可用标准贯入、动力触探等方法进行，但选点应在具有代表性的地段，宜由设计、施工、监理（或业主方）共同确定位置后进行检查，并满足表3-9中标准要求。

表3-9 振冲地基质量检验标准

项目	序号	检查项目	允许偏差或允许值		检验方法
			单位	数值	
主控项目	1	填料粒径		设计要求	查产品合格证书或抽样送检
主控项目	2	密实电流（黏性土） 密实电流（黏性土或粉土） （以上为功率30kW振冲器） 密实电流（其他类型振冲器）	A	50~55 40~50 1.5~2.0	电流表读数 电流表读数为空振电流
主控项目	3	地基承载力		设计要求	按规定方法

(续)

项目	序号	检查项目	允许偏差或允许值		检验方法
			单位	数值	
一般项目	1	填料含泥量	%	<5	抽样检查
	2	桩振冲器喷水中心与孔径中心偏差	mm	≤50	用钢尺量
	3	成孔中心与设计孔位中心偏差	mm	≤100	用钢尺量
	4	桩体直径	mm	<50	用钢尺量
	5	孔深	mm	±200	量钻杆或用重锤测

5）对单桩静载试验，试验时用的圆形板直径应和桩的直径相同。检查数量为桩数的0.5%，且不得少于3根。

6）对单桩复合地基或多桩复合地基静载试验，检验点应选择在具有代表性或土质较差的地段，检验点不应少于总桩数的0.5%，且每个单体工程不应少于3个点。

7）对黏性土或粉土，宜采用静力触探、标准贯入试验，每一建筑地段不宜少于3孔，深度宜大于地基加固深度。

8）对不加填料振冲加密处理的砂土地基，竣工验收承载力检验应采用标准贯入、动力触探、荷载试验或其他合适的试验方法。检验点应选择在具有代表性或地基土质较差的地段，并应位于振冲点围成的单元形心及振冲点中心处。检验数量为振冲点数的1%，总数不应少于5个点。

9）对砂土或黏性土地基中的碎石桩的检验，用动力触探试验方法判定碎石桩的密实度。

课题3.4 强 夯 法

对地基土的碾压与夯实，最早使用的方法多是机械碾压、振动压实、重锤夯实等。这些方法所使用的机械设备的能量相对都较小，因此压实、夯实的影响深度都较小。一般在1.5m以内。后来在20世纪60年代，法国一家技术公司创立了强夯法，该法采用高能量的夯击作用改变原地基土的密实度，使夯击密实的影响深度及效果有了很大的提高。

为了达到较好的夯实效果，可考虑预先在土中设置沙井，再进行强夯，如图3-2所示。或者采用动力置换，该法是先在软土上面做砂垫层，然后在夯坑中填入砂石等填料，再将填料夯成粗短的砂石桩（长度可达4m以上），通过砂石井排除土中孔隙水，便于土体的动力固结，如图3-3所示。

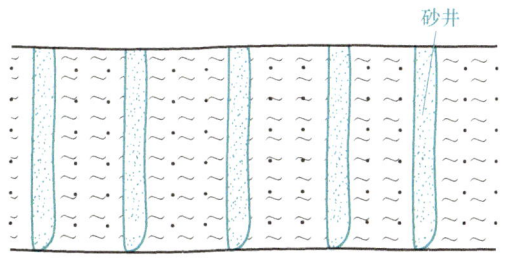

图3-2 预先设置砂井

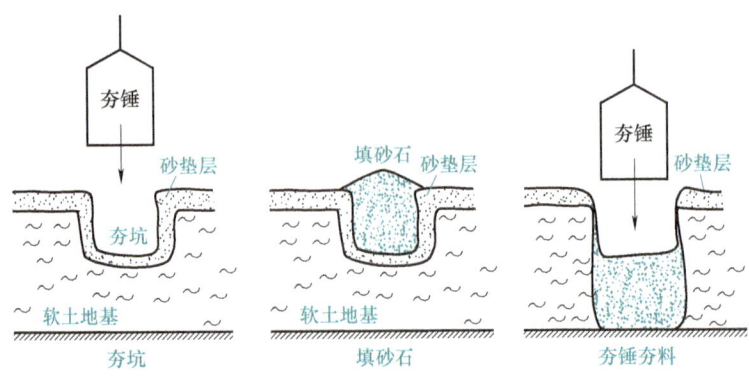

图 3-3 强夯置换示意图

强夯法主要适用于处理碎石土、砂土、低饱和度的粉土及黏性土、湿陷性黄土、杂填土、素填土等地基；对淤泥和淤泥质土地基，强夯处理效果不佳，应慎重。另外，强夯法施工时振动大、噪声大，对邻近建筑物的安全和居民的正常生活有一定影响，所以在城市市区或居民密集的地段不宜采用。

有资料显示，经过强夯的黏性土，其承载力可提高 100%~300%，粉砂土可提高 400%，砂土可提高 200%~400%。

1. 施工准备

施工前的准备工作包括收集资料，掌握现场的水文地质资料，熟悉图纸等施工技术文档；平整场地达到三通一平；放线布置夯点位置；确定施工机具；布置施工现场。

2. 施工工艺顺序

①测放第一遍夯点位置，测量场地高程；②起重机械就位；③夯锤对准夯点位置；④将夯锤吊起到预定高度脱钩，使夯锤自由下落夯击地面；⑤按规定的夯击次数及控制标准完成一个夯点；⑥移动到下一夯点重复以上步骤，完成第一遍全部夯点的夯击；⑦用推土机将夯坑填平，测量场地高程；⑧按规定的间隔时间，按上述步骤完成第 2~第 n 遍夯击；⑨用低能量满夯施工场地 2 遍，将场地表层松土夯实，并测量场地最后高程。

3. 施工要点

1）施工前如无经验，宜先试夯取得各类施工参数后再正式施工。对透水性差、含水量高的土层前后两遍夯击应有一定歇期，一般为 2~4 周。待试夯结束一至数周后，再对试夯场地进行测试，并与试夯前的测试数据进行比较。根据试夯的实际加固效果做适当的调整。

2）强夯施工前应平整施工现场，对地下水位较高的场地，夯坑底部积水影响施工时应提前降水，或采取其他措施。

3）强夯地基应分段进行，应从边缘向中间进行。对厂房柱可一排一排进行夯击，按起重机行驶路线从一端向另一端进行，每夯击完成一遍，用推土机平整场地，放线确定下一遍的夯点位置。

4）夯击时应按试验和设计确定的强夯参数进行，落锤应保持平稳，夯位应准确。在每一遍夯击之后，要用新土将夯坑填平。

5）回填土含水量应控制在最优含水量范围内，如含水量低于最优含水量，可钻孔灌水

单元 3　地基处理技术

或洒水浸渗。雨期强夯时应在场地四周设置排水沟、截洪沟，防止雨水流入场内。

6）冬期施工应清除地表冻土，夯击次数应适当增加。

7）强夯施工中夯锤自高空中自动脱钩，以自由落体运动下落，冲击地面的瞬间使地面产生强烈的震动，这种强烈的震动是否影响邻近的建筑物，造成震裂危害，主要取决于地基土的性质。一般距夯击点 30m 以外为相对的安全区，15m 以内为相对的震动区。施工时应从邻近建筑物开始夯击逐渐向远处移动。当必须在邻近建筑物附近进行强夯时，可以采取挖隔振沟的措施防止振害，因为震动波在地表面运动，采取这种措施可以有效缩短震动波的传播路径。

8）做好施工记录，包括检查夯锤质量和落距，夯前夯点位置，完成后的夯坑位置，每个夯点的夯击次数、遍数等。

4．质量检验

施工前应检查夯锤质量、尺寸、落距，排水设施及被夯地基的土质。施工中应检查落距、夯击遍数、夯点位置、夯击范围。施工结束后检查被夯地基的强度并进行承载力检验。强夯地基质量检验标准见表 3-10。

表 3-10　强夯地基质量检验标准

项目	序号	检查项目	允许值或允许偏差		检验方法
			单位	数值	
主控项目	1	地基承载力	不小于设计值		静载试验
	2	处理后地基土的强度	不小于设计值		原位测试
	3	变形指标	设计值		原位测试
一般项目	1	夯锤落距	mm	±300	钢索设标志
	2	夯锤质量	kg	±100	称重
	3	夯击遍数	不小于设计值		计数法
	4	夯击顺序	设计要求		检查施工记录
	5	夯击击数	不小于设计值		计数法
	6	夯点位置	mm	±500	用钢尺量
	7	夯击范围（超出基础范围距离）	设计要求		用钢尺量
	8	前后两遍间歇时间	设计值		检查施工记录
	9	最后两击平均夯沉量	设计值		水准测量
	10	场地平整度	mm	±100	水准测量

课题3.5　预　压　法

由土的固结原理可知，饱和土在受荷载作用的瞬时，荷载全部由孔隙水承受，随着时间的增加土中的孔隙水逐渐排出，土中有效应力增加，孔隙水压力减小，土中的孔隙减少，土被压实。预压法就是利用这种原理，在建造建筑物之前，对建筑场地进行预压，使土体内的水排出，让场地土逐渐固结，地基发生沉降，地基强度同时得以提高。

预压法适用于处理淤泥、淤泥质土、填充土及饱和黏性土等软弱地基。可使地基的沉降在预压期间基本完成或大部分完成，使建筑物在使用期间不致产生过大的沉降。同时可增加地基的抗剪强度，从而提高地基的承载能力和稳定性。根据加压系统的不同，预压法可分为载入预压法和真空预压法。

3.5.1 载入预压法施工

载入预压法中根据排水系统的不同，有砂井载入预压法、袋装砂井载入预压法和塑料排水板载入预压法。

3.5.1.1 砂井载入预压法施工

对于饱和的软弱黏性土地基，采用载入预压法压密土体，须将土中的孔隙水排出，才能使土颗粒压实。由于黏性土的透水性差，排水的时间需要很长，因此施工进度很慢。为了加速排水固结的时间，在软土层中，按一定的间距，采用锤击或振动下沉钢管，在钢管内灌入透水性良好的砂料

砂井载入预压法

形成砂井。砂井完工后再铺设 0.5~1.0m 厚的砂垫层，如图 3-4 所示。在砂垫层上堆加荷载预压，可使软土地基快速排水固结。

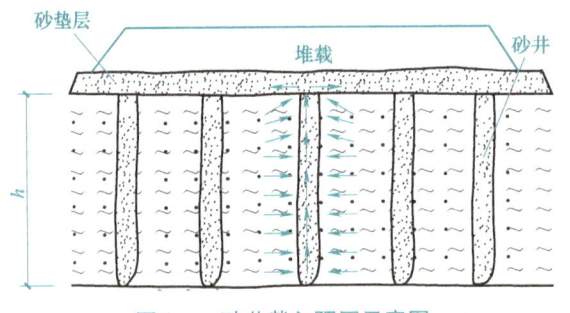

图 3-4 砂井载入预压示意图

砂井载入预压法的施工应主要控制砂井的直径、间距、长度和加固范围等，这些参数可根据固结度的要求选用。

1. 砂井平面布置

砂井可按等边三角形或正方形进行平面布置，如图 3-5 所示。

砂井按等边三角形布置时，砂井的有效排水范围为正六边形，如图 3-5a 所示；砂井按正方形布置时，砂井的有效排水范围为正方形，如图 3-5b 所示。

2. 砂井的直径及间距

砂井直径和间距的确定，主要取决于黏性土层的固结特性和施工期限。实践证明加速土层固结时，缩短砂井间距比增大砂井直径的效果更好，因此砂井的直径和间距宜小而密。一般砂井的直径可取 300~500mm，砂井的间距按井径比 d_e/d_w=6~8 确定，符号如图 3-5 所示。如果小于 6，沉管施工时，会破坏软土的结构，如果大于 8，固结效果逐渐变差。砂井的设置范围应超出基础边缘以外 2~4m。

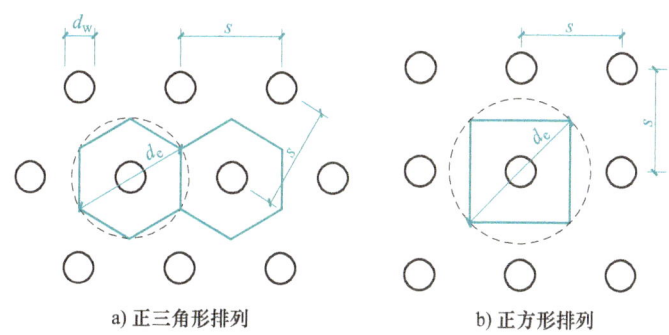

图 3-5 砂井平面布置影响范围

d_e—每个砂井的有效影响范围的直径　d_w—砂井的直径

3. 砂井的深度

砂井的深度选择应根据建筑物对地基的稳定性和变形的要求确定。从地基稳定方面考虑，砂井的深度应穿过地基土整体剪切破坏的可能滑动面，且不小于 2m。从沉降方面考虑，若压缩土层厚度不大，砂井的深度宜穿透压缩土层；若压缩土层的厚度较大，砂井的深度根据在限定的预压时间内应消除的变形量决定。

4. 砂井的垫层

在砂井顶面应铺设排水砂垫层，其厚度一般为 0.3~0.5m；水下施工时，其厚度一般为 1m。也可采用连通砂井的纵横砂沟代替砂垫层，砂沟的高度一般为 0.5~1.0m，砂沟的宽度为砂井直径的 2 倍。

5. 预压加载的速率控制

预压加载排水固结法施工中应控制预压荷载的大小和加载速率。施加的预压荷载一般宜接近建筑物设计荷载值，或者超过 10%~20%。预压荷载的布置应与建筑物使用阶段所受荷载大致相同。施加的预压荷载不得大于地基的极限承载能力，以免地基强度破坏而丧失稳定性。加载时，应分级增加，并控制加载的速率，待地基在前一级荷载作用下达到一定固结度（80%）后再施加下一级荷载。每天沉降速率控制在 10~15mm，特别是后期施工，更应控制加载速率。加载的过程中要进行现场孔隙水压力、边桩位移和地面沉降的观测和控制。沉降每天不应超过 15mm，边桩水平位移每天不应超过 4mm。

6. 砂井的施工要点

1）砂井的砂料宜选用中粗砂，含泥量应小于 3%。灌砂时应按井孔的体积和砂在中等密实状态时的干密度计算，其实际灌砂量不得小于计算值的 95%。

2）砂井自上而下应保持连续性，不得出现断桩、缩颈等现象。

3）施工中应做好施工记录，特别是加载后的沉降观测，应控制每天沉降量不超过 15mm。

3.5.1.2 袋装砂井载入预压法施工

袋装砂井载入预压法是在普通砂井载入预压法的基础上发展的施工技术，采用聚丙烯或聚乙烯编织袋装满砂，形成竖向排水系统。解决了普通砂井载入预压法施工中存在的问题，使砂井的设计与施工更趋于合理。

1. 袋装砂井载入预压法的特点

能保证砂井的连续性，不易混入泥土使透水性减弱；砂井截面减小，可节约大量砂料；

施工速度快，工程造价低；打桩设备轻型化，更适用于软土地基。

2. 袋装砂井的直径和间距

袋装砂井的直径一般取70~100mm；砂井的间距由井径比控制，即d_e/d_w=15~20。

3. 袋装砂井的深度

应比砂井深度深500mm，露出井口埋入砂垫层中。

4. 袋装砂井的成孔设备

可使用专用的成孔设备，如EHZ-8型袋装砂井成孔设备，一次可成2个孔，也可利用传统的成孔设备。

5. 材料要求

装砂袋一般采用聚丙烯编织袋、聚乙烯编织袋、玻璃纤维袋、黄麻片、再生布等。袋装砂一般装中、细砂，砂的含泥量不大于3%。

6. 施工要点

1）先用振动、锤击或静压方式将井管沉入土中。

2）然后向井管中放入预先装好砂料的砂袋（也可将袋放入后再装砂）。

3）拔出井管，砂袋填充在井孔内形成砂井。

4）袋中所装砂料宜采用干砂，不宜采用湿砂。

5）施工中编织袋避免暴晒老化。

6）下放砂袋要仔细，防止砂袋破损漏砂。

3.5.1.3 塑料排水板载入预压法施工

塑料排水板载入预压法是将带状的塑料排水板用插板机插入软土层中，作为竖向排水体系，土中孔隙水沿排水板的沟槽上升溢出地面，加快软土的排水固结速度。

塑料排水板载入预压法

1. 塑料排水板载入预压法特点

1）塑料排水板单孔过水面积大，排水畅通。

2）质量轻、强度高、不易变形、耐久性好。

3）排水板采用机械埋设，施工效率高、速度快，可缩短地基加固周期。

4）由于采用专用机械施工，适用于大面积软弱地基工程。

5）加固效果与袋装砂井载入预压法相同，承载力可提高70%~100%，100d固结度可达80%。加固费用比袋装砂井节约10%左右。

2. 塑料排水板的构造要求

塑料排水板构造示意图如图3-6所示。塑料排水板芯板为两面有间隔沟槽的板体，两面有滤膜。地下水可通过滤膜进入沟槽内，再通过沟槽将水排出。图3-6a、b为槽形排水板，图3-6c、d为多孔排水板。槽形排水板多采用聚丙烯或聚乙烯塑料板芯。聚氯乙烯芯板质地较软，延伸率大，在土压力作用下容易变形，使用较少。多孔排水板多采用耐腐蚀的涤纶丝无纺布制作。滤膜多采用耐腐蚀的涤纶衬布。

3. 塑料排水板的施工要点

塑料排水板施工的工艺流程：①桩机定位；②将塑料排水板通过导管从管下端穿出；③塑料排水板连接桩尖，导管下端紧贴桩尖；④桩尖定位；⑤同时打入导管与塑料排水板；⑥拔出导管；⑦剪断塑料排水板。

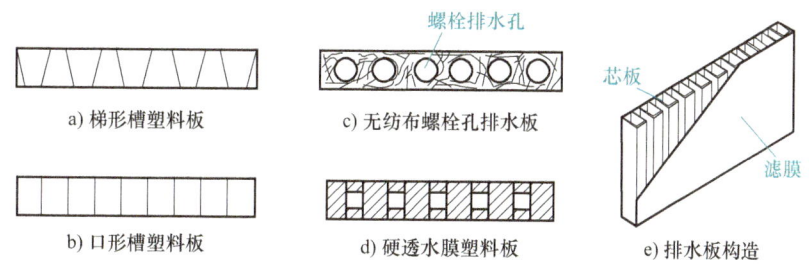

图 3-6 塑料排水板构造示意图

塑料排水板与桩尖的连接要牢固,防止拔管时脱离将塑料排水板带出。

严格控制塑料排水板布置间距和打设深度,平面井距偏差不应大于井径,竖直度偏差不应大于 1.5%。

塑料排水板需接长时,为减小板与导管的阻力,应采用滤膜内平搭接的连接方法,搭接长度应大于 200mm,以保证输水畅通和足够的搭接强度。

3.5.2 真空预压法施工

1. 概述

施工时将场地表面平整,在地面铺设一层透水性能良好的砂垫层,并在砂垫层上覆盖不透气的薄膜材料如橡皮布、塑料布、黏土膏、沥青等。然后用射流泵抽气,让透水材料中保持较高的真空度,使土体排水固结。真空预压法设备及布置示意图如图 3-7 所示。设备由袋装砂井或塑料排水板、排水管线、汇水砂垫层、不透气的薄膜以及真空装置等成套设备组成。真空预压法处理地基时需要设置排水砂井,否则地表密封膜下的真空度难以传到地基深处,从而达不到预压的效果。砂井的设置与载入预压法相同,采用细而密的井孔效果较好,宜采用中砂且其渗透系数大于 1×10^{-2} cm/s。

真空预压法

2. 真空预压法特点

1)不需要堆载,省去了加载和卸载工序,节省大量的堆载材料、能源和运输费用,同时可缩短施工工期。

2)真空法产生的负压使地基土的孔隙水加速排出,可缩短固结时间。同时由于孔隙水排出,渗流速度增大,地下水位降低,由渗流力和降低水位引起的附加应力也随之增大,提高了加固效果。

3)孔隙渗流水的流向及渗流力引起的附加应力均指向被加固土体,土体在加固过程中的侧向变形很小,真空预压可一次加足,地基不会因发生剪切破坏而失稳,可有效缩短总的排水固结时间。

4)负压可通过管路传送到任何场地,适应性强,因而真空预压法还适用于在无法堆载的倾斜地面和施工场地狭窄的工程进行地基处理。

5)所用设备和施工工艺比较简单无须大量的大型设备,便于大面积施工。

6)无噪声、无污染、无振动,可做到文明施工。

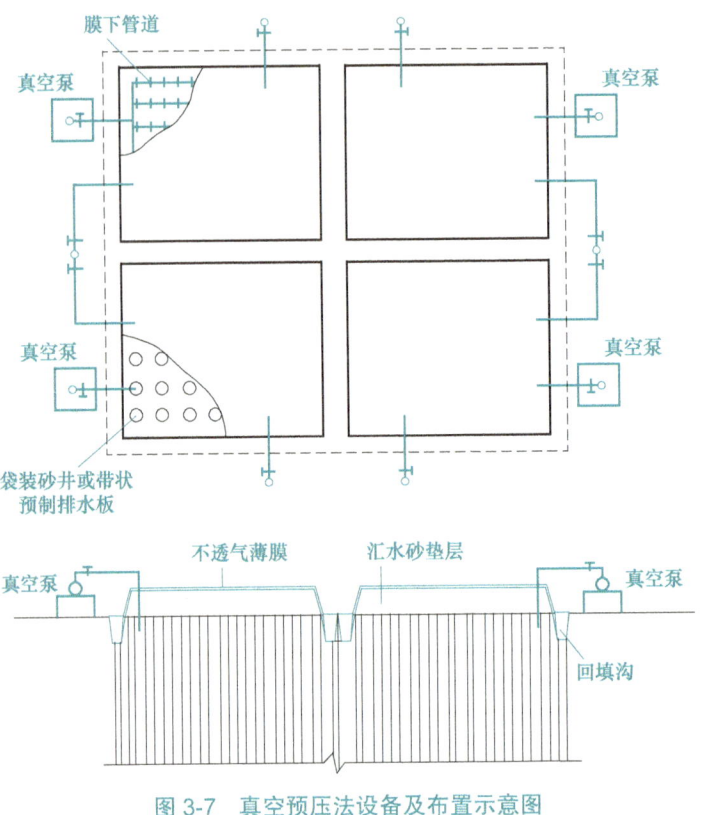

图 3-7　真空预压法设备及布置示意图

3. 真空预压法施工要点

1）真空预压法的工艺流程：①地质调查；②排水设计；③排水砂垫层施工；④打设竖向排水体系；⑤铺设密封膜；⑥安装真空泵，连接管路；⑦抽真空；⑧观测；⑨检验效果。

2）真空预压法的竖向排水体系与前面所述的砂桩、袋装砂井或塑料排水板相同。

3）真空管道连接点应严密，并应设置止回阀和截门，以免膜下真空度在停泵后很快降低。

4）真空预压的真空度可一次抽气至最大，当连续5d实测沉降量小于2mm/d 或固结度≥80%，或符合设计要求时可停止抽气。

5）在砂垫层上铺设密封膜，一般采用3层聚氯乙烯薄膜，并将膜的四周密封。膜的密封方法一般为在距离基坑2m处挖深0.8~0.9m的沟槽，将膜的周边放入沟槽内，用黏土或粉土回填压实，或采用板桩覆水封闭，要求气密性好，密封不漏气。薄膜周边密封方法如图3-8所示。

6）当预压面积较大时，宜分区预压，分区间隔距离以2~6m为佳。

7）应做好真空度、地面沉降、水平位移、孔隙水压力和地下水位的现场观测工作，掌握变化情况，作为检查和评价预压效果的依据。随时分析，如发现异常，应及时采取措施，以免影响最终加固效果。

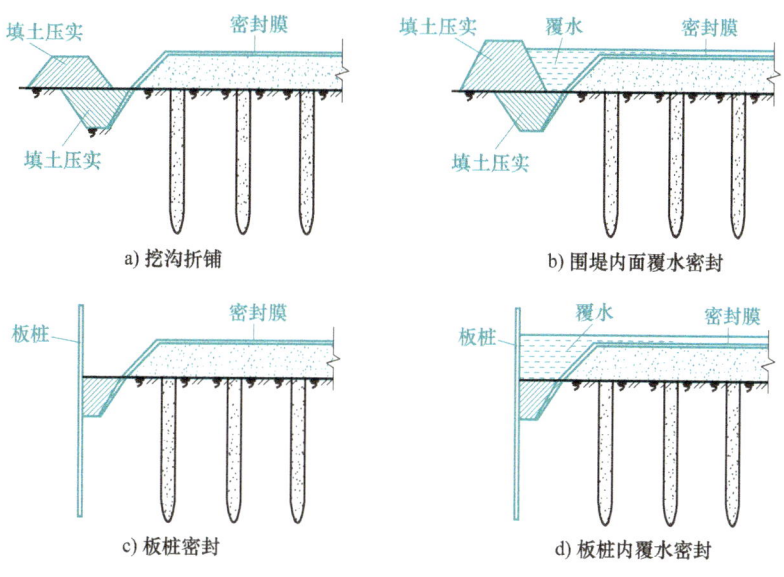

图 3-8 薄膜周边密封方法

3.5.3 质量检验标准

1）施工前应检查施工监测措施、沉降、孔隙水压力等原始数据，排水设施、砂井（包括袋装砂井）、塑料排水带等位置。

2）堆载施工中应检查堆载高度、沉降速率。真空预压施工中应检查密封膜的密封性能、真空表读数等。

3）一般工程在预压施工结束后，检查地基土的强度及要求达到的其他物理力学指标，做十字板剪切强度试验或标准贯入试验、静力触探试验即可，但对重要建筑物应做地基承载力检验。如设计有明确规定，则应按设计要求进行检验。

4）预压地基和塑料排水带质量检验标准应符合表 3-11 规定。

表 3-11 预压地基和塑料排水带质量检验标准

项目	序号	检查项目	允许偏差或允许值		检验方法
			单位	数值	
主控项目	1	预压荷载	%	≤2	用水准仪
	2	固结度（与设计要求比）	%	≤2	根据设计要求采用不同方法
	3	承载力或其他性能指针	设计要求		按规定方法
一般项目	1	沉降速率	%	±10	用水准仪
	2	砂井或塑料排水带位置	mm	±100	用钢尺量
	3	砂井或塑料排水带插入深度	mm	±200	插入时用经纬仪检查
	4	插入塑料排水带时的回带长度	mm	≤500	用钢尺量
	5	塑料排水带或砂井高出砂垫层距离	mm	≥200	用钢尺量
	6	插入塑料排水带时的回带根数	%	<5	目测

注：如真空预压，主控项目中预压荷载的检查为真空度降低值<2%。

课题3.6　化学加固法

凡将化学溶液或胶结剂通过压力灌注或搅拌混合等方式灌入土中，使土粒胶结以提高地基强度、减小沉降量的方法统称为化学加固法。这类施工方法可用于地基施工前或施工期间的地基处理，也可在建筑物投入使用后作为补强措施。根据地基土的性质以及浆液性质的不同，浆液（常用的有水泥浆液、硅酸钠浆液、丙烯酸氨浆液、纸浆浆液）注入地基的方法有高压喷射注浆法、灌浆法等。

3.6.1　高压喷射注浆法施工

高压喷射注浆法采用钻机钻孔，然后将带有特殊喷嘴的注浆管插入孔底，通过地面的高压设备，将由浆液形成的压力为20kPa左右的高压射流从喷嘴射出，冲击切割土体，使浆液和冲击下来的土体混合，待凝固后在土中形成具有一定强度的柱体，从而达到加固地基的目的。

1. 施工要点

1）检查高压设备和管路系统的压力和流量是否满足要求，注浆管和喷嘴是否通畅，不得堵塞，注浆管等接头是否严密等。

2）钻机就位要准确平稳，立轴和转盘要与孔位对正，钻机的倾斜度一般不得大于1.5%或倾角与设计偏差不大于0.5°，钻孔位置与设计位置偏差不得大于50mm。

3）在插管和喷射过程中要防止风和水的喷嘴被泥砂堵塞，插管时可用塑料薄膜包好喷嘴再插入，喷嘴如被堵塞应拔管进行清洗后再重新插入。

4）注浆时要注意设备的启动顺序，采用三管法送浆时应先空载启动空压机，运行正常后，空载启动高压水泵，同时向孔内送风送水，待到达规定值后再开启注浆泵，待浆泵泵压正常后再开始送浆。

5）施工过程中当遇情况须停止工作时，应先停止提升、回转、送浆，然后逐渐减小风量和水量，最后停机。待重新开机时顺序同前，开始喷射注浆要注意与前段的搭接长度至少为0.1m，以防固结体脱节造成断桩。

6）深层搅拌时，应先喷浆，后旋转和提升。

7）喷射注浆达到设计深度后，即可停风、停水，但继续送浆，待水泥浆从孔口内返出浆后，即可停止注浆，然后将注浆泵的吸水管放入清水箱内，抽吸定量的清水清洗，清洗后即可停泵。

8）在喷射注浆过程中应观察冒浆情况，采用单管和双管喷射注浆时，冒浆量小于注浆量20%为正常现象；若超过20%或完全不冒浆，则应查明原因并采取相应的措施。采用三管喷射注浆时，冒浆量应大于高压水的喷射量，但超过量应小于注浆量的20%。

9）注浆所用水泥浆，水胶比要按设计规定不得随意更改。禁止使用受潮或过期的水泥。在喷射注浆过程中应防止水泥浆沉淀。

10）高压喷射注浆工艺宜采用普通硅酸盐水泥，强度等级不得低于32.5MPa（根据需要可适量加入外加剂，以改善水泥浆的使用性能），水泥的用量、高压喷射压力宜通过试验确定。

11）水压比为 0.7~1.0 较妥，为确保工程质量，施工机具必须配制准确的计量仪表。

12）水胶比控制范围宜取 0.8~1.5，水胶比越小，桩的强度越高，但喷射浆液时有困难。

13）由于喷射压力较大，容易发生串浆，影响邻孔的质量，因此应采用隔桩跳打法施工，一般两孔间距大于 1.5m。

2. 质量检验标准

1）施工前应检查水泥、外掺剂等的质量，桩位，压力表、流量表的精度和灵敏度，高压喷射设备的性能等。

2）施工中应检查施工参数（压力、水泥量、提升速度、旋转速度等）及施工程序。

3）施工结束后，应检验桩体强度、平均直径、桩身中心位置、桩体质量及承载力等。

4）桩体质量及承载力检验应在施工结束后 28d 进行。质量检验的方法有开挖检查、钻孔取芯、旁压试验、标准贯入、静力触探、荷载试验、透水试验、室内试验和其他非破坏性试验等 9 种方法。高压喷射注浆地基质量检验标准应符合表 3-12 的规定。

表 3-12　高压喷射注浆地基质量检验标准

项目	序号	检查项目	允许值或允许偏差		检验方法
			单位	数值	
主控项目	1	复合地基承载力		不小于设计值	静载试验
	2	单桩承载力		不小于设计值	静载试验
	3	水泥用量		不小于设计值	查看流量表
	4	桩长		不小于设计值	测钻杆长度
	5	桩身强度		不小于设计值	28d 试块强度或钻芯法
一般项目	1	水胶比		设计值	实际用水量与水泥等胶凝材料的质量比
	2	钻孔位置	mm	≤50	用钢尺量
	3	钻孔垂直度		≤1/100	经纬仪测钻杆
	4	桩位	mm	≤0.2D	开挖后桩顶下 500mm 处用钢尺量
	5	桩径	mm	≥-50	用钢尺量
	6	桩顶标高		不小于设计值	水准测量，最上部 500mm 浮浆层及劣质桩体不计入
	7	喷射压力		设计值	检查压力表读数
	8	提升速度		设计值	测机头上升距离及时间
	9	旋转速度		设计值	现场测定
	10	褥垫层夯填度		≤0.9	水准测量

注：D 为设计桩径（mm）。

3.6.2　灌浆法施工

灌浆法是利用液压、气压或电化学的方法，通过注浆管把浆液均匀地注入地层中，浆液以充填、渗透或挤压等方式，进入土颗粒之间的孔隙中或土体的裂隙中，将原来松散的土体胶结成一个整体，形成强度高、抗渗性好、化学稳定性好的固结体。注浆地基的加固处理效果和质量指标应满足地基的防渗标准、强度和变形标准等的要求。

1. 施工要点

1）施工现场场地应预先平整，并沿钻孔位置开挖沟槽和集水坑。

2）注浆施工时，宜采用自动流量和压力记录仪，并应及时对资料进行整理分析。

3）注浆孔的孔径宜为70~110mm，竖直度偏差应小于1%。

4）压密注浆施工钻机与注浆设备就位后，采用振动法将金属注浆管压入土中。当采用钻孔法时，应从钻杆内注入封闭泥浆，然后插入孔径为50mm的金属注浆管。待封闭泥浆凝固后，捅去注浆管的活络堵头，然后提升注浆管自上而下或自下而上对地层注入水泥-砂浆液或水泥-玻璃双液快凝浆液。

5）无论是花管注浆法还是压密注浆法，为防止浆液沿管壁上冒，可加一些速凝剂或浆后间歇数小时，使加固层表面形成一层封闭层，如在地表有混凝土之类的硬壳覆盖，则可将注浆管一次压到设计深度，再自下而上分段施工。

6）封闭泥浆7d立方体试块（边长为7.07cm）的抗压强度应为0.3~0.5MPa，浆液黏度应为80~90s。

7）浆液宜用强度等级为42.5级或52.5级的普通硅酸盐水泥。

8）注浆时可掺用粉煤灰代替部分水泥，掺入量可为水泥质量的20%~50%。

9）根据工程需要，可在浆液拌制时加入速凝剂、减水剂和防析水剂。

10）注浆用水不得采用pH值小于4的酸性水和工业废水。

11）水泥浆的水胶比可取0.6~2.0，常用的水胶比为1.0。

12）当采用花管注浆和带有活络堵头的金属注浆管注浆时，每次上拔或下钻高度宜为0.5m。

13）注浆流量可取7~10L/min，对冲填型注浆，流量不宜大于20L/min。

14）浆体经过搅拌机充分搅拌均匀后才能开始压注，并应在注浆过程中不停地缓慢搅拌。搅拌时间应小于浆液初凝时间。浆液在泵送前应经过筛网过滤。

15）在日平均温度低于5℃或最低温度低于-3℃的条件下注浆时，应在施工现场采取措施，保证浆液不冻结。

16）水温不得超过35℃，并不得将盛浆桶和注浆管路在注浆体静止状态暴露于阳光下，以防止浆液凝固。

17）每段注浆的终止条件为吸浆量小于1L/min，当某段注浆量超过设计值的1.5倍时，应停止注浆，间歇数小时后再注，以防浆液扩散到加固段外。

18）为防止邻孔串浆，注浆应按跳孔间隔注浆方式进行，并宜采用先外围后内部的注浆顺序，以防浆液流失。当地下水流速较快时，应考虑浆液在水流中的迁移效应，应从水头高的一端开始注浆。

19）对渗透系数相同的土层，首先应注浆封顶，然后由下向上进行，以防止浆液上冒。如土层的渗透系数随深度而增大，则应自下而上注浆。对相邻地层，首先应对渗透性或孔隙率大的地层进行注浆。

20）对既有建筑物地基进行注浆加固时，应对既有建筑物及其邻近建筑物、地下管线和地面的沉降、倾斜、位移和裂缝进行监测，并应采取跳孔间隔注浆和缩短浆液凝固时间等措施，减小既有建筑物基础因注浆而产生的附加沉降。尤其是劈裂注浆施工，会产生超静孔隙水压力，孔隙水压力的消散使土体固结和劈裂浆体凝结，可提高土的强度和刚度，但土层的固结会引起土体的沉降和位移。因此，土体的加固效应与土体的扰动效应是同时发展的，其结果是导致土体的加固效应和某种程度土体的变形，这就是单液注浆的初期会产生地基附加沉降的原因。而跳孔间隔注浆和缩短浆液凝固时间等措施，能尽量减小既有建筑物基础因注浆而产生的附加沉降。

2. 质量检验标准

1）施工前应掌握有关技术文件（注浆点位置、浆液配比、注浆技术施工参数、检测要求等）。浆液组成材料的性能应符合设计要求，注浆设备应保持正常运转。

2）施工中应经常抽查浆液的配比及主要性能指标、注浆的顺序、注浆过程中的压力控制等。

3）施工结束后，应检查注浆体强度、承载力等。检查孔数为总量的 2%~5%，不合格率大于或等于 20% 时应进行二次注浆。检验应在注浆后 15d（砂土、黄土）或 60d（黏性土）进行。

4）注浆地基的质量检验标准应符合表 3-13 的规定。

表 3-13 注浆地基的质量检验标准

项目	序号	检查项目		允许值或允许偏差		检验方法
				单位	数值	
主控项目	1	地基承载力		不小于设计值		静载试验
	2	处理后地基土的强度		不小于设计值		原位测试
	3	变形指标		设计值		原位测试
一般项目	1	原材料检验	注浆用砂	粒径	mm	<2.5	筛析法
				细度模数		<2.0	筛析法
				含泥量	%	<3	水洗法
				有机质含量	%	<3	灼烧减量法
			注浆用黏土	塑性指数		>14	界限含水量试验
				黏粒含量	%	>25	密度计法
				含砂率	%	<5	洗砂瓶
				有机质含量	%	<3	灼烧减量法
			粉煤灰	细度模数		不粗于同时使用的水泥	筛析法
				烧失量	%	<3	灼烧减量法
			水玻璃：模数			3.0~3.3	实验室试验
			其他化学浆液			设计值	查产品合格证书或抽样送检
	2	注浆材料称量		%	±3	称重
	3	注浆孔位		mm	±50	用钢尺量
	4	注浆孔深		mm	±100	量测注浆管长度
	5	注浆压力		%	±10	检查压力表读数

课题3.7 地基的局部处理

根据勘察报告,局部存在异常的地基或经基槽检验查明的局部异常地基,均需根据实际情况、工程要求和施工条件,妥善进行局部处理。处理方法根据具体情况有所不同,但均应遵循减小地基不均匀沉降的原则,使建筑物各部位的沉降尽量趋于一致。

3.7.1 局部松土坑(填土、墓穴、淤泥等)处理

当松土坑的范围较小(在基槽范围内)时,可将坑中松软土挖除,直至坑底及坑壁均见天然土为止,然后采用与天然土压缩性相近的材料回填。例如,当天然土为砂土时,用砂或级配砂石分层夯实回填;当天然土为较密实的黏性土时,用3:7灰土分层夯实回填;当天然土为中密可塑的黏性土或新近沉积黏性土时,可用1:9或2:8灰土分层夯实回填。每层回填厚度不大于200mm。

当松土坑的范围较大(超过基槽边沿)或因各种条件限制,槽壁挖不到天然土层时,应将该范围内的基槽适当加宽,采用与天然土压缩性相近的材料回填。当用砂土或砂石回填时,基槽每边均应按1:1坡度放宽;当用1:9或2:8灰土回填时,基槽每边均应按1:2坡度放宽;当用3:7灰土回填时,如坑的长度不大于2m,则基槽可不放宽,但灰土与槽壁接触处应夯实。

松土坑在基槽内所占的长度超过5m时,将坑内软弱土挖去,如坑底土质与一般槽底土质相同,也可将此部分基础落深,做1:2踏步与两端相接(图3-9),每步高不大于0.5m,长度不小于1.0m。当深度较大时,用灰土分层回填至基槽底标高。

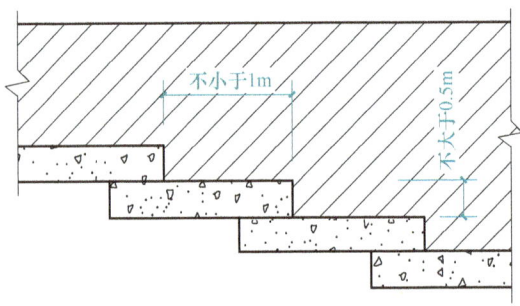

图3-9 局部基础落深示意图

对于较深的松土坑(当深度大于槽宽或大于1.5m时),槽底处理后,还应适当考虑加强上部结构的强度和刚度,以抵抗由于可能发生的不均匀沉降而引起的应力。常用的加强方法是:在灰土基础上1~2皮砖处(或混凝土基础内)、防潮层下1~2皮砖处及首层顶板处各配置3~4根、直径为8~12mm的钢筋,跨过该松土坑两端各1m。

松土坑埋藏深度很大时,也可部分挖除松土(一般深度不小于槽宽的2倍),分层夯实回填,并加强上部结构的强度和刚度;或改变基础形式,如采用梁板式跨越松土坑、桩基础穿透松土坑等方法。

当地下水位较高时,可将坑中软弱的松土挖去后,用砂土、碎石或混凝土分层回填。

3.7.2 砖井或土井的处理

当井内有水并且在基础附近时，尽可能降低水位，用中、粗砂，块石，卵石等夯填至地下水位以上 500mm。当有砖井圈时，应将砖井圈拆除至坑（槽）底以下 1m 或更多些，然后用素土或灰土分层夯实回填至基底（或地坪底）。

当枯井在室外，距基础边沿 5m 以内时，先用素土分层夯实回填至室外地坪下 1.5m 处，将井壁四周砖圈拆除或松软部分挖去，然后用素土或灰土分层夯实回填。

当枯井在基础下（条形基础 3 倍宽度或柱基 2 倍宽度范围内），先用素土分层夯实回填至基础底面下 2m 处，将井壁四周松软部分挖去，有砖井圈时，将砖井圈拆除至槽底以下 1~1.5m，然后用素土或灰土分层夯实回填至基底。当井内有水时按上述方法处理。

当井在基础转角处，基础压在井上部分不多时，除用以上方法回填处理外，还应对基础加强处理，如在上部设钢筋混凝土板跨越或采用从基础中挑梁的办法解决；当基础压在井上部分较多，用挑梁的办法较困难或不经济时，可将基础沿墙长方向向外延长出去，使延长部分落在天然土上，并使落在天然土上的基础总面积不小于井圈范围内原有基础的面积，同时在墙内适当配筋或用钢筋混凝土梁加强。

当井已淤填，但不密实时，可用大块石将下面软土挤密，再用上述方法回填处理。当井内不能夯填密实时，可在井内设灰土挤密桩或在砖井圈上加钢筋混凝土盖封口，上部再做回填处理。

3.7.3 局部软硬土的处理

当基础下局部遇基岩、旧墙基、老灰土、大块石、大树根或构筑物等时，均应尽可能挖除，采用与其他部分压缩性相近的材料分层夯实回填，以防建筑物由于局部落于较硬物上造成不均匀沉降而开裂；或将坚硬物凿去 300~500mm 深，再回填土砂混合物夯实。

当基础一部分落于基岩或硬土层上，一部分落于软弱土层上时，应将基础以下基岩或硬土层挖去 300~500mm 深，填以中、粗砂或土砂混合物做垫层，使之能调整岩土交界处地基的相对变形，避免应力集中出现裂缝；或通过加强基础和上部结构的刚度来减小地基的不均匀变形。

3.7.4 其他情况的处理

1. 橡皮土的处理

当黏性土含水量很大，趋于饱和时，碾压（夯拍）后会使地基土变成踩上去有一种颤动感觉的橡皮土。所以当发现地基土（黏土、亚黏土等）含水量趋于饱和时，要避免直接碾压（夯拍），可采用晾槽或掺石灰粉的办法降低土的含水量，有地表水时应排水，地下水位较高时应将地下水降低至基底 0.5m 以下，然后再根据具体情况选择施工方法。如果地基土已出现橡皮土，则应全部挖除，填以 3∶7 灰土、砂土或级配砂石，或插片石夯实；也可将橡皮土翻松、晾晒、风干至最优含水量范围再夯实。

2. 遇管道的处理

当管道位于基底以下时，最好拆迁或将基础局部落低，并采取防护措施，避免管道被基础压坏。当管道穿过基础墙，而基础又不允许切断时，必须在基础墙上、管道周围，特别是上部留出足够尺寸的空隙（大于房屋预估的沉降量），使建筑物产生沉降后不致引起管道的变形或损坏（图3-10）。

另外，管道应该采取防漏的措施，以免漏水浸湿地基造成不均匀沉降。特别是当地基为填土、湿陷性黄土或膨胀土时，尤其应引起重视。

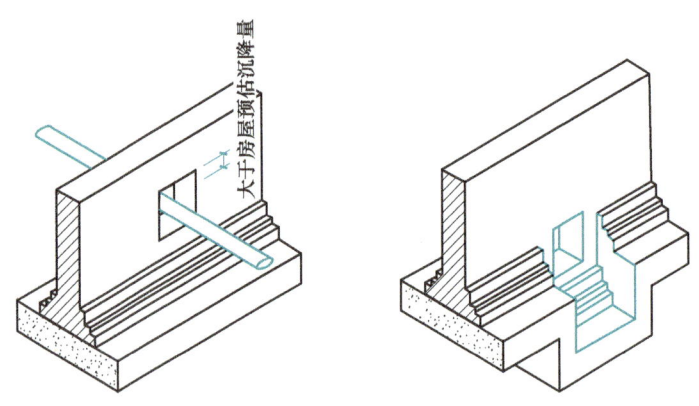

图 3-10 管道穿过基础墙处理示意图

3. 其他

如遇人防通道，一般均不应将拟建建筑物设在人防工程或人防通道上。若必须跨越人防通道，基础部分可采取跨越措施；如在地基中遇有文物、古墓、战争遗弃物等，应及时与有关部门联系，并采取适当保护和处理措施；如在地基中发现事先未标明的电缆、管道等，不应自行处理，应与主管部门共同协商解决。

课题3.8 特殊土处理

3.8.1 湿陷性黄土的处理

1. 基本特征

湿陷性黄土的颜色呈淡黄至褐黄色，颗粒成分以粉粒为主，没有层理，有肉眼可见的大孔隙（故称大孔土），含有大量的可溶盐类（碳酸钙盐类）。这种土在天然含水量状态时坚硬，具有较高的强度与较低的压缩性。遇水浸湿后可溶盐类物质溶解，土粒结构破坏，强度降低，并产生显著沉陷，这种性能称为湿陷性。在上覆土的自重压力下受水浸湿发生湿陷的湿陷性黄土称为自重湿陷性黄土；在大于上覆土的自重压力下（包括附加压力和土自重压力）受水浸湿发生湿陷的湿陷性黄土称为非自重湿陷性黄土。

湿陷性黄土的湿陷机理涉及多方面原因，其中土体欠压密理论认为湿陷性黄土一般在干旱及半干旱条件下形成，这些区域降雨量少、蒸发量大的特殊自然条件导致盐类析出，胶体凝结产生胶结力。在土湿度不是很大的情况下，上覆土层不足以克服土中形成的胶结力，形成欠压密状态，一旦受水浸湿，可溶盐类溶化，大大减弱土中的胶结力，使土粒容易发生位移而产生变形。

2. 处理方法

（1）防水措施

湿陷性黄土在天然状态下，一般强度较高、压缩性小。采用防水措施就是为了防止地基土受水浸入而湿陷，根据防水要求不同，有以下三种措施：

1) 基本防水措施：在建筑物布置、场地排水、屋面排水、地面防水、散水、排水沟、管道敷设、管道材料和接口等方面采取措施防止雨水或生产、生活用水的渗漏。

2) 检漏防水措施：在基本防水措施的基础上，对防护范围内的地下管道，增设检漏管沟和检漏井。

3) 严格防水措施：在检漏防水措施的基础上，提高防水地面、排水沟、检漏管沟和检漏井等设施的材料标准。

（2）地基处理

地基处理的目的在于破坏湿陷性黄土的大孔结构，全部或部分消除地基的湿陷性，或采用桩基础穿透全部湿陷性土层，将上部荷载传到深层压缩性较低的非湿陷性土层上。湿陷性黄土地基常用的处理方法见表 3-14。

表 3-14 湿陷性黄土地基常用的处理方法

名称		适用范围	一般可处理（或穿透基底下湿陷性土层）的厚度/m
垫层法		地下水位以上，局部或整片处理	1~3
夯实法	强夯	s_r<60% 的湿陷性黄土，局部或整片处理	3~6
	重夯		1~2
挤密法		地下水位以上，局部或整片处理	5~15
桩基础		基础荷载大，有可靠的持力层	≤30
预浸		Ⅲ、Ⅳ级自重湿陷性黄土场地，6m 以上尚应采用垫层等方法处理	可清除地面下 6m 以上全部土层的湿陷性
单液硅化或碱液加固法		一般用于加固地下水位以上的已有建筑物地基	不大于 10m，单液硅化加固的最大深度可达 20m

3.8.2 膨胀土的处理

1. 基本特征

膨胀土是指土中黏粒成分主要由亲水性矿物组成，具有显著的吸水膨胀和失水收缩两种变形特性的黏性土。遇水时土体膨胀隆起（一般自由膨胀率在 40% 以上），产生很大的上抬力，使房屋上升（可高达 10cm）；失水时土体收缩下沉。这种反复不断产生的不均匀上抬和下沉，使建筑物产生不均匀的升降运动而造成裂缝、位移、倾斜，甚至倒塌破坏。

2. 处理方法

1) 膨胀土地基处理可采用换土、砂石垫层、土性改良等方法。处理方法应根据土的胀缩等级、地方材料及施工工艺等进行综合技术经济比较确定。

2）换土可采用非膨胀性土或灰土，换土厚度可通过变形计算确定。

3）平坦场地上一、二级膨胀土的地基处理，宜采用砂、碎石垫层。垫层厚度不应小于300mm，垫层宽度应大于基底宽度，两侧宜采用与垫层相同的材料回填，并做好防水处理。

4）采用桩基础时，桩尖应进入非膨胀土层，承台下应留有足够空隙，其值应大于土层进水后的最大膨胀量，且不小于100mm，承台两侧应采取措施，防止空隙堵塞。

3.8.3 冻土的处理

1. 基本特征

冻土是指具有负温或零温度并含有冰的土。在寒冷地区，当温度小于或等于0℃时，含有水的土，其孔隙中水结成冰，使土体积产生膨胀。当气温升高时，冰融化后体积缩小而下沉。冻胀、融化深浅不一，导致建筑物不均匀下沉，造成裂缝、倾斜，甚至倒塌破坏。这种冻胀融沉与土的颗粒大小和含水量有关，土颗粒越粗，含水量越小，冻胀融沉就越小（如砂类土基本不冻胀），反之就越大。冻土按冻结状态又分为季节性冻土和永冻土两类，前者有周期性的冻结融化过程，后者冻结状态持续多年或永久不融。

2. 处理方法

1）地基宜选在干燥较平缓的高阶地上，或地下水位低、土冻胀性较小的建筑场地上。尽量避开地下水发育地段（如有地面水流、地形低、易积水处）。

2）基础宜深埋于季节影响层以下的永冻土或不冻胀土层上。当基础底面之下有一定厚度的冻土层时，其最小埋深应符合《建筑地基基础设计规范》(GB 50007—2011)的有关规定。

3）采取基础或砂垫层等措施，尽量减少冻胀融沉的不均匀变形。

4）水是冻胀祸根，又是融化热源。在施工和使用期间应做好建筑物的散水、排水、截水设施，防止雨水、地表水、生产废水和生活污水浸入地基。

5）基础梁下有冻胀性土时，应在梁下填以炉渣等松散材料，以防止因土冻胀将基础梁拱裂。室外台阶、散水宜与主体结构断开，散水坡下宜填以非冻胀性材料。

实 训 课 题

一、编写地基处理施工方案

1. 基本要求

1）必须结合本地区、本工程的特点，施工现场的周围环境，工程地质，水文情况，针对性要强，具有可操作性，能确实起到组织、指导施工的作用。

2）要很好地了解所采用地基处理方法的原理、技术标准和质量要求，在若干个初步方案的基础上进行认真分析比较，力求制定出一个最经济、最合理的施工方案。

3）应着重研究地基处理工程的施工顺序、施工方法和施工机械的选择、主要技术组织措施等。既要符合国家、地区的有关规范、标准以及企业标准，又要符合单位工程施工组织设计和施工工艺的要求，相互间协调一致。

2. 基本内容

1）编制依据。
2）工程概况。
3）施工准备（包括场地条件、施工机械及配套设备选择、项目部管理人员及劳动力配备、材料供应计划、测量控制及质量检验设置等）。
4）地基处理的施工顺序、施工工艺、操作要点、施工注意事项、进度安排等。
5）施工质量、工期、安全、文明施工、环境保护等保证措施。

二、案例

××花园1号住宅楼地基处理施工方案（节选）如下。

1. 编制依据

1）××花园1号住宅楼总平面图。
2）××花园1号住宅楼单位工程施工组织设计。
3）××花园1号住宅楼岩土工程勘察报告。
4）××花园1号住宅楼地基处理设计。
5）有关规范、标准（略）。

2. 工程概况

（1）工程简介

××房地产开发有限公司拟建××花园1号住宅楼，位于××市××路以东，××街以北，紧临××街。框架剪力墙结构，平面呈矩形，筏形基础，基础埋深5m。地基处理采用CFG桩（水泥粉煤灰碎石桩）复合地基，桩径400mm，桩长11.5m，有效桩长11.0m，桩距1.2m，呈正方形布置，总桩数920根。

（2）工程地质概况

略。

（3）设计要求

强度：CFG桩体强度等级C15。
水泥：42.5级普通硅酸盐水泥。
碎石：粒径20~50mm。
石屑：粒径2.5~10mm。
粉煤灰：××电厂A级产品。
坍落度：（180±20）mm。
要求复合地基承载力特征值不小于320kN/m^2，单桩承载力标准值不小于350kN。

3. 施工准备

（1）场地准备

机械进场后，立即按施工平面图（见单位工程施工组织设计施工布置示意图）进行道路的规划压实、场地平整、搭设水泥台、修建临时设施等工作。打桩施工面标高根据设计图纸而定，为保证桩体的垂直度，施工基坑面应尽量保持平整。

（2）施工机具准备

主要施工机具配备见表3-15。

表 3-15　主要施工机具配备表

设备名称		规格型号	数量	产地	额定功率
装载机		ZL50	1台	厦门	
长螺旋钻机		SZKL600BB	1台	郑州	90kW
混凝土搅拌机		JS500	1台	山东	22kW
混凝土输送泵		HBT-40	1台	山东	60kW
小推车		0.12m³	8辆		
电焊机			2台	山东	45kW
磅秤			1台		
测量设备及仪器	经纬仪	北京 DJ2	1台	北京	
	水准仪	北京 DS240	1台	北京	

（3）电源准备

总用电量按150kW配备，现场配备一个总配电箱。

（4）施工用水准备

按生产用水和生活用水配备，日用水量50t。

（5）人员配备

项目部管理人员配备见表3-16。

表 3-16　项目部管理人员配备表

岗位	人数/人	岗位	人数/人
项目经理	1	质检、安全员	1
技术负责人	1	施工员	1
技术员	1		
合计		5	

主要施工人员配备见表3-17。

表 3-17　主要施工人员配备表

岗位	单班人数/人	班制	合计人数/人
前台指挥	1	2	2
混凝土输送泵操作员	1	2	2
搅拌机司机	1	2	2
钻机司机	1	2	2
后台上料人员	8	2	16
前台操作人员	3	2	6
记录员	1	2	2
总计			32

（6）材料准备

材料堆放场地地面做适当硬化处理，施工所需石子、水泥、石屑、粉煤灰等材料按总体规划布置堆放，水泥堆放场地要做防水、防潮处理。水泥、外加剂等必须有出厂合格证，各种材料现场取样，经实验室化验合格后，方可报验监理使用。

（7）CFG 桩体材料配合比试验

正式开工前必须有实验室经现场材料试验后确定的配合比通知单，施工时严格执行。

（8）测量控制网的设置

打桩前应在施工区桩位平面外建立矩形控制网。基坑全长 65m，矩形控制网设 6 个定位点。定位点控制桩用混凝土浇筑，埋设深度不小于 50cm，埋设高度高出施工场地 10cm，每个定位点均编号，并设立明显的保护装置和标志。定位点复测检查无误后，呈交甲方及监理，审查认可签字后，方可进行下一步测量放线工作。

（9）打桩施工作业面的准备

1）设置磅秤：选择合适的场地，安装磅秤，供原材料称量使用。

2）设置混凝土搅拌站：安装搅拌机，并在搅拌机旁砌筑储水罐。

3）安装混凝土输送泵：挖砌低于搅拌机作业面的地坑一个，并将坑底用水泥抹光，安装混凝土输送泵。

4）安装混凝土输送系统：连接混凝土输送泵与水平输送钢管，并将钢管与垂直输送系统高压橡胶管连接，最后将高压橡胶管与钻杆弯管连接，各连接部位要安全、密封。

4．CFG 桩施工工艺

（1）试桩

先打试桩，不跳打，若发现串桩，再施行跳打法（隔桩），如果还出现串桩现象，再隔排隔桩跳打。

（2）施工工序

施工工序框图如图 3-11 所示。

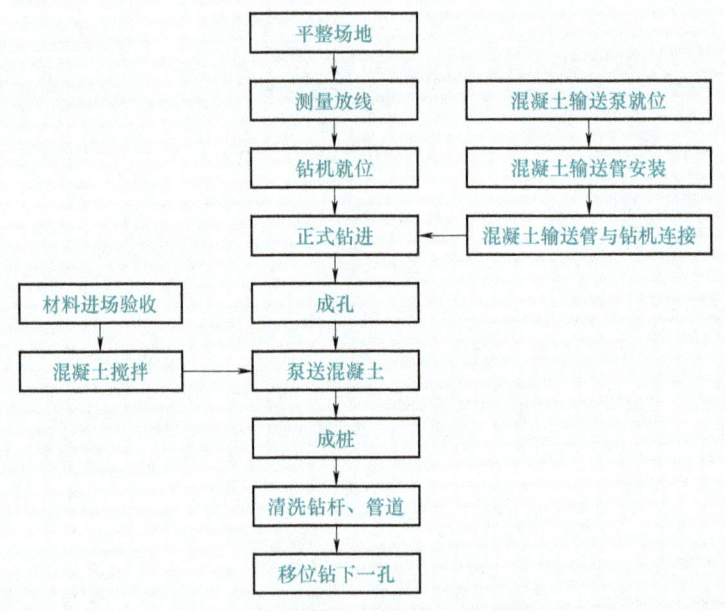

图 3-11　CFG 桩施工工序框图

(3) 主要施工工艺

1) 钻机就位。钻头对准桩位后,调整钻杆垂直度,封闭钻头上的楔形出料活门。

2) 正式钻进启动电机,钻杆旋转钻进至设计桩底标高,停止钻进,继续旋转 30s,关闭电机,清理钻孔周围出土。

3) 泵送混凝土→成桩→清洗钻杆、管道。向输送管注入混凝土,冲击钻尖楔形活门打开,边压灌混凝土桩体材料边提升钻杆至桩顶标高,停泵清洗。

4) 移位钻下一孔。钻机移位,进行下一根桩的施工(若施工中断时间较长,则通过钻杆顶部弯管的注水阀门向钻杆内注入高压清水,清洗钻杆内孔及钻头)。

(4) 施工操作要点

1) 桩机就位必须铺垫平稳,立柱垂直稳定牢固,钻头对准桩位。

2) 开钻前必须检查钻头上的楔形出料活门是否闭合,严禁开口钻进。

3) 钻进过程中,未达设计标高不得反转或提升钻杆,否则应将钻杆提升到地面,清洗、疏通、闭合钻头活门后再进行施工。

4) 桩体混凝土制作,坍落度控制在 (180±20) mm。

5) 开始钻进或穿过软硬土层交界处时,应保持钻杆垂直,缓慢进入;在含有砖头、瓦块的杂填土或含水量较大的黏性土层中钻进时,应尽量减少钻杆晃动,以免扩大孔径。

6) 钻进时应注意观察电流值变化,保证电机在正常工作状态。

7) 压力灌注之前,应先开动混凝土输送泵,提前将拌和好的混凝土充满整个输送管道,并储满输送泵料斗。

8) 压力灌注与钻杆提升配合要恰到好处,若钻杆提升快,则将使孔底产生负压,饱和土涌入产生沉渣;若钻杆提升慢,则将造成活门难以打开,致使泵压过大,憋破胶管。一般当听到空心钻杆中有混凝土落声时提升钻杆为宜。

9) 压力灌注应连续进行，料斗内要有一定的混凝土容量，一般应高出进料口50mm以上，以防吸进空气造成堵管。否则应及时通知钻机停止提升钻杆，待混凝土补足后再进行压力灌注、提钻。

10) 钻进过程中，指挥人员与操作人员应密切注意钻进情况，如遇卡钻、钻杆剧烈抖动、钻杆偏斜等异常情况，应立即停钻，查明原因，采取相应措施后方可继续作业。

11) 为保证有足够的工作面及提高成桩质量，钻出的泥土要分批清运，必要时随钻随清。

12) 钻机与混凝土输送泵之间的距离一般在60m以内为宜，尽量减少变道。

（5）施工注意事项

1) 钻机进场后，应根据桩长安装钻塔及钻杆，钻杆的连接应牢固，每施工2~3根桩后，应对钻杆连接处进行紧固。

2) 钻机定位后，进行预检，钻尖与桩点偏移不得大于1cm，刚接触地面时，下钻速度要慢。钻进速度应根据土层情况确定，施工前应根据试桩结果进行调整。

3) 混凝土搅拌时间不少于2min，以保证混凝土的和易性。

4) 进入砂土层后，应尽量避免扰动砂层，以防提升和输送混凝土过程中塌孔和堵管。

5) 为保证桩的充盈系数，需精确计算泵送混凝土的流量，钻头提升速度要与混凝土流量相匹配，确保钻头始终在混凝土中，为此要注意钻机司机与混凝土输送泵操作员之间的协调配合，步调一致。

6) 钻出的土方，应随钻随清。钻至设计标高时，应将钻杆定位器打开，以便清除钻杆周围土方。

7) 混凝土输送泵管应尽可能保持水平，长距离泵送时，应用垫木垫实。当泵管需向下倾斜时，角度应不大于40°。

8) 成桩施工各工序应连续进行。长时间停置时，应用清水将钻杆、泵管、地泵清洗干净。

5. 施工质量保证措施

1) 桩位准确。专业测量人员施测，在技术负责人监督下准确布置桩位，钻机就位偏差不大于2cm。

2) 钻机垂直度。利用双向悬挂重球法调整钻机垂直度，线锤量距时偏差控制在3mm以内。

3) 确保桩体规格。利用钻杆标识控制桩深，误差小于100mm；每台班检查一次钻头尺寸，桩径偏差小于20mm。

4) 混凝土配合比合理，搅拌均匀。严格按照设计配合比下料，以50kg水泥为单位，用磅秤称取石子、石屑、粉煤灰、外加剂的掺入量，用水量以搅拌机上的时间继电器控制。上料顺序为石子、粉煤灰、水泥、石屑，搅拌时间应大于2min，坍落度控制在（180±20）mm。

5) 确保桩体质量。保证混凝土用量与泵送压力、提钻速度与桩体材料的输送量相匹配。如遇特殊情况停钻，复工后确保钻头复钻进停钻标高以下50cm，再送混凝土并提升钻杆成桩。

6）施工原始记录准确。专人记录，图上标识，符合规范要求。每台班施工结束后，及时向技术负责人和监理报验并签字。

7）质检员要对成桩的每一道工序认真进行复核；材料员要严把质量关，进场材料每批做试验一次，并会同监理取样认证，不合格材料禁止进场；试验员要随时检查混凝土配合比情况，发现问题及时纠正，按规定制作试块并养护。

8）施工质量问题预防及处理措施（略）。

6. 进度安排

施工准备3d，开工后24h连续作业，每台班计划完成25根桩，每天完成50根，计划有效工期20d。

7. 安全施工保证措施

略。

8. 现场文明施工措施

略。

复习思考题

1. 地基处理的目的是什么？有哪些基本方法？
2. 地基局部处理应遵循的基本原则是什么？
3. 何谓橡皮土？如基坑出现橡皮土，如何处理？
4. 试述换填垫层法的处理原理、适用范围。
5. 何谓复合地基？挤密桩法加固地基的原理是什么？
6. 振冲法加固地基的原理是什么？
7. 湿陷性黄土的主要特征是什么？黄土产生湿陷的原因是什么？
8. 何谓膨胀土？对建筑物有哪些危害？有哪些处理方法？

单元4
基础工程施工

知识要点：

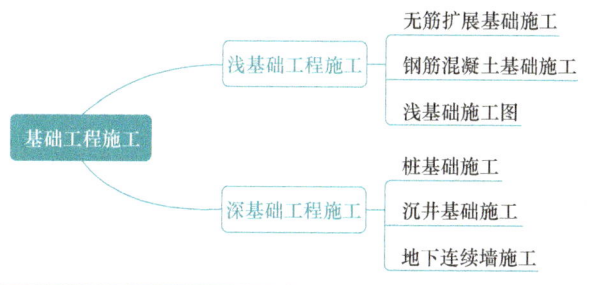

学习目标：

通过本单元的学习，学生应达到以下要求：
1. 熟悉浅基础的类型、受力特点及构造；熟练识读浅基础施工图。
2. 能正确应用基础施工的一般技术，编写一般基础施工技术交底资料。
3. 熟悉桩基础的类型、受力特点及构造；能正确采用常见桩基础施工的一般技术；能正确选择施工机械设备。
4. 发挥主体作用，通过角色扮演，熟悉各岗位人员的工作内容，增强参与感，增强学习的主动性和岗位工作的责任感。

课前导学：

万丈高楼平地起。工程施工中，基础工程的作用至关重要。请自行查阅资料，学习2018年国家科学技术进步奖一等奖获得者龚晓南院士的故事，我们可以领悟到大师们开创性解决工程实际问题的智慧，促使我们学习大师们不畏艰辛、追求卓越的精神，进而充分认识基础施工过程中的责任意识、敬业精神、科学精神的重要性。作为学生，我们应能根据工程的具体情况实事求是地选用适合的施工方法，做到因地制宜、因时制宜。

课题4.1 浅基础工程施工

在工程实践中,通常将基础分为浅基础和深基础两大类,但尚无准确的区分界限,目前主要按基础埋置深度和施工方法不同来划分。一般埋置深度在 5m 以内,且能用一般方法和设备施工的基础属于浅基础,如条形基础、独立基础等;需要埋置在较深的土层内,采用特殊方法和设备施工的基础则属于深基础,如桩基础等。浅基础技术简单,施工方便,不需要复杂的施工设备,可以缩短工期、降低工程造价。因此在保证建筑物安全和正常使用的前提下,应优先采用天然地基上的浅基础设计方案。

浅基础可以按使用的材料和结构形式分类,分类的目的是为了更好地了解各种类型基础的特点及适用范围。按使用的材料可分为砖基础、毛石基础、混凝土基础、毛石混凝土基础、灰土与三合土基础、钢筋混凝土基础等;按结构形式可分为无筋扩展基础、扩展基础、柱下条形基础、柱下十字形基础、筏形基础、箱形基础等。

地基基础对整个建筑物的安全、使用、工程量、造价及工期的影响很大,并且属于地下隐蔽工程,一旦失事,难以补救,因此在设计和施工时应当引起高度重视。

4.1.1 无筋扩展基础施工

无筋扩展基础系指由砖、毛石、混凝土或毛石混凝土、灰土或三合土等材料组成的,且不需配置钢筋的墙下条形基础或柱下独立基础。这些基础具有就地取材、价格较低、施工方便等优点,广泛适用于层数不多的民用建筑和轻型厂房。

无筋扩展基础

无筋扩展基础所用材料有一个共同的特点,就是材料的抗压强度较高,而抗拉、抗弯、抗剪强度较低。在地基反力作用下,基础下部的扩大部分像倒置的悬臂梁一样向上弯曲,如悬臂过长,则易发生弯曲破坏。如图 4-1 所示,墙(柱)传来的压力沿一定角度扩散,若基础的底面宽度在压力扩散范围以内,则基础只受压力;若基础的底面宽度大于扩散范围 b_1,则 b_1 范围以外部分会被拉裂、剪断而不起作用。因此需要用台阶宽高比的允许值(表4-1)来限制其悬臂长度。

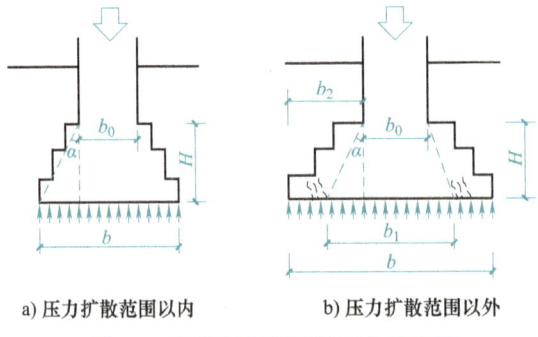

a) 压力扩散范围以内   b) 压力扩散范围以外

图 4-1 无筋扩展基础的受力示意图

表 4-1　无筋扩展基础台阶宽高比的允许值

基础材料	质量要求	台阶宽高比的允许值		
		$P_k \leq 100$	$100 < P_k \leq 200$	$200 < P_k \leq 300$
混凝土基础	C15 混凝土	1∶1.00	1∶1.00	1∶1.25
毛石混凝土基础	C15 混凝土	1∶1.00	1∶1.25	1∶1.50
砖基础	砖不低于 MU10、砂浆不低于 M5	1∶1.50	1∶1.50	1∶1.50
毛石基础	砂浆不低于 M5	1∶1.25	1∶1.50	—
灰土基础	体积比为 3∶7 或 2∶8 的灰土，其最小干密度： 粉土 1.55t/m³ 粉质黏土 1.50t/m³ 黏土 1.45t/m³	1∶1.25	1∶1.50	
三合土基础	体积比 1∶2∶4~1∶3∶6（石灰∶砂∶骨料），每层约虚铺 220mm，夯至 150mm	1∶1.50	1∶2.00	—

注：1. P_k 为荷载效应标准组合时基础底面处的平均压力值（kPa）。
2. 阶梯形毛石基础的每阶伸出宽度，不宜大于 200mm。
3. 当基础由不同材料叠合组成时，应对接触部分做抗压验算。
4. 单侧扩展范围内基础底面处的平均压力值超过 300kPa 的混凝土基础，尚应进行抗剪验算。

无筋扩展基础设计时应先确定基础埋置深度；按地基承载力条件计算基础底面宽度；然后再根据基础所用材料，按宽高比允许值确定基础台阶的宽度与高度；从基底开始向上逐步收小尺寸，并使基础顶面至少低于室外地面 0.1m。否则应重新设计。

1. 砖基础施工

砖基础通常采用烧结普通实心黏土砖砌筑，主要由基础垫层、大放脚、基础墙和防潮层组成。截面形式为阶梯形，大放脚每阶挑出 1/4 砖长，具有能就地取材、价格低廉、施工简便等特点，是常用的基础形式。适用于六层以下的低层民用和工业建筑。

（1）构造要求

砖基础构造详图如图 4-2 所示。砖基础习惯上采用大放脚，砌筑在基础垫层上，砌筑方法有二一间隔法和两皮一收法。砌筑时从底部先砌两皮砖，缩进 1/4 砖，然后砌一皮砖，再缩进 1/4 砖，再砌两皮砖，如此反复砌筑至基础墙，此法为二一间隔法，如图 4-2a 所示。砌筑时每两皮砖缩进 1/4 砖，反复砌筑，称为两皮一收法，如图 4-2b 所示。采用这两种方法砌筑应满足刚性角的要求（1∶1.5）。特别注意，大放脚最下面的一阶，必须为两皮砖。

砖基础的垫层可采用混凝土，一般要求从基础的边缘向外挑出 100mm，其厚度一般为 70~100mm。

基础大放脚顶面，距室外地坪应保证具有一定的距离，不宜小于 100mm。

基础防潮层应设置在室内地坪以下，可用 1∶2 的水泥砂浆掺防潮粉抹 30mm 厚，也可采用 60mm 厚细石混凝土浇筑，并应符合设计要求。

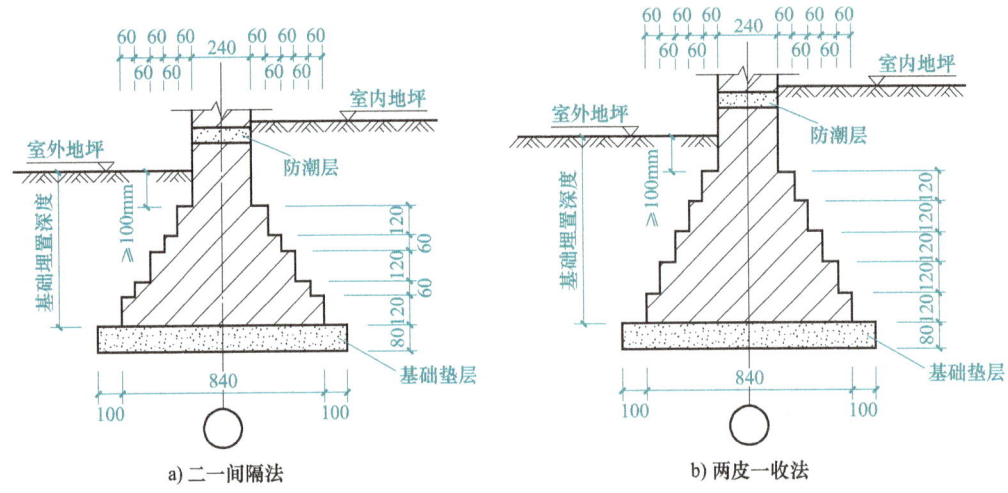

图 4-2 砖基础构造详图
a) 二一间隔法　　b) 两皮一收法

（2）材料要求

1）基础埋于地下，经常处于潮湿状态，易腐蚀，必须保证基础材料具有足够的强度和耐久性。根据地基的潮湿程度和水文地质条件，基础所用材料的最低强度等级应满足表 4-2 的要求。

表 4-2　基础用料砖、石材、水泥砂浆的最低强度等级

地基土的潮湿程度	砖		石材	水泥砂浆
	严寒地区	一般地区		
稍潮湿的	MU10	MU10	MU20	M5
很潮湿的	MU15	MU10	MU20	M5
含水饱和的	MU20	MU15	MU30	M7.5

注：1. 石材的重度不低于 $18kN/m^2$。
　　2. 地面以下或防潮层以下的砌体不应采用空心砖、硅酸盐砖或硅酸盐砌块。

2）在砌筑基础前，砖应提前浇水湿润，含水量应控制在 10%~15%。

3）砌筑砂浆的强度应符合设计要求，并满足表 4-2 的要求，稠度宜控制在 7~10cm。

（3）施工要点

1）施工工艺顺序：①基础垫层施工；②基础弹线；③砌筑大放脚、基础墙；④回填土；⑤防潮层。

2）基础施工前首先应进行验槽工作，可采用轻便触探的方法，并做好锤击数记录以备验收。将基槽底部清理好，铺设垫层。

3）基础施工应在基础垫层上放线，放线后检查无误，在垫层上先用干砖排放砖的错缝位置，使砌体符合砌筑要求，为控制砌筑标高，应先在转角处及高低角接处立好皮数杆，如图 4-3 所示。

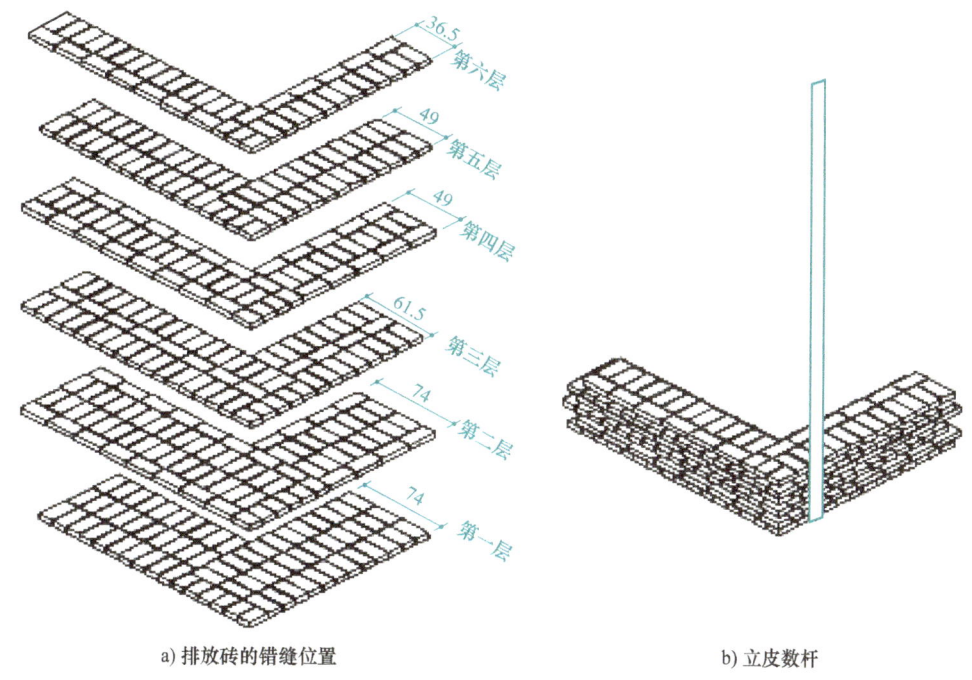

图 4-3 砖基础施工
a) 排放砖的错缝位置　　b) 立皮数杆

4）砌筑时应先按皮数杆挂好线，铺底灰，宜采用一顺一丁组砌方式，并采用三、一砌法砌筑，必须做到上下错缝。内外搭接不允许出现连续的竖直缝，上下错层的压缝长度不小于 1/4 砖长，并要求砂浆饱满，厚薄均匀，饱满度不小于 80%。不游丁走缝，竖缝要对直，横缝要水平，灰缝的宽度宜控制在 10mm 左右。

5）基础的转角处应放七分头砖，应分层错开排放，竖缝不能形成直缝，基础的最底层与最顶层砖的排放宜摆放丁砖，如图 4-3 所示。

6）基础的转角处、内外墙交界处应同时砌筑，当因特殊情况不能同时砌筑时，应按构造要求预留斜槎，斜槎的长度不应小于高度的 2/3。

7）基底标高不同时，应从低处砌起，并应由高处向低处搭砌。当设计无要求时，搭接长度不应小于基础扩大部分的高度。

8）砖基础中如有洞口、管道、沟槽等，应在砌筑时按位置预留，宽度超过 300mm 的洞口应在上面加放过梁或砌筑平拱。

9）当砌筑至防潮层时，应用水准仪抄平，以控制基础的标高。

10）基础工程属于隐蔽工程，施工中应做好隐蔽工程质量记录，以备分项工程质量验收。

（4）施工注意事项

1）轴线偏移：为防止砌筑基础大放脚两侧收缩不均匀，从而造成上部墙体轴线偏移，应在基础收缩时拉线核对，经常进行调整。拉线时应利用龙门架、中心桩定位，龙门架、中心桩之间不宜堆土和放料。

2）基础偏斜、标高偏差：基础砌筑时控制标高的主要工具就是皮数杆，皮数杆可直接夹砌在基础中心桩位置，与水准仪配合使用。砌筑宽大基础大放脚时宜采用双面挂线，以免基础顶面偏斜。

3）基础防潮层的做法：基础防潮层的做法应按设计要求完成。当采用水泥砂浆时，应掺入3%的防潮粉，铺抹厚度不宜小于30mm，要保证灰浆的配比强度，不能使用剩灰剩浆。防潮层施工宜安排在基础回填后进行，以免回填土时毁坏防潮层，施工时应尽量不留施工缝，施工后应进行养护。

2．毛石基础施工

毛石基础采用强度较高未风化的毛石与具有一定强度的水泥砂浆砌筑而成。

（1）构造与材料要求

1）构造要求：毛石基础的构造详图如图4-4所示。

毛石基础的截面形式一般为台阶形，基础顶面距砖脚（或柱脚）的尺寸不宜小于100mm，台阶的高度一般为300~400mm，每阶台阶宜采用2~3层毛石砌筑，应满足刚性角的要求。

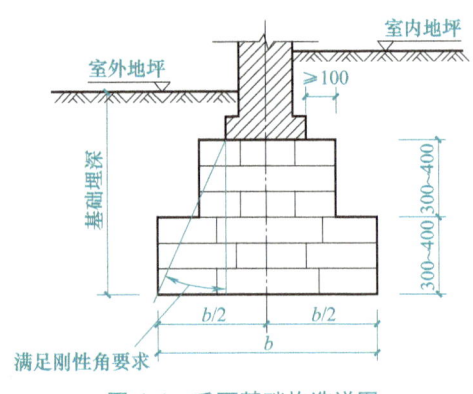

图4-4 毛石基础构造详图

2）材料要求：毛石基础由石材和砂浆砌筑而成，毛石基础能否满足设计要求，石材和砂浆的强度等级起决定性作用，因此石材及砂浆强度等级必须符合设计要求，毛石和砂浆材料最低强度等级应符合表4-2的要求。

（2）施工要点

1）施工工艺顺序：①基础垫层施工；②基础放线；③砌筑大放脚、基础墙；④回填土；⑤防潮层。

2）基础施工前首先应进行验槽工作，可采用轻便触探的方法，并做好锤击数记录以备验收。将基槽底部清理好，铺设垫层。

3）在基础垫层上放好基础大样线，立好皮数杆，皮数杆上主要标注台阶的收缩高度，以控制基础的标高。

4）砌筑方法应采用坐浆法。石块在砌筑前应将表面的泥垢、水锈等杂质清洗干净，砌体砌筑后要养护。

5）砌筑时应拉线砌筑，先铺底灰，最下一层和最上一层石材宜使用较大的块石，由于毛石的形状不规整，因此砌筑时要选择表面平整的毛石，第一皮块石应大面朝下，坐浆丁砌。

6）毛料石和粗料石砌体的灰缝厚度不宜大于20mm，砂浆应饱满。石块间的较大缝隙应先填砂浆后用小石块嵌实，不得先填石块后灌砂浆。

7）石砌体的组砌形式应符合内外搭砌、上下错缝，拉结石、丁砌石交错设置，不得使用外表砌石内部填芯的砌筑方法。

8）砂浆初凝后，如果再移动已砌筑的石块，则应将原砂浆清理干净，重新铺浆砌筑。

9）每砌完一层，检查校对中心线、砌体的高差、砌体有无偏斜现象。

（3）施工注意事项

1）砌筑通缝：砌筑时发现通缝应拆除重砌，挑选石块应根据砌筑的部位，注意石块的前后、左右、上下交错缝隙，不得出现直缝。

2）里外两层皮：砌筑毛石墙拉结石每 0.7m² 墙面不应少于一块，宜间隔 1.5m 砌筑一块拉结石，且上下皮错开形成梅花形，当墙体厚度大于 400mm 时，宜用两块拉结石内外搭接，搭接长度不小于 150mm，且应大于墙厚的 2/3，以防止出现砌体里外两层皮现象。

注意大小石块的搭配使用，前后石块有搭接，接砌缝要错开，排石要稳固，避免平面处出现十字缝。

3. 灰土与三合土基础施工

灰土基础使用消化后的熟石灰与黏性土按体积比 3:7 或 2:8 配置。在适宜的湿度条件下将灰土搅拌均匀，分层铺设夯实，上部砌筑大放脚。灰土基础适用于地下水位较低的 5 层及 5 层以下的混合结构房屋和墙承重的轻型工业厂房工程。

三合土基础是用石灰、砂、碎砖或碎石，按体积比 1:2:4~1:3:6 配置，加适量的水搅拌均匀，分层填铺并夯实，上部砌筑砖大放脚。三合土基础一般适用于地下水位较低的 4 层及 4 层以下的民用建筑。

（1）构造与材料要求

1）构造要求：灰土与三合土基础构造详图如图 4-5 所示。两者构造相似，只是填料不同。

2）材料要求：土料宜采用不含松软杂质的粉质黏性土及塑性指数大于 4 的粉土。对土料应过筛，其粒径不得大于 15mm。土中的有机质含量不得大于 5%。

灰土用的熟石灰应在使用前一天将生石灰浇水消解，熟石灰中不得含有未熟化的生石灰块和过多的水分，生石灰消解 3~4d 筛除生石灰块后使用。过筛粒径不得大于 5mm。

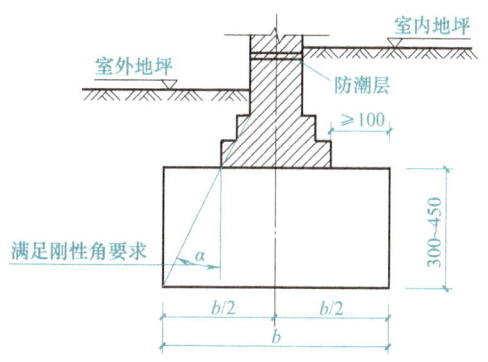

图 4-5 灰土与三合土基础构造详图

三合土基础材料宜采用消石灰、砂、碎砖或碎石配置。砂宜采用中、粗砂和泥砂，砖应粉碎，其粒径为 20~60mm。

（2）施工要点

1）施工工艺顺序：①清理槽底；②分层回填灰土并夯实；③基础放线；④砌筑放脚、基础墙；⑤回填房心土；⑥防潮层。

2）施工前应先验槽，清除松土，如有积水、淤泥应清除晾干，槽底要求平整干净。

3）拌和灰土时，应根据气温和土料的湿度搅拌均匀，灰土的颜色应一致，含水量宜控制在最优含水量 ±2% 的范围（最优含水量可通过室内击实试验求得，一般为 14%~18%）。

4）填料时应分层回填，其厚度宜为 200~300mm，夯实机具可根据工程大小和现场机具条件确定，夯实遍数一般不少于 4 遍。

5）灰土上下相邻土层接槎应错开，其间距不应小于 500mm。接槎不得在墙角、柱墩等部位，在接槎 500mm 范围内应增加夯实遍数。

6）基础底面标高不同时，土面应挖成阶梯或斜坡搭接，按先深后浅的顺序施工，搭接处应夯压密实。分层分段铺设时，接头应做成斜坡或阶梯形搭接，每层错开 0.5~1.0m，并应夯压密实。

7）当日铺填的灰土当日压实，且压实后 3d 内不得受水浸泡。

8）雨期施工时，应适当采取防雨、排水措施，保证在无水状态下施工。

9）冬期施工，必须在基层不受冻的状态下进行，应采取有效的防冻措施。

4．混凝土基础与毛石混凝土基础施工

（1）构造与材料要求

1）构造要求：毛石混凝土基础与混凝土基础的构造相同，如图 4-6 所示。当基础体积较大时，为了节约混凝土的用量，降低造价，可掺入一些毛石，掺入量不宜超过 30%，形成毛石混凝土基础。

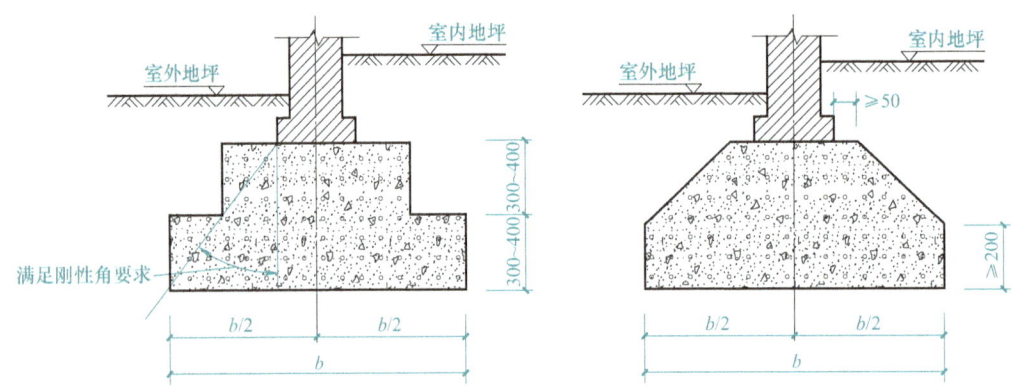

图 4-6 混凝土基础或毛石混凝土基础构造详图

2）材料要求：混凝土的强度等级不宜低于 C15；毛石要选用坚实、未风化的石料，其抗压强度不低于 30kPa；毛石尺寸不宜大于截面最小宽度的 1/3，且不大于 300mm；毛石在使用前应清洗表面泥垢、水锈，并剔除尖条和扁块。

（2）混凝土基础施工要点

1）施工工艺顺序：①基础垫层；②基础放线；③基础支模；④浇筑混凝土；⑤拆模；⑥回填土。

2）首先清理槽底，验槽并做好记录。按设计要求打好垫层，垫层的强度等级不宜低于 C15。

3）在基础垫层上放出基础轴线及边线，按线支立预先配制好的模板。模板可采用木模，也可采用钢模。模板支立要求牢固，避免浇筑混凝土时跑浆、变形，如图 4-7 所示。

4）台阶式基础宜按台阶分层浇筑混凝土，每层可先浇筑边角后浇筑中间。第一层浇筑完工后，可停 0.5~1.0h，待下部密实后再浇筑上一层。

5）当混凝土的浇筑高度在 2m 以内时，可直接将混凝土卸入基槽；当混凝土的浇筑高度超过 2m 时，应采用漏斗、串筒将混凝土溜入槽内，以免混凝土产生离析分层现象。

6）基础截面为锥形，斜坡较陡时，斜面部分应支模浇筑，并防止模板上浮。斜坡较平缓时，可不支模板，但应将边角部位振捣密实，人工修整斜面。

7）混凝土初凝后，外露部分要覆盖并浇水养护，待混凝土达到一定强度后方可拆除模板。待验收合格后回填房心土。

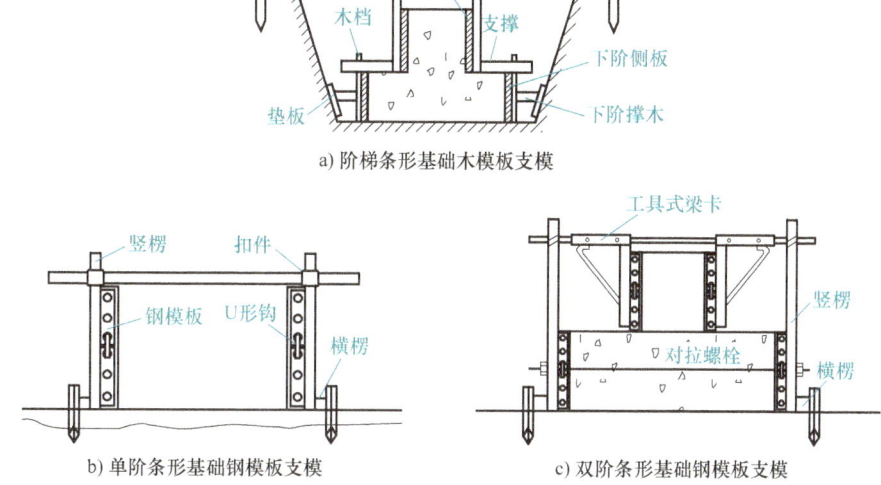

a) 阶梯条形基础木模板支模

b) 单阶条形基础钢模板支模　　c) 双阶条形基础钢模板支模

图 4-7　基础模板示意图

（3）毛石混凝土基础施工要点

毛石混凝土基础施工工艺与混凝土基础施工工艺相同，只是浇筑混凝土时有区别。

1）浇筑混凝土时先浇筑 100~150mm 厚混凝土打底，再铺上一层毛石。毛石铺放要均匀，毛石大面朝下，小面朝上，毛石的间距一般不小于 100mm，毛石与模板槽壁的距离不小于 150mm。

2）毛石均匀铺放后，继续浇筑混凝土 100~150mm 厚。再按上述方法铺放毛石，逐层向上浇筑。每层厚度不宜超过 250mm，用振捣棒振捣密实，插入振捣棒应避免触及毛石和模板，如此往复直至基础顶面。毛石与顶面的距离不宜小于 100mm，毛石的总掺入量不宜大于 30%。

3）台阶形毛石混凝土基础，每阶高内不再划分浇筑层，每阶顶面要抹平，对于独立毛石基础，应一次浇筑完成不留施工缝。

4.1.2　钢筋混凝土基础施工

钢筋混凝土基础具有强度大，抗弯、抗拉、抗压性能好的特点。相对于刚性基础具有一定的柔性，在相同的条件下，基础的埋置深度不需加深，基础的底面积可以扩展。适用于软弱地基和荷载较大的工程。钢筋混凝土基础包括柱下钢筋混凝土独立基础、墙下钢筋混凝土条形基础、柱下钢筋混凝土条形基础、筏形基础、箱形基础等。

4.1.2.1　柱下钢筋混凝土独立基础施工

柱下钢筋混凝土独立基础是柱基础的主要形式，有现浇柱下钢筋混凝土基础和预制柱下钢筋混凝土基础两种形式。现浇柱下钢筋混凝土基础可做成台阶形或锥形，如图 4-8a、b 所示。预制柱下钢筋混凝土基础可做成杯形，如图 4-8c 所示。

独立基础

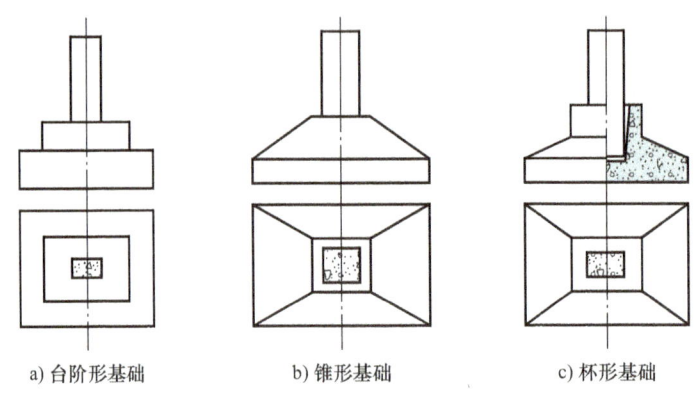

图 4-8 柱下钢筋混凝土独立基础

(1) 构造与材料要求

现浇柱下钢筋混凝土独立基础构造要求如图 4-9 所示。

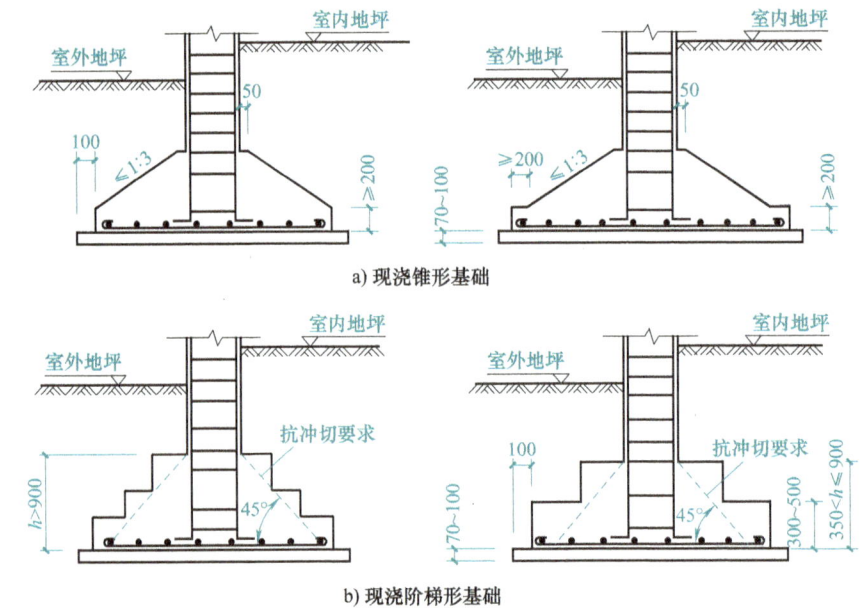

图 4-9 现浇柱下钢筋混凝土独立基础构造要求

基础垫层厚度不宜小于 70mm，混凝土强度等级为 C15。基础混凝土强度等级不宜小于 C20。锥形基础边缘的高度不宜小于 200mm；阶梯形基础每阶高度宜为 300~500mm。底板受力钢筋直径不宜小于 10mm；间距不宜大于 200mm，也不宜小于 100mm。当有垫层时底板钢筋保护层厚度为 40mm，无垫层时为 70mm。当基础的边长尺寸大于 2.5m 时，受力钢筋的长度可缩短 10%，钢筋应交错布置。

现浇柱的插筋数目与直径同桩内要求，插筋的锚固长度及与柱的搭接长度应满足规范的规定。插筋的下端应做成直钩，放在底板钢筋上面。

(2) 施工要点

1) 施工工艺顺序：①基础垫层；②基础放线；③绑扎钢筋；④支基础模板；⑤浇筑混凝土；⑥拆模。

2)首先清理槽底,验槽并做好记录。按设计要求打好垫层,垫层混凝土的强度等级不宜低于 C15。

3)在基础垫层上放出基础轴线及边线,绑扎好基础底板钢筋网片。

4)按线支立预先配制好的模板。模板可采用木模,如图 4-10a 所示,也可采用钢模,如图 4-10b 所示。先将下阶模板支好,再支好上阶模板,最后支放杯心模板。模板支立要求牢固,避免浇筑混凝土时跑浆、变形。

如为现浇柱基础,模板支完后要将插筋按位置固定好,并进行复线检查。现浇混凝土独立基础,轴线位置偏差不能大于 10mm。

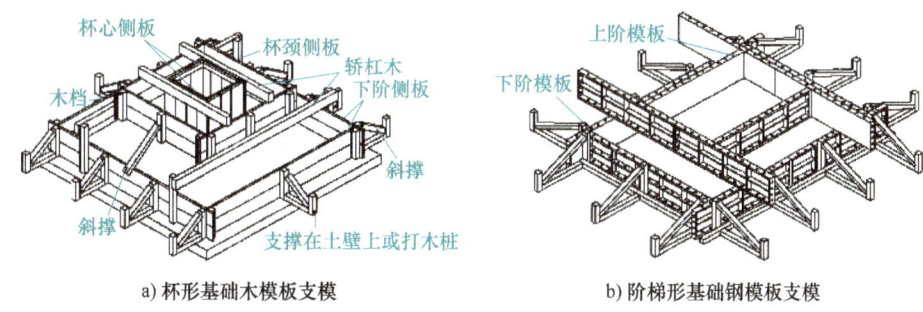

图 4-10 现浇柱下钢筋混凝土独立基础模板支模示意图

5)基础在浇筑前,清除模板内和钢筋上的垃圾杂物,以免堵塞模板的缝隙和孔洞,木模板应浇水湿润。

6)对阶梯形基础,基础混凝土宜分层连续浇筑完成。每一台阶高度范围内的混凝土可分为一个浇筑层,每浇完一个台阶可停顿 0.5~1.0h,待下层密实后再浇筑上一层。

7)对于锥形基础,应注意保证锥体斜面的准确,斜面可随浇筑随支模板,分段支撑加固以防模板上浮。

8)对杯形基础,浇筑杯口混凝土时,应防止杯口模板位置移动,应从杯口两侧对称浇捣混凝土。

9)在浇筑杯形基础时,如杯心模板采用无底模板,则应控制杯口底部的标高位置,先将杯底混凝土捣实,再采用低流动性混凝土浇筑杯口四周。或杯底混凝土浇筑完后停顿 0.5~1.0h,待混凝土密实再浇筑杯口四周的混凝土。混凝土浇筑完成后,应将杯口底部多余的混凝土掏出,以保证杯底的标高。

10)基础浇筑完成后,待混凝土终凝前应将杯口模板取出,并将混凝土内表面凿毛。

11)高杯口基础施工时,杯口距基底有一定的距离,可先浇筑基础底板和短柱至杯口底面位置,再安装杯口模板,然后继续浇筑杯口四周的混凝土。

12)基础浇筑完毕后,应将裸露的部分覆盖浇水养护。

4.1.2.2 墙下钢筋混凝土条形基础施工

(1)构造与材料要求

1)墙下钢筋混凝土条形基础的构造详图如图 4-11a 所示。图 4-11b 为条形基础交接处的构造处理要求。

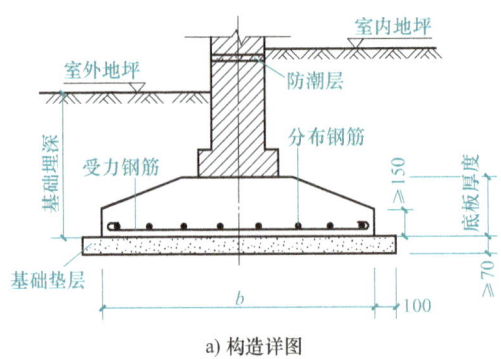

a) 构造详图

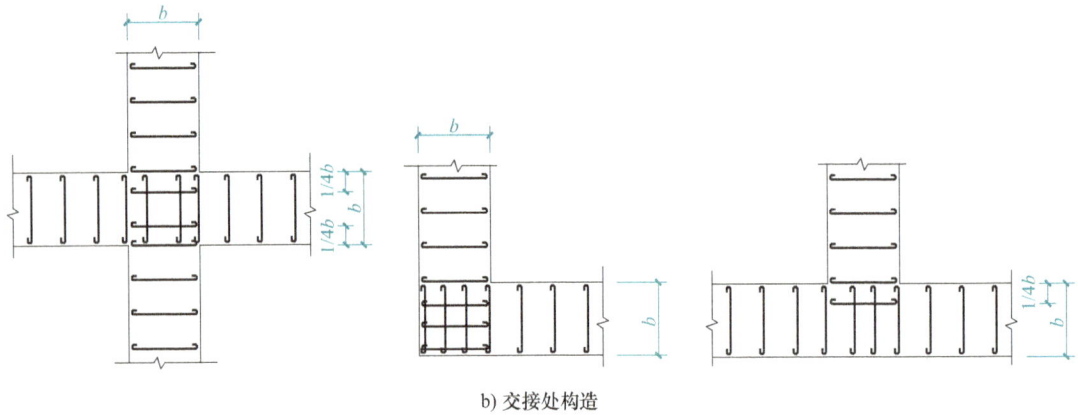

b) 交接处构造

图 4-11　墙下钢筋混凝土条形基础构造示意图

2）基础垫层的厚度不宜小于 70mm，混凝土强度等级应为 C15。
3）基础底板混凝土强度等级不宜低于 C20。
4）钢筋混凝土底板的厚度不小于 200mm 时，底板应做成平板。
5）基础底板的受力钢筋直径不宜小于 10mm；间距不宜大于 200mm，也不宜小于 100mm。
6）基础底板的分布钢筋直径不宜小于 8mm，间距不宜大于 300mm。
7）基础底板内每延米的分布钢筋截面面积不应小于受力钢筋面积的 1/10。
8）底板钢筋保护层厚度，当有垫层时为 40mm，当无垫层时为 70mm。
9）当条形基础底板的宽度大于或等于 2.5m 时，受力钢筋的长度可取基础宽度的 9/10，并应交错布置，如图 4-12 所示。

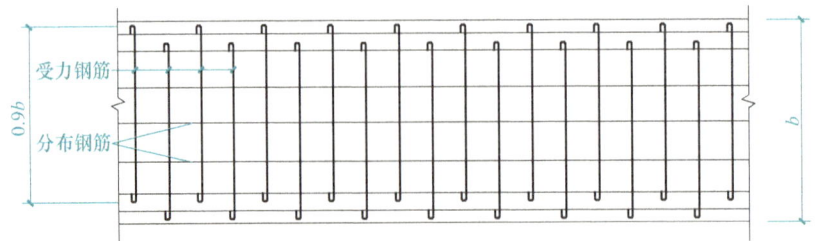

图 4-12　受力钢筋交错布置

（2）施工要点

1）施工工艺顺序：①基础垫层；②基础放线；③绑扎钢筋；④支立模板；⑤浇筑混凝土；⑥拆模。

2）首先清理槽底，验槽并做好记录。按设计要求打好垫层，垫层的强度等级不宜低于C15。

3）在基础垫层上放出基础轴线及边线，绑扎好基础底板和基础梁钢筋，将柱子插筋按位置固定好，检验钢筋。

4）钢筋检验合格后，按线支立预先配制好的模板。模板可采用木模，也可采用钢模。先将下阶模板支好，再支好上阶模板，模板支立要求牢固，避免浇筑混凝土时跑浆、变形。

5）基础在浇筑前，清除模板内和钢筋上的垃圾杂物，堵塞模板的缝隙和孔洞，木模板应浇水湿润。

6）混凝土的浇筑高度在 2m 以内时，可直接将混凝土卸入基槽；当混凝土的浇筑高度超过 2m 时，应采用漏斗、串筒将混凝土溜入槽内，以免混凝土产生离析分层现象。

7）混凝土宜分段分层浇筑，每层厚度宜为 200~250mm，每段长度宜为 2~3m，各段各层之间应相互搭接，使逐段逐层呈阶梯形推进，振捣要密实不要漏振。

8）混凝土要连续浇筑不宜间断，如若间断，其间隔时间不应超过规范规定的时间。

9）当需要间歇的时间超过规范规定时，应设置施工缝。再次浇筑应待混凝土强度达到 $1.2N/mm^2$ 以上时方可进行。浇筑前进行施工缝处理，应将施工缝松动的石子清除，并用水清洗干净浇一层水泥浆再继续浇筑，接槎部位要振捣密实。

10）混凝土浇筑完毕后，应覆盖洒水养护。达到一定强度后，拆模、检验、分层回填、夯实房心土。

4.1.2.3 柱下钢筋混凝土条形基础施工

柱下条形基础为钢筋混凝土基础，当上部荷载较大、地基较软弱时所需的基础底面较大，基础连成条形，形成柱下钢筋混凝土条形基础，简称柱下条形基础，如图 4-13 所示。

当建筑物的荷载较大且地基又较软弱时，为了增强基础的整体刚度，减小不均匀沉降，在柱网的纵横方向设置钢筋混凝土条形基础，形成柱下十字形钢筋混凝土基础，如图 4-14 所示。

条形基础

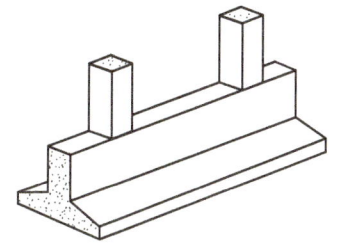

图 4-13 柱下条形基础

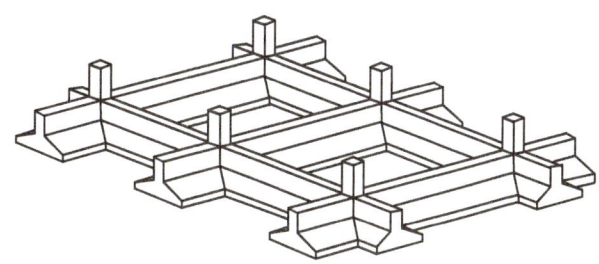

图 4-14 柱下十字形钢筋混凝土基础

（1）构造要求

1）柱下条形基础除应满足墙下条形基础构造外，还应满足图 4-15 所示条件。

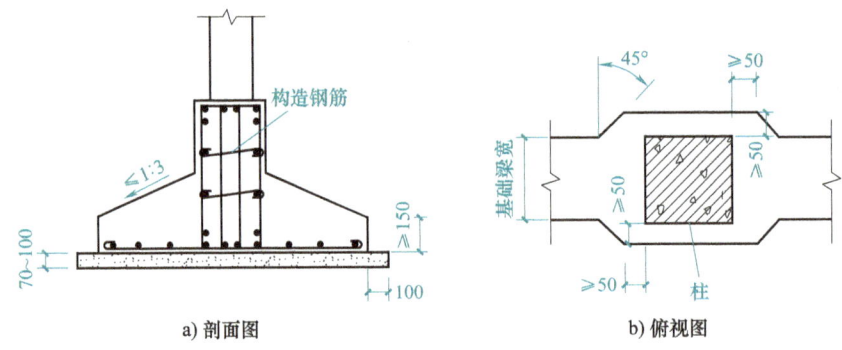

图 4-15 柱下条形基础构造

2）柱下条形基础梁端部应向外挑出，其长度宜为第一跨柱距的 1/4。

3）柱下条形基础梁高度宜为柱距的 1/8~1/4，翼板的厚度不宜小于 200mm。

当翼板的厚度小于或等于 250mm 时做成平板，当翼板的厚度大于 250mm 时，宜采用变截面，其坡度不宜大于 1:3，如图 4-15a 所示。

4）当梁高大于 700mm 时，在梁的两侧沿高度每隔 300~400mm 设置一根直径不小于 10mm 的腰筋，并设置构造钢筋，如图 4-15a 所示。

5）当柱截面尺寸大于或等于基础梁宽时，应满足图 4-15b 的规定。

6）基础梁顶部按计算所配纵向受力钢筋，应贯通全梁，底部通长钢筋面积不应小于底部受力钢筋总面积的 1/3。

（2）施工要点

施工要点同墙下条形基础。

4.1.2.4 筏形基础施工

当地基软弱上部荷载很大，采用柱下十字形基础仍不能满足承载力要求时，或两相邻基础的距离很小或重叠时，基础底面形成整片基础，工地常称为筏形基础，又称满堂基础。按板的形式不同又分为平板式基础和梁板式基础，梁板基础的梁可在平板的上侧，也可在平板的下侧，如图 4-16 所示。

筏板基础

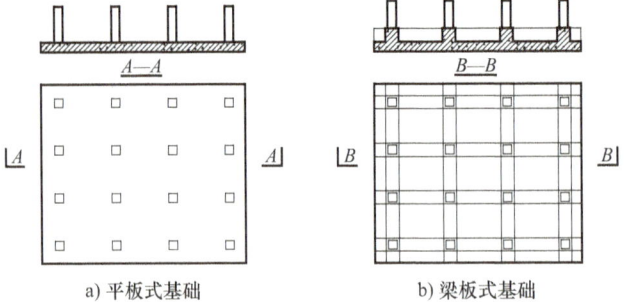

图 4-16 筏形基础

（1）构造与材料要求

1）板厚：等厚度筏形基础一般取 200~400mm 厚，且板厚与最大双向板的短边之比不宜小于 1/20，由抗冲切强度和抗剪强度控制板厚。有悬臂筏板，可做成坡度，但端部厚度不小于 200mm，且悬臂长度不大于 2.0m。

2）肋梁挑出：梁板的肋梁应适当挑出 1/6~1/3 的柱距。纵横向支座配筋应有 15% 连通。跨中钢筋按实际配筋率全部连通。

3）配筋间距：筏板分布钢筋在板厚小于或等于 250mm 时，取Φ8 间距 250mm；板厚大于 250mm 时，取Φ10 间距 200mm。

4）混凝土强度等级：筏形基础的混凝土强度等级不应低于 C30。当有地下室时筏形基础应采用防水混凝土，防水混凝土的抗渗等级应根据地下水的最大水头与防渗混凝土层厚度的比值，按现行《地下工程防水技术规范》（GB 50108—2008）选用，但不应小于 0.6MPa。必要时宜设架空排水层。

5）墙体：采用筏形基础的地下室，应沿地下室四周布置钢筋混凝土外墙，外墙厚度不应小于 250mm，内墙厚度不应小于 200mm。墙体截面除应满足承载力要求外，还应满足变形、抗裂及防渗要求。墙体内应设置双面钢筋，竖向和水平钢筋的直径不应小于 12mm，间距不应大于 300mm。

6）施工缝：筏板与地下室外墙的连接缝、地下室外墙沿高度的水平接缝应严格按施工缝要求采取措施，必要时设通长止水带。

7）高层带裙房的基础：高层建筑筏形基础与相连的裙房之间设沉降缝时，高层建筑的基础埋深应大于裙房基础的埋深至少 2m。当不满足要求时必须采取有效措施。沉降缝以下的空间应用粗砂填实。

8）柱、梁连接：柱与肋梁交接处构造处理应满足图 4-17 的要求。

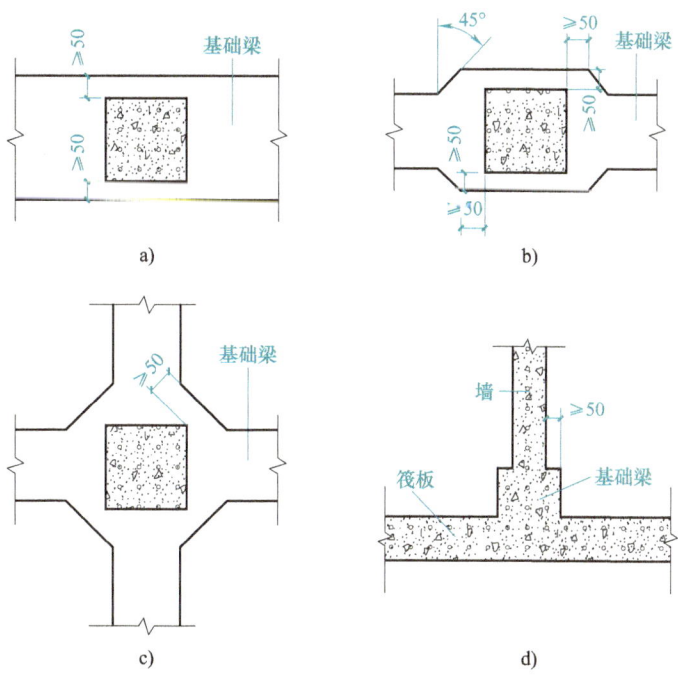

图 4-17　柱与肋梁交接处构造处理

(2) 施工要点

1)施工工艺顺序:①基础垫层;②基础放线;③绑扎钢筋;④支立模板;⑤浇筑混凝土;⑥拆模。

2)筏形基础的基坑施工的土方量较大,首先做好土方开挖工作。开挖时注意基底持力层不被扰动,当采用机械开挖时,不要挖到基底标高,应保留200mm左右最后人工清槽。

3)开槽施工中应做好排水工作,可采用明沟排水。当地下水位较高时,可预先采取人工降水措施,使地下水位降至基底500mm以下,保证基坑在无水的条件下进行开挖和基础施工。

4)基坑施工完成后应及时进行验槽。验槽后清理槽底,进行垫层施工。垫层的厚度一般取100mm,混凝土强度等级不低于C15。

5)当垫层混凝土达到一定强度后,使用引桩和龙门架在垫层上进行基础放线、绑扎钢筋、支立模板、固定柱或墙的插筋。

6)筏形基础在浇筑前,应搭建脚手架以便运灰送料。清除模板内和钢筋上的垃圾、泥土、污物,木模板应浇水湿润。

7)混凝土浇筑方向应平行于次梁方向,对于平板式筏形基础则应平行于基础的长边方向。筏形基础混凝土浇筑应连续施工,若不能整体浇筑完成,应设置竖直施工缝。施工缝的预留位置:当平行于次梁长度方向浇筑时,应在次梁中间1/3跨度范围内,如图4-18所示。对于平板式筏形基础的施工缝,可在平行于短边方向的任何位置设置。

8)当继续浇筑时应进行施工缝处理,在施工缝处将活动的石子清除,用水清洗干净,浇一层水泥浆,再继续浇筑混凝土。

9)对于梁板式筏形基础,梁高出地板部分的混凝土可分层浇筑。每层浇筑厚度不宜大于200mm。

10)基础浇筑完毕后,基础表面应覆盖并洒水养护。当混凝土强度达到设计强度的25%以上时,即可拆模。待基础验收合格后即可回填土。

4.1.2.5 箱形基础施工

箱形基础由底板、顶板、纵横墙板组成,如图4-19所示。箱形基础空间刚度大,整体性好,对地基的不均匀沉降有显著的调整和减小作用。箱形基础的地下空间可作为地下室使用。另外箱形基础可减小地基的附加应力及地基的沉降,适用于上部荷载大的建筑。目前我国很多高层建筑都采用这种基础。

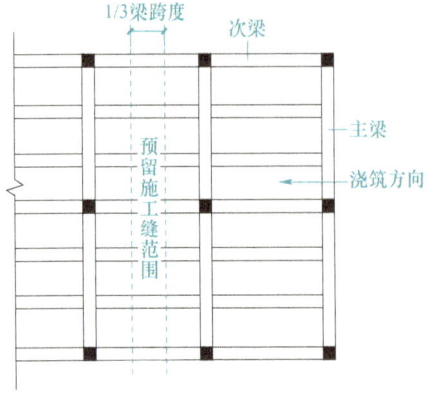

图4-18 筏形基础预留施工缝位置

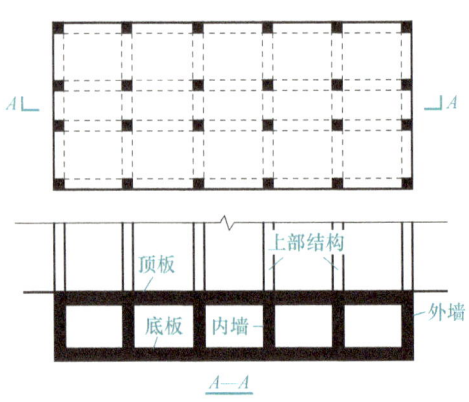

图4-19 箱形基础

1. 基础施工前准备
（1）现场、资料准备

箱形基础的埋深比一般浅基础深，箱形基础的施工技术也比一般浅基础复杂。因此开工前应熟悉施工图，了解施工现场的水文地质资料，做好施工组织设计。按施工组织计划安排材料场地、搅拌棚、材料库等，施工现场要做到三通一平。按图纸进行放线、验线等，当地下水位较高时应进行降水处理等工作。

（2）机具准备

一般指水平和竖直运输工具、搅拌设备、其他小型工具等。当施工场地需要降水、打桩等工序时，还需准备专用的施工设备。

（3）材料准备

按工程进度要求分批、分段准备施工所用砖、瓦、灰、砂、石、钢筋、木材、模板等材料，并做好材料质量验收，保证工程连续施工。

2. 基础施工工艺

在天然地基上建造箱形基础施工工艺顺序：①基础定位放线；②基坑开挖、支撑、排水；③验槽和基底土的处理；④浇筑基础垫层及基础放线；⑤基础底板的防水处理；⑥底板绑扎钢筋；⑦支立墙模板；⑧浇筑底板及立墙混凝土；⑨支顶板模板；⑩浇筑顶板混凝土；⑪后浇带处理。

（1）基础的定位放线

箱形基础的定位放线一般可采用龙门架放线。特别注意引桩的处理，为确保轴线的准确性，应距开挖处保留一定的距离并加以保护，或引放到相邻的建筑物上。

（2）基坑的开挖、支撑、排水

1）基坑开挖前根据施工现场的实际情况以及地质水文条件确定基坑开挖的施工方法。箱形基础基坑的深度较大，应做好基坑的防水和排水工作。当地下水资源较丰富，不适宜明沟排水时，应考虑井点降水措施或其他降水措施。

2）基坑开挖还应注意对相邻建筑物的影响以及基坑的边坡稳定问题，必要时应采取支护措施，可采取钢板桩、灌注桩、深层搅拌桩、地下连续墙等支护措施。

3）基础开挖应保证基底土层不受扰动，当使用机械挖槽时，基底应保留100~200mm厚原土层采用人工铲平，以免扰动持力土层。

（3）验槽和基底土的处理

当基坑挖至设计标高后，应组织设计、施工、质量监督和使用部门人员共同检查坑底土层是否与设计、勘察资料相符，是否存在填井、填塘、暗沟、墓穴、空洞等不良地质情况。验槽的方法以观察为主，辅以夯、拍和轻便触探。根据验槽结果，了解基础底部土层是否满足设计要求，当不满足要求时应由设计单位提出处理意见，若满足设计要求即可进行下一步垫层和基础施工。

基坑挖好并验槽后，宜及时做基础垫层，如若不能，则坑底保留200mm厚土层，待做下道工序前铲平。此措施对软土尤为重要，且基坑不得长期暴露，不得积水。

（4）浇筑基础垫层及基础放线

验槽后即可浇筑垫层混凝土，待达到一定强度后在垫层上进行箱形基础放线。由于箱形基础的深度较大，放线时要注意轴线的竖向投测，选择适当的投测方法，确保轴线位置的准确。

（5）基础底板的防水处理

一般常用的防水处理方法有卷材防水和混凝土自防水，根据设计要求，当采用卷材防水时，应在垫层上粘贴卷材防水层，并在防水层上抹一层20~30mm厚的水泥砂浆保护层，在保护层上绑扎钢筋。对于箱形基础多采用混凝土自防水做法，可用改善混凝土的级配和添加外加剂等方法制成防水混凝土。

（6）底板绑扎钢筋

箱形基础底板钢筋为双层布置，上层钢筋一般由铁架架起，应保证满足底板的厚度和混凝土保护层的厚度要求。绑扎底板钢筋时要求安装好立墙的插筋，插筋的高度应错开布置，以满足同一截面内的钢筋搭接百分率要求。箱形基础的底板及顶板钢筋搭接接头宜采用焊接形式，钢筋排放位置、数量、形状要准确。钢筋绑扎完成后应由监理部门及时验筋。

（7）支立墙的模板

钢筋绑扎完成后支立墙的外模板，要求尺寸、位置准确，宜采用大块模板，并用穿墙对接螺栓固定，内外支护要牢固。预埋件的位置要准确固定。

（8）浇筑箱形基础（底板、立墙、顶板等）

浇筑箱形基础的混凝土底板、内外墙、和顶板的支模、绑扎钢筋、浇筑混凝土一般都是分块进行操作，浇筑底板时一般需要留设与墙体连接的水平施工缝，其位置如图4-20所示。图中A为基础下部水平缝，预留在底板上皮300~500mm处。图中B为上部水平缝，预留在顶板下皮30~50mm处。图中C为内墙竖直缝。图中D为外墙竖直缝。

外墙施工缝要求做成企口形式，如图4-21所示。内墙施工缝可做成平缝。

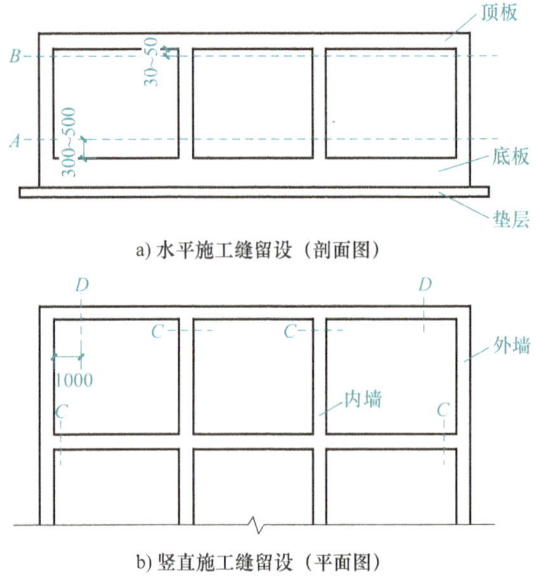

a) 水平施工缝留设（剖面图）

b) 竖直施工缝留设（平面图）

图4-20 箱形基础施工缝留设位置示意图

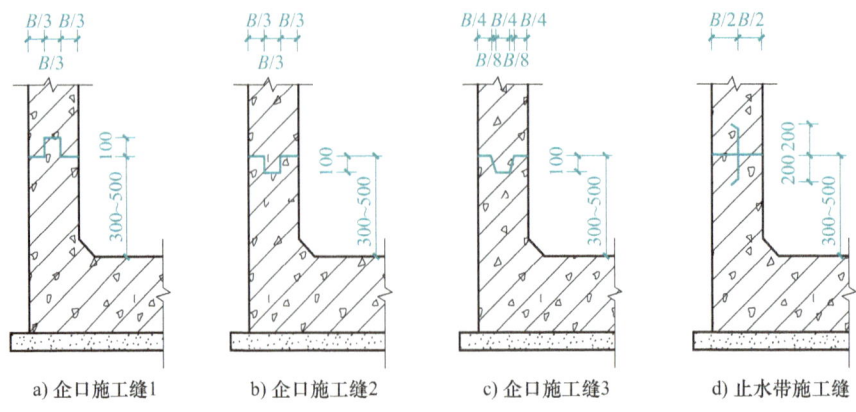

a) 企口施工缝1　　b) 企口施工缝2　　c) 企口施工缝3　　d) 止水带施工缝

图4-21 外墙施工缝形式

箱形基础的底板一般比较厚，浇筑混凝土时应考虑大体积混凝土浇筑施工的不利影响因素，选择正确合理的浇筑方案，采取有效的技术措施，防止浇筑混凝土时混凝土内部产生大量水化热，造成不利影响。防止产生大量水化热的措施如下：

1）采用水化热较低的矿渣硅酸盐水泥、火山灰质水泥，添加经研磨的粉煤灰掺合料，以减少水泥水化热，提高混凝土的和易性，降低泌水性。

2）添加减水剂或缓凝剂，减少水泥用量，降低水化热，减缓水化速度。

3）合理选择混凝土的配合比和优选用料，提高混凝土的密实度，减小收缩量。

4）降低混凝土的入模温度，夏季施工时砂、石料场应遮晒，尽量降低用料温度。

5）浇筑时采用分层分段循环浇筑法，减缓浇筑速度，以利散热。

6）加强混凝土表面养护，必要时采取保温养护措施，减小混凝土表面的温差梯度，控制混凝土的内外温差。

7）箱形基础施工完毕，应及时进行隐蔽工程验收，待验收合格后及时做好基坑回填，尽量缩短基坑暴露时间。

8）基坑回填时应采用对称的方法回填土，逐层回填，逐层夯实。

（9）后浇带处理

为了避免浇筑混凝土时出现收缩裂缝，可采用设置后浇带的方法。后浇带的宽度不宜小于800mm，设置在柱距（或墙）的三等分中间范围内。后浇带同一位置的底板、顶板、立墙的钢筋可断开不贯通。当采用刚性防水方案时，同一建筑的箱形基础应避免设置变形缝，可采用沿箱形基础长度方向每隔20~40m留一条贯通底板、顶板、立墙的沉降后浇带。后浇带的底板、顶板和立墙的钢筋可贯通不断开。

后浇带的形式如图4-22所示。后浇带可预留成平缝、企口缝。待施工完60d后完成后浇带的浇筑。浇筑混凝土前将预留缝进行凿毛处理，清除杂物，用水冲洗干净并浇灌一层水泥浆，再浇筑混凝土。浇筑后浇带应采用比设计强度等级高一级的无收缩混凝土浇筑。

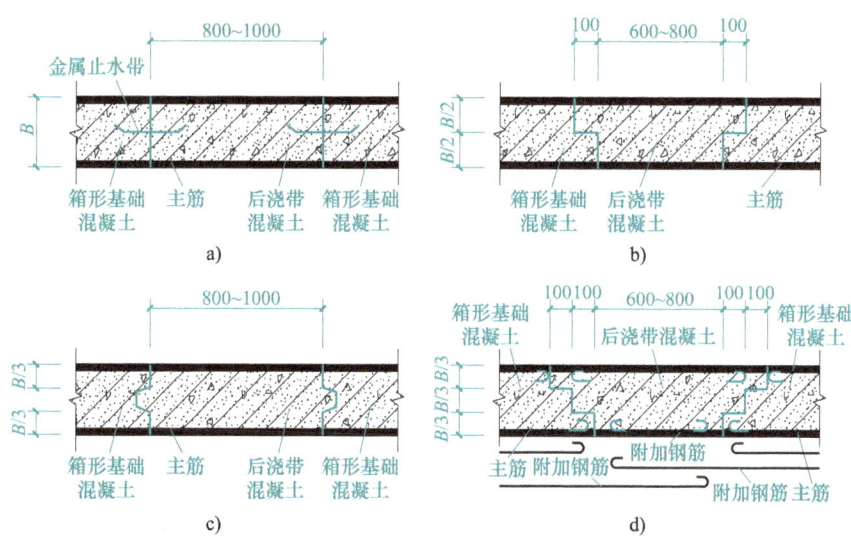

图4-22 后浇带形式

4.1.3 浅基础施工图

4.1.3.1 基础施工图的图示方法

基础施工图是建筑物地下部分承重结构的施工图,包括基础平面图、表示基础构造的基础详图,以及必要的设计说明。基础施工图是施工放线、开挖基槽(坑)、基础施工、计算基础工程量的依据。

1. 基础平面图

基础平面图的剖视位置在室内地面(±0.000m)处,被剖切的墙身(或柱)用中粗实线表示,基础底宽用细实线表示,钢筋用粗实线表示,一般不得因对称而只画一半,其主要内容如下:

1)图名、比例、表示建筑朝向的指北针。

2)与建筑平面图一致的纵横定位轴线及其编号,一般外部尺寸只标注定位轴线的间隔尺寸和总尺寸。

3)基础的平面布置和内部尺寸,即基础墙,基础梁,柱,基础底面的形状、尺寸及其与轴线的关系。

4)以虚线表示暖气、电缆等沟道的路线位置,穿墙管洞应分别标明其尺寸、位置与洞底标高。

5)剖面图的剖切线及其编号,对基础梁、柱等注写代号,以便查找详图。

6)筏形基础底板的钢筋位置、编号、直径、间距等。

条形基础平面图示意如图4-23所示。

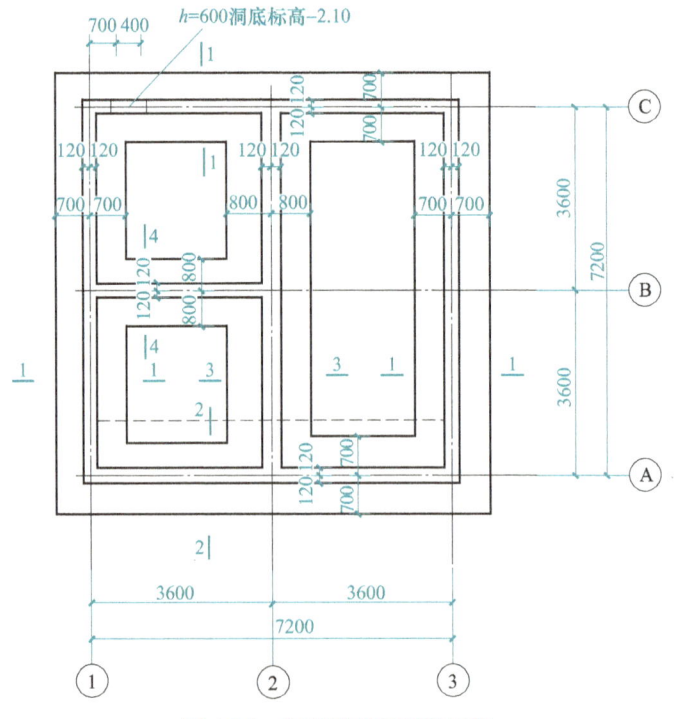

图4-23 条形基础平面图示意

2. 基础详图

不同类型的基础，其详图的表示方法有所不同。如条形基础的详图一般为基础的垂直剖面图；独立基础的详图一般应包括平面图和剖面图。基础详图的主要内容如下：

1）图名、比例。

2）基础剖面图中轴线及其编号，若为通用剖面图，则轴线圆圈内可不编号，如图 4-24 所示。

3）基础剖面的形状及详细尺寸。

4）室内地面及基础底面的标高，外墙基础还需注明室外地坪的相对标高，如有沟槽者，还应标明其构造关系。

5）钢筋混凝土基础应标注钢筋直径、间距及钢筋编号；现浇基础应标注预留插筋、搭接长度与位置及箍筋加密等。

6）防潮层的位置及做法，垫层材料等（也可用文字说明）。

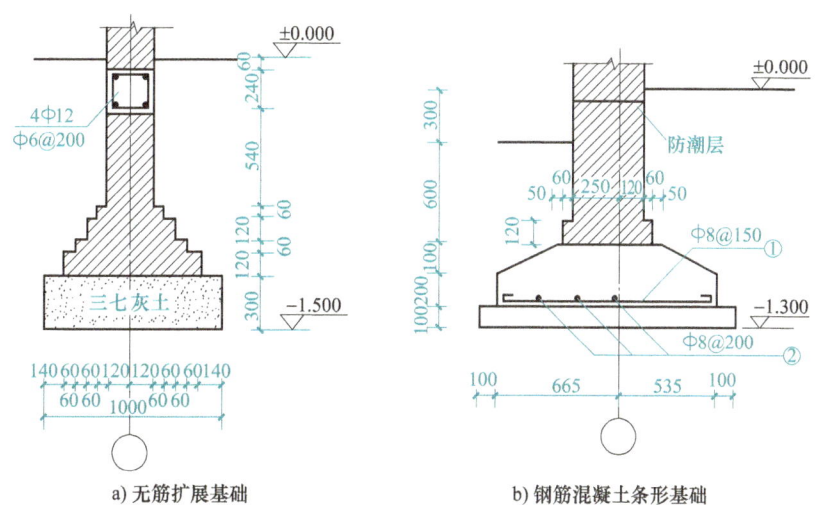

图 4-24 基础剖面图示意

3. 设计说明

设计说明一般是说明难以用图表达的内容和易用文字表达的内容，如材料的质量要求、施工注意事项等。设计说明由设计人员根据具体情况编写，一般包括以下内容：

1）对地基土质情况提出有关要求，概述地基承载力、地下水位和持力层土质情况。

2）地基处理措施，并说明质量要求。

3）对施工方面提出验槽、钎探等事项的设计要求。

4）对垫层、砌体、混凝土、钢筋等所用材料的质量要求。

5）防潮（防水）层的位置、做法，构造柱的截面尺寸、材料、构造，混凝土保护层厚度等。

4.1.3.2 基础施工图的识读

1. 基础施工图的识读方法

1）看设计说明，了解基础所用材料、地基承载力以及施工要求等。

2）看基础平面图与建筑平面图的定位轴线及尺寸标注是否一致，基础平面图与基础详图是否一致等。

3）看基础平面图要注意基础平面布置与内部尺寸关系，以及预留洞的位置和尺寸等。

4）看基础详图要注意竖向尺寸关系，基础的形状、做法与详细尺寸，钢筋的直径、间距与位置，以及地圈梁、防潮层的位置、做法等。

2．基础施工图示例

图 4-25 为某住宅楼梁板式筏形基础施工图。图 4-26 为某宿舍楼钢筋混凝土条形基础施工图。

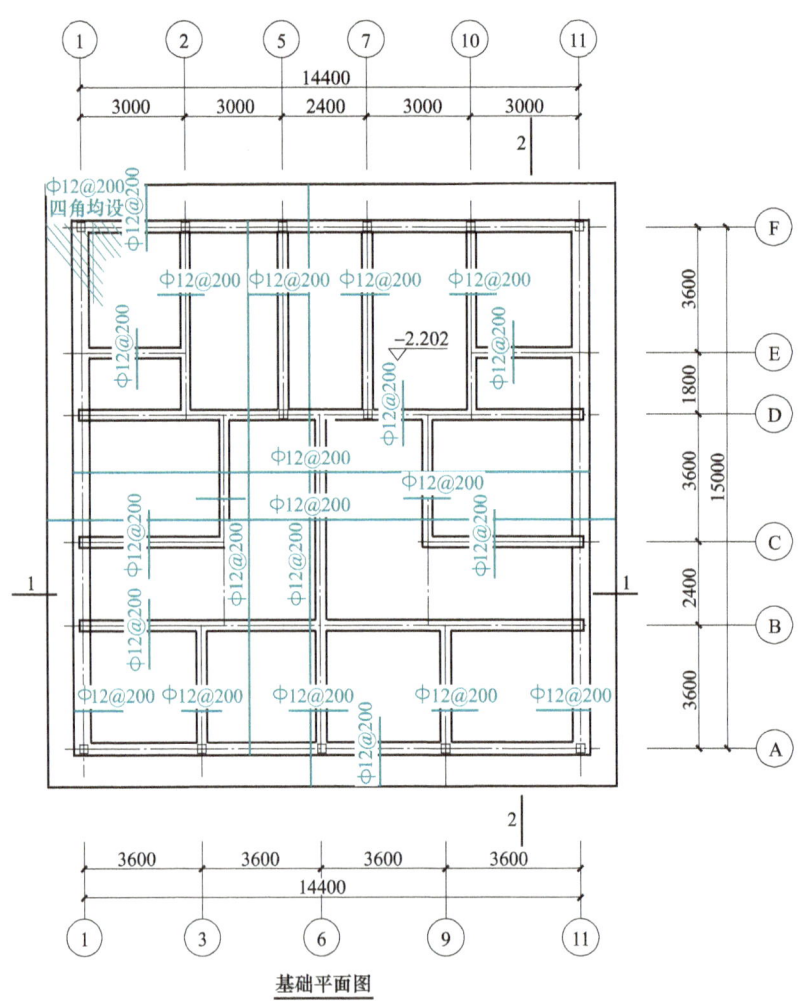

图 4-25 某住宅楼梁板式筏形基础施工图

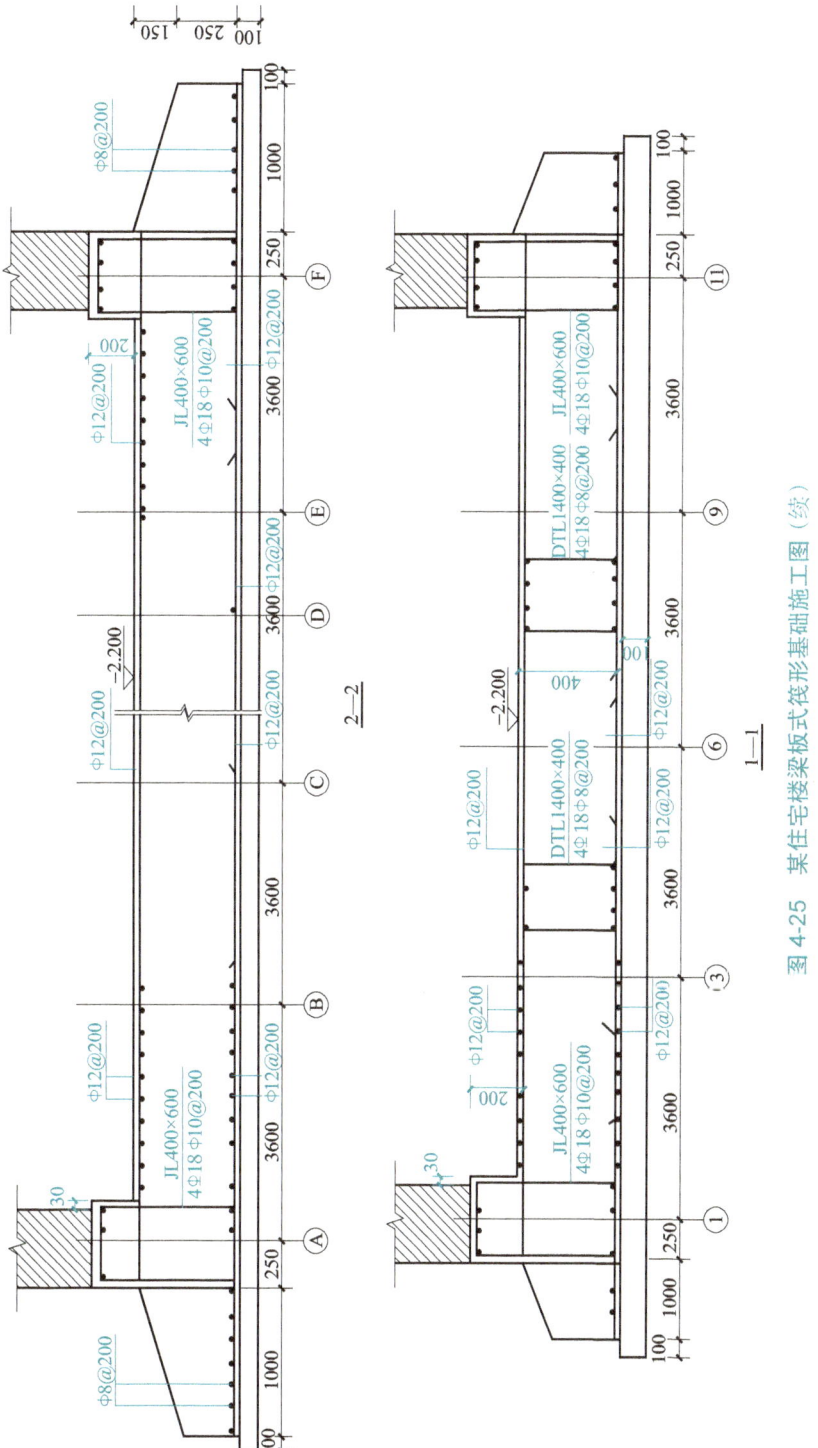

图4-25 某住宅楼梁板式筏形基础施工图（续）

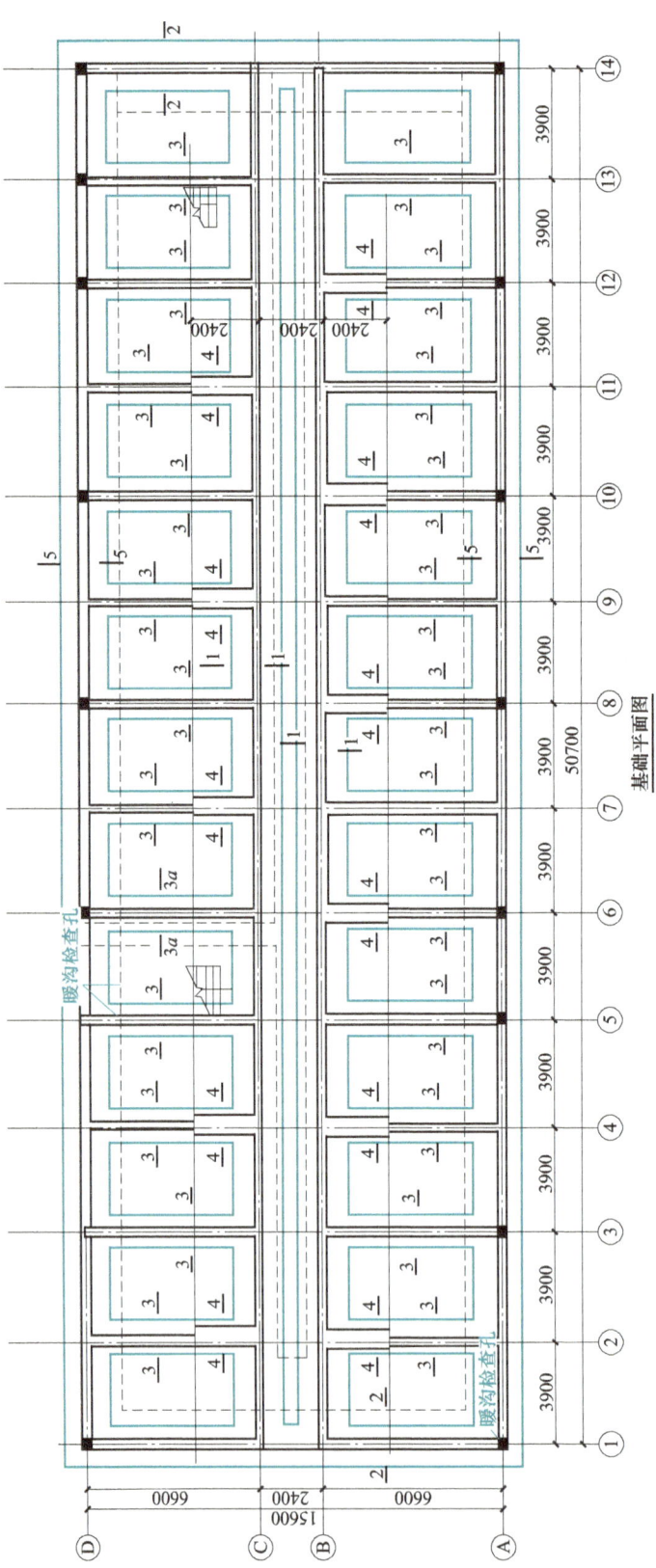

图 4-26 某宿舍楼钢筋混凝土条形基础施工图

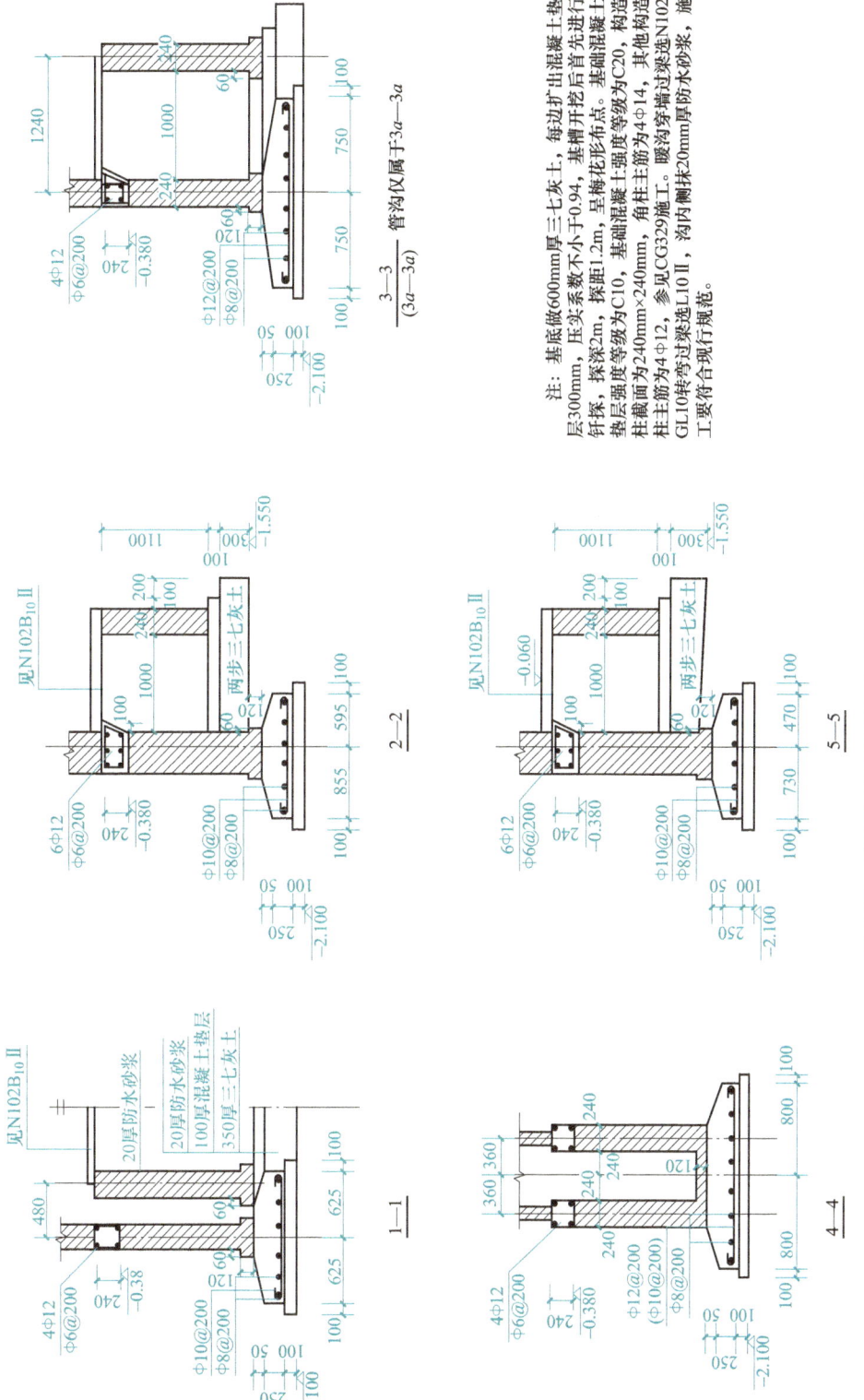

图4-26 某宿舍楼钢筋混凝土条形基础施工图（续）

课题4.2 深基础工程施工

在建筑工程中,当天然地基土质不良,无法满足建筑物对地基变形及强度要求时,可采用深基础形式,将荷载传给较深土层或岩层,以其作为持力层。深基础主要有桩基础、沉井基础、地下连续墙基础等类型。

箱型基础

4.2.1 桩基础施工

桩基础由埋入土体内部的桩群和桩承台共同组成,由承台把桩连接起来并承受上部结构传来的荷载,再通过桩的作用将荷载传递给地基,如图4-27所示。

桩基础

桩基础作为一种深基础,具有承载力高、稳定性好、沉降量小而均匀、沉降稳定快、良好的抗震性能等特性,因此在各类建筑工程中得到广泛应用,尤其适用于建造在软弱地基上的各类建(构)筑物。桩基一般适用于以下几种情况:

1)用于荷载大、对沉降要求严格的建筑物,如高层房屋建筑和大型建筑等。

2)用于地面堆载过大的单层工业厂房及露天栈桥、仓库等建筑物。

3)用于解决相邻建(构)筑物因地基沉降而产生的相互影响的问题。

4)用于对限制倾斜量有特殊要求的建(构)筑物,如电视塔、烟囱等。

5)用于活载占较大比例的建(构)筑物,如筒仓、油库等。

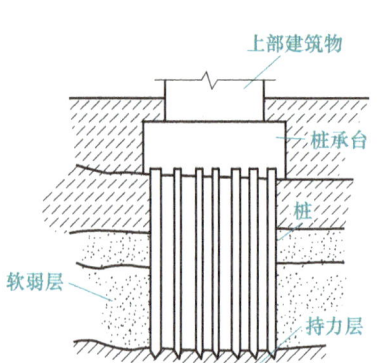

图4-27 桩基础示意图

6)用于配备重级工作制起重机的单层厂房,如冶金厂房等。

7)作为抗地震液化和处理地震区软弱地基的措施。

8)有时用于重大或精密机械设备的基础,或用于动力机械基础以降低基础振幅等。

9)用于临水岸坡的水工建筑物基础,如码头、采油平台等。

4.2.1.1 桩基础的分类

1. 按桩的使用功能分类

(1)竖向抗压桩

竖向抗压桩是指主要承受竖向下压荷载(竖向荷载)的桩,应进行竖向承载力计算。

(2)竖向抗拔桩

竖向抗拔桩是指主要承受竖向上拔荷载的桩,应进行桩身强度和抗裂计算,以及抗拔承载力计算。

（3）水平受荷桩

水平受荷桩是指主要承受水平荷载的桩，应进行桩身强度和抗裂验算，以及水平承载力和位移验算。

（4）复合受荷桩

复合受荷桩是指承受竖向、水平荷载均较大的桩，应按竖向抗压桩及水平受荷桩的要求进行验算。

2. 按承载性状分类

（1）摩擦型桩

1）摩擦桩。在极限承载力状态下，桩顶荷载由桩侧阻力承受，即纯摩擦桩，桩端阻力可忽略不计，如图4-28a所示。

2）端承摩擦桩。在极限承载力状态下，桩顶荷载主要由桩侧阻力承受；桩端阻力占比较小，但不能忽略不计。例如，置于软塑状态黏性土中的长桩，就属于端承摩擦桩，如图4-28b所示。

（2）端承型桩

1）端承桩。在极限承载力状态下，桩顶荷载由桩端阻力承受。较短的桩，桩端进入微风化或中等风化岩石时，为典型的端承桩，此时桩侧阻力忽略不计，如图4-28c所示。

2）摩擦端承桩。在极限承载力状态下，桩顶荷载主要由桩端阻力承受。桩侧阻力占比较小，但不能忽略不计。例如，预制桩截面400mm×400mm，桩长5.0m，桩周土为流塑状态黏性土，桩端土为密实状态粗砂，则此桩为摩擦端承桩，桩侧阻力约占单桩承载力的20%，如图4-28d所示。

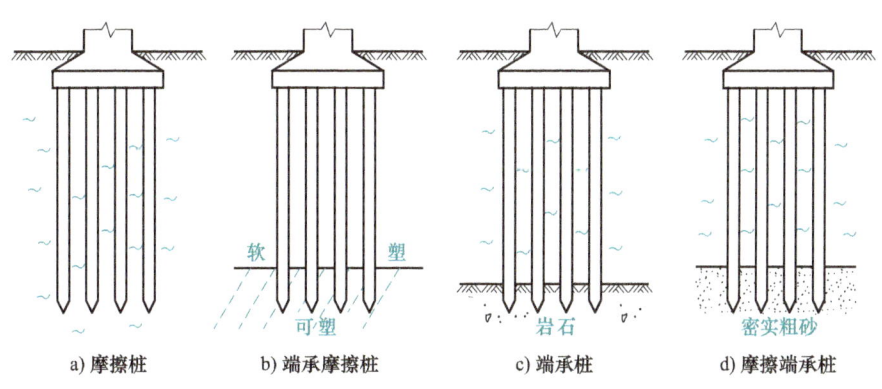

a) 摩擦桩　　b) 端承摩擦桩　　c) 端承桩　　d) 摩擦端承桩

图4-28　桩按承载性状分类

3. 按桩身材料分类

（1）木桩

1）木桩适用范围。①盛产木材的地区；②小型工程和临时工程，如架设小桥的基础；③古代文物的基础。

2）木桩的材料与规格。承重木桩的材料须坚韧耐久，常用杉木、松木、柏木和橡木等木材。木桩的长度一般为4~10m，直径为18~26cm。古代中小型工程用密集的柏木短桩，直径仅5cm左右，长约1m。木桩的桩顶应平整，并加铁箍，以保护桩顶在打桩时不受损伤。木桩下端应削成棱锥形，桩尖长度为桩直径的 1~2 倍，便于将桩打入地基中。

3）木桩的优缺点。①优点：木桩制作容易，储运方便，打桩设备简单，造价低廉；②缺点：木桩的承载力较低，如不经防腐处理，使用寿命不长。

（2）素混凝土桩

1）适用范围。对桩基承载力要求较低的中小型工程承压桩。

2）混凝土桩制作。通常混凝土桩在工地现场制作。先开孔至所需的深度，随即在孔内浇灌混凝土，经捣实后即为混凝土桩。

3）混凝土桩的优缺点。①优点：设备简单，操作方便，节约钢材，比较经济；②缺点：单桩承载力不高，不能做抗拔桩或承受较大的弯矩，灌注桩还可能产生缩颈、断桩、局部夹土和混凝土离析等质量事故，应采取必要的措施，防止事故的发生，保证质量。

（3）钢筋混凝土桩

1）适用范围。钢筋混凝土桩适用于各类大中型建筑工程的承载桩。不仅可以承压，而且可以抗拔、抗弯以及承受水平荷载，因此，这类桩应用很广。

2）制作。①预制桩：通常在工厂预制，再运到施工现场用打桩机打入设计标高；②灌注桩：用于高层建筑、重型设备的大直径承重桩，体积大，无法运输，因此采用就地灌注桩。

3）钢筋混凝土桩的优缺点。①优点：单桩承载力大，预制桩不受地下水位与土质条件限制，无缩颈等质量事故，安全可靠；②缺点：预制桩自重大，要运输，需大型打桩机和吊桩的起重机，若桩长不够需接桩，桩太长需截桩，费时，造价较高。

（4）钢桩

1）适用范围。①超重型设备基础；②处于江河深水中的基础；③高层建筑深基槽护坡工程。在密集建筑群中的高层建筑深基槽，无法放坡开挖，混凝土护坡桩为一次性应用，基础工程完工，混凝土桩即报废；钢桩护坡为多次性应用，在基础工程完工时可将钢桩拔出，重复用于其他工程。

2）钢桩的优缺点。①优点：钢桩的承载力高，材料强度均匀可靠，用作护坡桩可多次使用；②缺点：费钢材、价格高、易锈蚀，若采取防腐措施，如阴极保护，或在外表涂防腐层，钢桩内壁与外界隔绝，则可减轻或避免腐蚀。

（5）组合材料桩

组合材料桩是指用两种不同材料组合的桩。例如，钢桩内填充混凝土，或上部为钢管下部为混凝土等形式的组合桩。

4．按桩的施工方法分类

（1）预制桩

1）定义。在施工前已预先制作成型，再用各种机械设备将其沉入地基至设计标高的桩，称为预制桩。

2）预制桩分类。按预制桩的材料分为钢筋混凝土、钢材和木材。

（2）灌注桩

1）定义。灌注桩为在建筑工地现场成孔，并在现场灌注混凝土制成的桩。

2）灌注桩分类。根据灌注桩的成孔工艺和所用机具不同，可分为钻孔灌注桩、冲孔灌注桩、沉管灌注桩等。

5. 按成桩方法分类

大量工程实践表明，成桩挤土效应对桩的承载力、成桩质量控制与环境等有很大影响，因此，根据成桩方法和成桩过程的挤土效应将桩分为下列三类：

（1）非挤土桩

成桩过程对桩周围的土无挤压作用的桩称为非挤土桩。成桩方法有干作业法、泥浆护壁法和套管护壁法。非挤土桩的施工方法是，首先清除桩位的土，然后在桩孔中灌注混凝土成桩，如人工挖孔扩底桩即为这种桩。

（2）部分挤土桩

成桩过程对周围土产生部分挤压作用的桩称为部分挤土桩。

（3）挤土桩

成桩过程中，桩孔中的土未取出，全部挤压到桩的四周，这类桩称为挤土桩。

6. 按桩径大小分类

根据桩的承载性能、使用功能和施工方法的一些区别，并参考世界各国的分类界限，桩可分为下列三类：

（1）小桩

1）定义。桩径 $d \leqslant 250$ mm 的桩，称为小桩。

2）特点。由于桩径小，沉桩的施工机具、施工方法都比较简单。

3）用途。小桩适用于中小型工程和基础加固。

（2）中等直径桩

1）定义。桩径 d 为 250~800mm 的桩均称为中等直径桩。

2）用途。中等直径桩的承载力较大，因此，长期以来在工业与民用建筑物中大量使用。这类桩的成桩方法和施工工艺种类很多，为量大面广的最主要的桩型。

（3）大直径桩

1）定义。桩径 $d \geqslant 800$ mm 的桩称为大直径桩。

2）特点。因为桩径大，而且桩端还可扩大，因此单桩承载力高。

3）用途。通常用于高层建筑、重型设备基础。

4）施工要点。大直径桩每一根的施工质量都必须切实保证。要求对每一根桩做施工记录，进行施工时须将虚土清除干净，再下钢筋笼，并用商品混凝土一次浇成，不得留施工冷缝。

4.2.1.2 钢筋混凝土预制桩施工

钢筋混凝土预制桩（图4-29）是建筑工程中最常用的一种桩型，分为实心桩和管桩两种。为了便于预制，实心桩断面大多做成方形，断面尺寸一般为200mm×200mm~600mm×600mm。单节桩的最大长度，根据打桩架的高度而定，一般在27m以内。当长桩受运输条件和桩架高度限制时，可以将桩预制成几段，在打桩过程中逐段接长。混凝土管桩为中空，一般在预制厂用离心法成型，常用桩径为300mm、400mm、550mm（外径）。

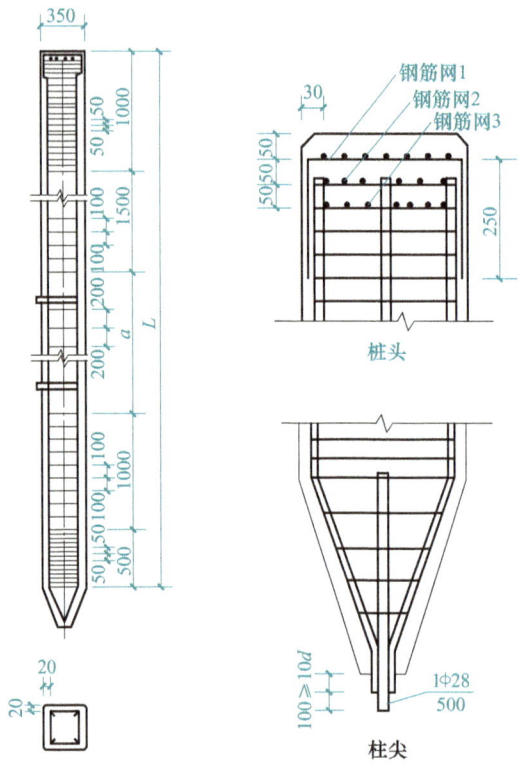

图 4-29 钢筋混凝土预制桩

1. 桩的制作、起吊、运输、堆放

（1）桩的制作

1）制作方法。通常较短的桩多在预制厂生产；较长的桩一般在打桩现场附近或打桩现场就地预制。现场预制桩多用重叠间隔法制作（图 4-30）。制作程序为：现场布置→场地地基处理、整平→浇筑场地地坪混凝土→支模→绑扎钢筋笼、安设吊环→浇筑混凝土→养护至 30% 强度拆模→支间隔端头模板、刷隔离剂、绑扎钢筋→浇筑间隔桩混凝土→同样的方法重叠间隔制作第二层桩→养护至 75% 强度起吊→达 100% 强度后运输、堆放。

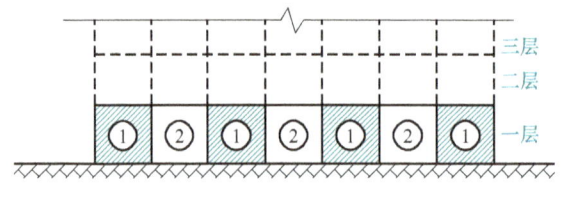

图 4-30 重叠间隔法制桩示意图

现场预制多采用工具式木模板或钢模板，支在坚实、平整的混凝土地坪上，模板应平整、牢靠、尺寸准确。用重叠间隔法生产，重叠层数一般不宜超过四层。制作第一层桩时，先间隔制作第一层的第一批桩（图 4-30 的编号①），待混凝土强度达到设计强度的 30% 后，用第一批完成的桩做侧模板，制作第二批桩（图 4-30 的编号②），待下层桩混凝土强度达到设计强度的 30% 时，用同样的方法制作上一层桩。桩分节制作时，单节长度的确定应满足桩架的有效高度、制作场地条件、运输与装卸能力等方面的要求。桩中的钢筋应严格保证位置的正确，钢筋笼主筋连接宜采用对焊或电弧焊。预制桩的混凝土强度等级应不低于C30，宜用机械搅拌、振捣，混凝土浇筑由桩顶向桩尖连续浇筑、捣实，一次完成。制作完后，应覆盖洒水养护不少于7d；若用蒸汽养护，在蒸养后，还应适当进行自然养护，30d才能使用。

2）质量要求。制作桩时，应做好浇筑日期，混凝土强度、外观质量检查等记录，以备验收时查用。桩制作的质量，除了应符合预制桩制作允许偏差外，还应符合下列规定：

① 桩的表面应平整、密实，掉角的深度不应超过10mm，且局部蜂窝和掉角的缺陷总面积不得超过该桩表面全部面积的0.5%，并不得过分集中。

② 由于混凝土收缩产生的裂缝，深度不得大于20mm，宽度不得大于0.25mm；横向裂缝长度不得超过边长的一半（管桩、多角形桩不得超过直径或对角线的1/2）。

③ 桩顶或桩尖处不得有蜂窝、麻面、裂缝和掉角。

（2）桩的起吊、运输、堆放

1）桩的起吊。混凝土预制桩达到设计强度的75%后方可起吊，如提前吊运，必须验算合格。桩在起吊和搬运时，吊点应符合设计规定；当无吊环，设计又未做规定时，可按图4-31所示位置设置吊点起吊。捆绑时吊索与桩之间应加衬垫，以免损坏棱角。起吊时应平稳提升，吊点同时离地，采取措施保护桩身，防止撞击和受振动。

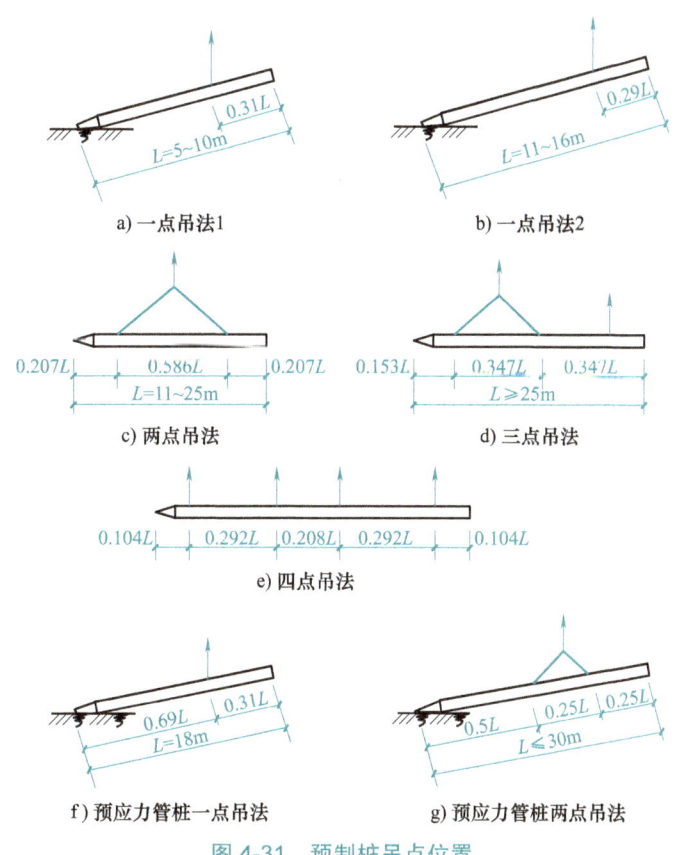

图4-31 预制桩吊点位置

2）桩的运输和堆放。桩运输时的强度应达到设计强度标准值的100%。长桩运输可采用平板拖车；短桩运输可采用载重汽车或轻轨平板车。运行时要做到行车平稳，防止碰撞和冲击。桩的堆放场地要平整、坚实、排水通畅。垫木间距应根据吊点确定，各层垫木应位于同一垂直线上，最下层垫木应适当加宽，堆放层数不宜超过四层。不同规格的桩应分别堆放。

2．打桩

（1）打桩设备及选择

打桩机械设备主要包括桩锤、桩架、动力设备三部分。

桩锤——对桩施加冲击力，将桩打入土中。

桩架——支持桩身和桩锤，将桩吊到打桩位置，并在打入过程中引导桩的方向，保证桩锤沿着所要求的方向冲击。

动力设备——包括起动桩用的动力设施，如卷扬机、锅炉、空气压缩机等。

1）桩锤的选择。常用的桩锤有落锤、蒸汽锤、柴油锤和振动锤等（图 4-32）。

① 落锤（图 4-32a）：构造简单，使用方便，冲击力大，能随意调整落距，适用于打细长尺寸的混凝土桩，在一般土层、黏土、含有砾石的土层中均可使用，但打桩速度较慢（每分钟约 6~20 次），效率低，且对桩的损伤较大。落锤重一般为 5~20kN。

② 蒸汽锤（图 4-32b、c）：利用蒸汽的动力推动锤体进行锤击。常用于在较弱的土层中打桩。按其工作原理可分为单动汽锤和双动汽锤两种。单动汽锤结构简单，落距小，打桩速

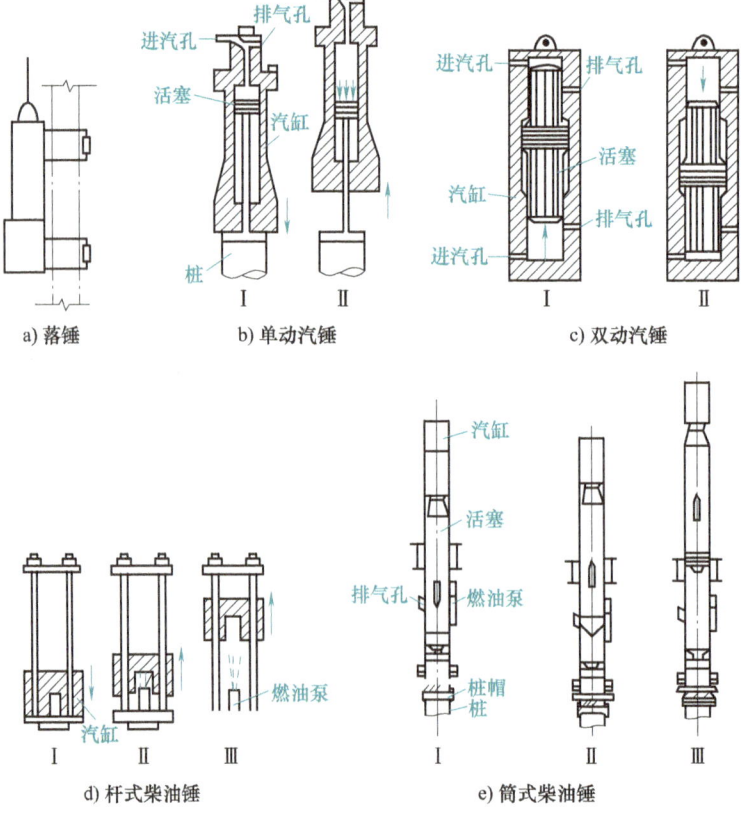

图 4-32　各种桩锤示意图

度及冲击力较落锤大，效率较高；双动汽锤冲击次数多，冲击力大，工作效率高。蒸汽锤适用于打各种桩，尤其双动汽锤还可用于打斜桩、水下打桩、拔桩。

③ 柴油锤（图 4-32d、e）：常用的柴油锤有筒式和杆式两种。其中筒式柴油锤由于其性能较好，故应用较为广泛。筒式柴油锤是利用燃油爆炸时产生的压力，将桩锤抬起，然后自由落下冲击桩顶，如此往复运动将桩打入土中。具有打桩快，燃料消耗少，使用方便，不需要外部能源的特点。最适用于打钢板桩、木桩，不适用于过硬或过软土层。

④ 振动锤：利用偏心轮引起激振，通过与之刚性连接的桩帽传到桩上，施工操作简单，安全，沉桩速度快，能打各种桩。

2）桩架的选择。选择桩架时，应考虑桩锤的类型、桩的长度和施工条件等因素。桩架的高度由桩的长度、桩锤高度、桩帽厚度及所用的滑轮组的高度决定。此外，还应留 1~2m 的高度作为桩锤的伸缩余地。桩架的种类很多，应用较广的为多功能桩架（图 4-33）及履带式桩架（图 4-34）。

图 4-33　多功能桩架

多功能桩架的机动性和适应性很强，在水平方向可做 360° 回转，立杆可以向前后倾斜，底盘装有铁轮，可在钢轨上行走。这种桩架适用于各种预制桩和灌注桩施工。履带式桩架是以履带式起重机为底盘，增加立柱支撑和斜撑。行走时不需轨道，移动方便，机动性比多功能桩架更强，适用于各种预制桩及灌注桩施工。

3）动力设备的选择。打桩工程动力设备的配置，依据选用的桩锤而定。当选用蒸汽锤时，需配备蒸汽锅炉及卷扬机。

（2）打桩施工工艺

1）施工准备：

① 现场准备工作。打桩前，应认真处理高空、地上和地下的障碍物及高压线路等；打桩场地必须平整、坚实，并且还要保证场地排水畅通；在打桩现场或附近区域设水准点，位置应不受打桩影响，数量不少于 2 个，施工中用以抄平场地及控制桩顶的水平标高。

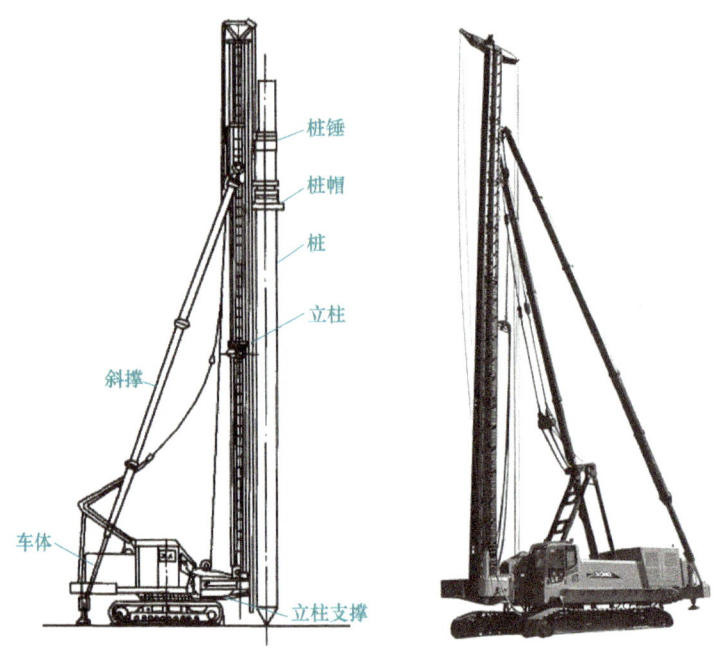

图 4-34 履带式桩架

② 确定打桩顺序。确定打桩顺序时，应考虑打桩时土体被挤压对打桩的质量及周围建筑物的影响。根据桩的密集程度、桩的规格、长度和桩架移动方便程度来确定打桩顺序，如图 4-35 所示。

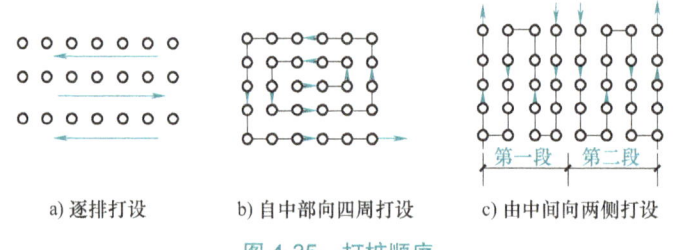

a) 逐排打设　　b) 自中部向四周打设　　c) 由中间向两侧打设

图 4-35 打桩顺序

当桩规格、埋深、长度不同时，宜先大后小、先深后浅、先长后短施打；当基坑不大时，打桩应逐排打设或从中间开始向两边打设；当基坑较大时，应将基坑分段，而后在各段范围内分别进行，但打桩应避免自外向内或从周边向中间进行，以免中间土体被挤密造成打桩困难；对密集群桩，应从中间向两边或四周打设；在粉质黏土及黏土地区，应避免朝一个方向进行打桩，使土体向一边挤压，造成桩入土深度不一，导致不均匀沉降；若桩间距离大于或等于 4 倍桩直径，则与打桩顺序无关。

2）操作工艺：桩架就位后即可吊桩，利用桩架的滑轮组将桩提升吊起到直立状态，把桩送入桩架的龙门导杆内，使桩尖垂直对准桩位中心，缓缓放下插入土中。桩插入时垂直度偏差不得超过 0.5%。桩就位后，将桩帽套在桩顶，桩锤压在桩帽上，使桩锤、桩帽、桩身中心线在同一垂直线上，在桩的自重和锤重作用下，桩沉入土中一定深度，然后再一次校正桩的垂直度，检查无误后，即可打桩。

打桩时，为取得良好的效果，可采用重锤低击法。开始打入时，锤的落距为 0.6~0.8m，不宜高，待桩沉入土中一定深度不易发生偏移时，再增大落距并增加锤击次数，连续锤击。

对于混凝土预制长桩，受运输条件等限制，一般将长桩分成数节制作，分节打入，在现场接桩。常用的接桩方式有焊接、法兰连接及硫磺胶泥锚接等几种。前两者适用于各类土层，后者适用于软土层。

3）质量技术标准：

① 钢筋混凝土预制桩的质量必须符合设计要求和《建筑地基基础工程施工质量验收标准》（GB 50202—2018）的规定，并有出厂合格证。

② 打桩的标高或贯入度、桩的接头处理，必须符合设计要求。

③ 允许偏差项目见表 4-3。

表 4-3 预制桩（PHC 桩、钢桩）桩位的允许偏差

项次	项目	允许偏差 /mm
1	盖有基础梁的桩： 1. 垂直基础梁的中心线 2. 沿基础梁的中心线	100+0.01H 150+0.01H
2	桩数为 1~3 根桩基中的桩	100
3	桩数为 4~16 根桩基中的桩	1/2 桩径或边长
4	桩数大于 16 根桩基中的桩： 1. 最外边的桩 2. 中间桩	1/3 桩径或边长 1/2 桩径或边长

注：H 为施工现场地面标高与桩顶设计标高的距离。

4）安全技术：

① 打桩前，应对邻近施工范围内的既有建筑物、地下管线等进行检查，若有影响，应采取有效的加固措施或隔振措施。

② 机具进场要注意危桥、陡坡、陷地并防止碰撞电线杆、房屋等以免造成事故。

③ 打桩机行走的道路必须平整、坚实，场地四周设排水沟，以利排水，保证移动桩机时的安全。

④ 在施工前全面检查机械，发现有问题时及时解决，检查后要进行试运转，严禁带故障作业。机械操作必须遵守安全技术操作要求，有专人操作，并加强机械的维护保养。

⑤ 吊装就位时，起吊要慢，拉住溜绳，防止桩头冲击桩架，撞坏桩身。

⑥ 在打桩过程中遇有地坪隆起或下陷时，应随时对机架及路轨调平或垫平。

⑦ 司机在施工操作时要集中精力、服从指挥信号，不得随便离岗，并经常注意机械运转情况，发现有异常情况要及时处理。防止机械倾倒、倾斜发生事故。

⑧ 打桩时桩头垫料严禁用手拨正，不要在桩锤未打到桩顶即起锤或过早刹车，以免损坏打桩设备。

⑨ 当遇到雷雨、大雾和六级以上大风等恶劣天气时，应停止一切作业。夜间施工时应

有足够的照明。

⑩ 作业完后,应将打桩机停放在坚实的平整地面上,将桩锤落下垫实,并切断动力电源。

3. 静力压桩

(1) 特点及原理

静力压桩是在软土地基上,利用压桩机的静压力将预制桩压入土中的一种沉桩工艺。静力压桩具有无噪声、无振动、节约材料、降低成本、有利于施工质量、对周围环境的干扰和影响小等特点。其工作原理是:通过安置在压桩机上的卷扬机的牵引,利用钢丝绳、滑轮及压梁,将整个桩机的自重力反压在桩顶上,以克服桩身下沉时与土的摩擦力,使预制桩下沉。

(2) 压桩机械设备

静力压桩机分机械式和液压式两种。机械式静力压桩机(图4-36)由桩架、卷扬机、加压钢丝绳、滑轮组和活动压梁组成。液压式静力压桩机(图4-37)由压拔装置、行走机构及起吊装置组成。

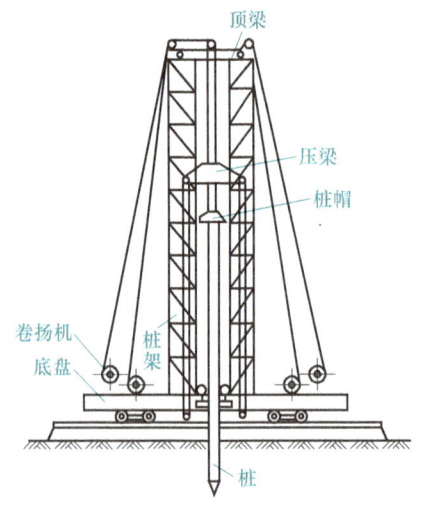

图4-36 机械式静力压桩机

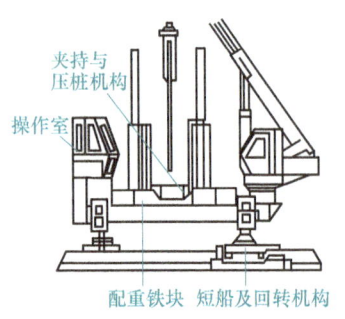
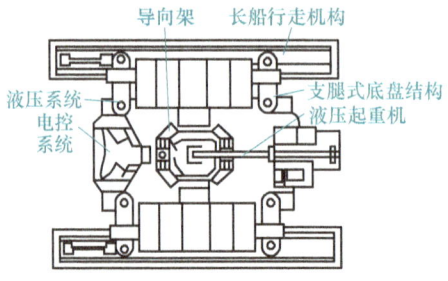

图4-37 液压式静力压桩机

（3）压桩方法

压桩机就位后，将预制桩吊入夹持器中，对准桩位调整好垂直度后，用夹持千斤顶将桩夹紧，然后开动主液压千斤顶加压，桩即被压入土中。接着放松夹持千斤顶，主液压千斤顶回程复位，重复上述动作，继续压桩，直至把桩压到设计标高。一般情况下，对钢筋混凝土预制长桩进行沉桩时，先在现场分段预制，然后在压桩过程中接长。施工现场接桩的方法可采用焊接法或浆锚法。

4. 质量通病防治

1）桩身断裂。桩身断裂是指桩在沉入过程中，桩身突然倾斜错位。发生的原因：桩身在施工中出现较大弯曲，在反复的集中荷载作用下，当桩身受弯承载力不能满足时，即产生断裂；在长时间打夯中，桩身受到拉、压应力，当拉应力过大时，桩身立即断裂；制作桩的水泥强度等级不合要求，砂、石中含泥量大或石中有大量碎屑，使桩身局部强度不够而在此处断裂；桩在堆放、起吊及运输过程中，也可能发生断裂。防治措施：施工前，清除地下障碍物，构件经检查不合格不得使用；开始沉桩时，发现桩不垂直应及时校正；采用植桩法施工，钻孔的垂直偏差要严格控制，植桩时，出现偏移不宜通过移动桩架来校正，以免造成桩身弯曲；桩在堆放、起吊运输过程中，应严格按规定或操作规程执行。出现断桩，一般采取补桩的方法。

2）桩顶碎裂。桩顶碎裂是指在沉桩过程中，桩顶出现混凝土掉角、碎裂、坍塌、露筋等情况。发生的原因：桩顶强度不够，混凝土设计强度等级偏低，混凝土配合比不良，施工控制不严，振捣不密实，养护时间短或养护措施不当；桩顶凹凸不平，桩顶平面与轴线不垂直，桩顶保护层厚；桩锤大小不合适；桩顶与桩帽的接触面不平；桩顶未加缓冲垫或缓冲垫损坏，使桩顶面直接受冲击力作用。防治措施：构件经检查不合格不得使用；合理选择桩锤；沉桩前检查垫木是否平整；检查有无缓冲垫及是否损坏；出现桩顶碎裂时，要停止沉桩，加厚缓冲垫，严重时，桩顶要剔平补强，重新沉桩；桩顶强度不够时，换用养护时间长的桩。

3）沉桩达不到设计要求。沉桩达不到设计要求是指桩设计时是以最终贯入度和最终标高作为施工的最终控制，而有时沉桩达不到设计最终控制要求。发生的原因：设计考虑持力层或选择桩尖标高有误；勘探时对局部硬夹层或软夹层的透镜体未能全部了解清楚；群桩施工时，由于挤土现象，导致桩沉不下去；桩锤太大或太小；打桩间歇时间过长，摩擦力增大；施工时定错桩位；桩顶打碎或桩打断，致使桩不能继续打入。防治措施：根据地质资料正确确定桩长及桩位；合理选择机械，防止桩身断裂、桩顶打碎；认真放线定桩位；遇有硬夹层，可采用植桩法等施工；当桩打不进去时，施工中可适当调节桩锤大小和增加缓冲垫的厚度。

4）桩顶位移。桩顶位移是指在沉桩过程中，相邻桩产生横向位移或桩身上升。发生的原因：桩数较多，土壤饱和密实，桩间距较小，在沉桩时土被挤到极限密实度而向上隆起。防治措施：采取井点降水等排水措施，减小其含水量；沉桩期间不得同时开挖基坑，待沉桩完毕后相隔适当时间方可开挖；采用植桩法可减小土的挤密程度及孔隙水压力的上升。

5）桩身倾斜。桩身倾斜是指桩垂直偏差超过允许值。发生的原因分析。场地不平或桩架上导向杆调节不灵；稳桩时不垂直；桩尖倾斜过大；土层有陡的倾斜角。防治措施：场地要平整；其他措施参见"桩身断裂"和"桩顶碎裂"。

4.2.1.3 钢筋混凝土灌注桩施工

灌注桩是先用机械或人工成孔，然后放入钢筋笼，最后灌注混凝土而成的桩。按其成孔方式的不同，可分为钻孔灌注桩、沉管灌注桩、爆扩成孔灌注桩、人工挖孔灌注桩等。

1. 钻孔灌注桩的施工

钻孔灌注桩是指利用钻孔机械在桩位上钻出桩孔，然后在孔中灌注混凝土而成的桩。灌注桩的成孔方法，根据地下水位的高低可分为泥浆护壁成孔（桩位处于地下水位以下）和干作业成孔（桩位处于地下水位以上）。

（1）泥浆护壁成孔灌注桩

泥浆护壁成孔灌注桩在进行成孔时，为防止塌孔，在孔内用相对密度大于1的泥浆进行护壁。泥浆护壁成孔灌注桩的施工工艺流程如图4-38所示。

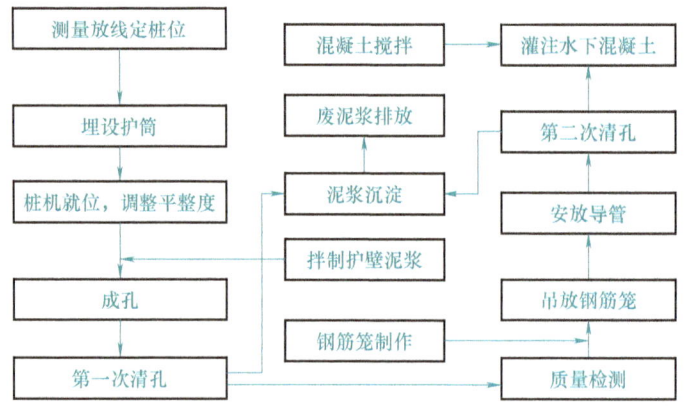

图 4-38 泥浆护壁成孔灌注桩施工工艺流程图

1）施工设备。泥浆护壁成孔灌注桩常用的钻孔机械有潜水钻机、回旋钻机、冲击钻机、冲抓钻机。这里主要介绍潜水钻机。

潜水钻机是一种将动力、变速机构加以密封并与钻头连在一起，潜入水中工作的体积小而轻的钻机。

潜水钻机由潜水电机、齿轮减速器、钻头、钻杆等组成。钻孔直径450~1500mm，钻孔深20~30m，最深可达50m。适用于地下水位较高的软硬土层，不得用于漂石。

2）材料要求。

① 水泥：根据设计要求确定水泥品种、强度等级，不得使用不合格水泥。

② 砂：中砂或粗砂，含泥量不大于5%。

③ 石子：粒径为5~32cm的卵石或碎石，含泥量不大于2%。

④ 水：使用自来水或不含有害物质的洁净水。

⑤ 黏土：可就地选择塑性指数 $I_p \geq 17$ 的黏土；外加剂通过试验确定。

⑥ 钢筋：钢筋的品种、级别或规格必须符合设计要求，有产品合格证、出厂检验报告和进场复验报告。

3)操作工艺。钻孔时,先安装桩架等设备,在桩位处埋设护筒。护筒一般由 4~8mm 厚的钢板卷制而成,护筒内径宜比设计桩径大 100mm,上部宜开设 1~2 个溢浆孔。护筒的埋深,一般情况下,在黏性土中不宜小于 1m;在砂土中不宜小于 1.5m;护筒顶面宜高出地面 300mm。钻机就位后,即可进行钻孔。

4)安全技术。

① 机械设备操作人员必须经过专门训练,熟悉机械操作性能,并经专业管理部门考核取得操作证。

② 机械设备操作人员和指挥人员严格遵守安全操作技术规程,工作时集中精力,谨慎工作,不擅离职守。

③ 机械设备发生故障及时检修,决不带故障运行,不违规操作,杜绝机械和车辆事故。

④ 专业电工持证上岗,电工有权拒绝执行违反电器安全规程的工作指令,安全员有权制止违反用电安全的行为,严禁违章指挥和违章作业。

⑤ 所有现场施工人员佩戴安全帽,特种作业人员佩戴专门的防护用具,登高作业超过 2m 必须穿防滑鞋,戴安全帽。

⑥ 所有现场作业人员和机械设备操作人员严禁酒后上岗。

⑦ 护筒埋设完毕、灌注混凝土后的桩坑应加以保护,避免人或物品掉入。

⑧ 钢筋笼起吊时要平稳,严禁猛起猛落,并拉好尾绳。

⑨ 灌注桩施工现场所有设备、设施、安全装置、工具配件以及个人劳保用品必须经常检查,确保完好和使用安全。

⑩ 施工现场一切电源、电路的安装和拆除必须由持证电工操作;电器必须严格接地、接零和使用漏电保护器。

5)成品保护措施。

① 桩机就位后,应复测钻具中心,确保钻孔中心位置的准确性。

② 成孔过程中,应随地层变化调整泥浆性能,控制进尺速度,避免塌孔及缩颈;并应检查钻具连接的牢固性,避免掉钻头。

③ 钢筋笼制作完毕后,应按桩分节编号存放;存放时,小直径桩钢筋笼堆放层数不能超过两层,大直径桩钢筋笼不允许堆放,防止变形;存放时,钢筋笼下部用方木或其他物品铺垫,上部覆盖。

④ 钢筋笼安放完毕后,应用钢筋或钢丝绳固定,保证其平面位置和高程满足规范要求。

⑤ 混凝土灌注完成后的 24h 内,5m 范围内相邻的桩禁止进行成孔施工。

6)质量控制。

① 桩孔的定位放线必须准确,误差严格控制在规范规定的范围以内。

② 必须严格控制成孔质量,保证成孔后的平面布置、垂直度、有效直径、孔深必须符合设计和规范要求。

③ 钢筋笼放入后必须进行二次清孔,降低孔底的泥浆相对密度,要进行严格的清孔检查,主要检查清孔后孔底的实际标高和泥浆指标是否满足规范要求。检查合格后方可浇筑混凝土。否则继续清孔,直至合格为止。

④ 严格控制泥浆土料的质量，必须选用优质高塑性黏土或膨润土拌制。泥浆的性能指标必须符合规范要求。

⑤ 必须保证护筒埋设准确、稳定，护筒中心与桩位中心对正且应垂直，偏差控制在规定范围内。

⑥ 必须保证钢筋笼的绑扎正确牢固。钢筋规格、间距、长度、箍筋均应符合设计要求，必须统一配料绑扎。浇筑混凝土时严格防止钢筋上浮。

⑦ 严格控制混凝土的配合比。混凝土的搅拌、浇筑、振捣等严格按工艺标准操作。必须保证混凝土的强度达到设计要求。

⑧ 必须使用隔水性能好并能顺利排出的隔水栓。严禁使用不合格隔水栓。

（2）干作业成孔灌注桩

干作业成孔灌注桩是指在不用泥浆或套管护壁的情况下用人工或钻机成孔，放入钢筋笼，浇灌混凝土而成的桩。干作业成孔灌注桩适用于在地下水位以上的各种软硬土中成孔。

1）施工设备。干作业成孔机械有螺旋钻机、钻孔机、洛阳铲等，现以螺旋钻机为例，介绍干作业成孔灌注桩的施工方法。此类桩按成孔方法可分为长螺旋钻孔灌注桩和短螺旋钻孔灌注桩两种。长、短螺旋钻机如图4-39和图4-40所示。

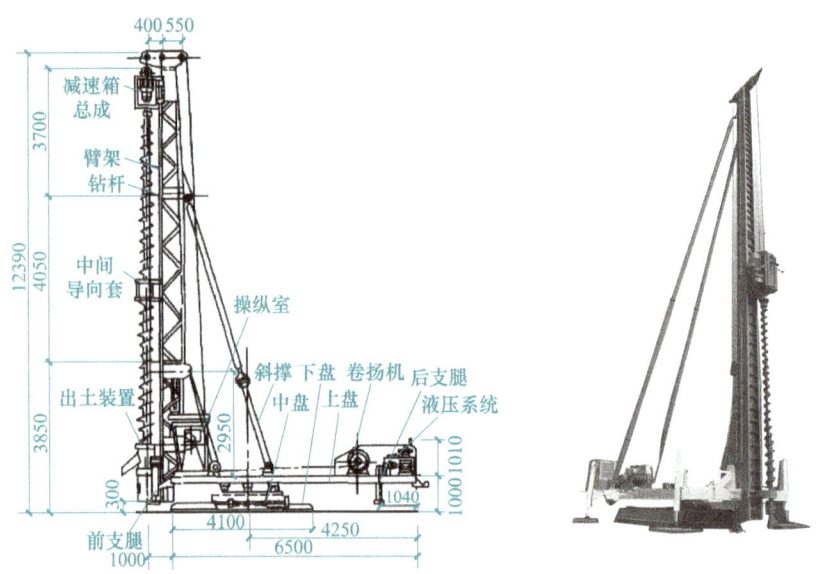

图4-39 液压步履式长螺旋钻机（单位：mm）

2）材料准备。

① 水泥：宜用强度等级为32.5级的矿渣硅酸盐水泥。

② 细骨料：中砂或粗砂。

③ 粗骨料：卵石或碎石，粒径5~32mm。

④ 钢筋：根据设计要求选用。

⑤ 火烧丝：用规格18~20号钢丝烧成。

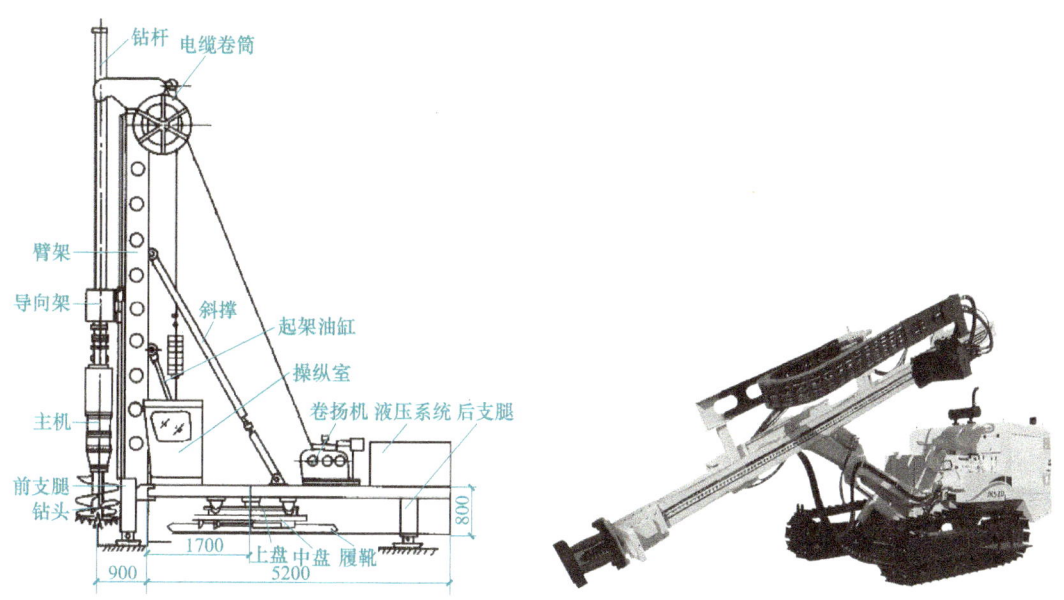

图 4-40　KQB1000 型液压步履式短螺旋钻机

⑥ 垫块：用 1∶3 水泥砂浆和 22 号火烧丝提前预制成型或用塑料卡。

⑦ 外加剂：选用高效减水剂。

3）操作工艺。螺旋钻机利用动力旋转钻杆带动钻头上的螺旋叶片旋转来切削土层，被切削土层随钻头旋转，沿钻杆上升排出孔外。

钻机在钻进时，钻杆要保持垂直。若发现钻杆摇晃、移动、偏移或难以钻进，则可能遇到坚硬夹物，应立即停车检查。

钻孔达到要求深度后，钻机必须在孔底处进行空转清土，然后停止转动；提钻杆，不得回转钻杆。然后吊放钢筋笼，浇筑混凝土。浇筑混凝土时应连续进行，分层振捣密实，每层高度不得大于 1.50m。混凝土浇筑到桩顶时，应适当超过桩顶设计标高，以保证在凿除浮浆后，桩顶标高符合设计标高。混凝土的坍落度一般宜为 80~100mm。

4）安全技术。

① 钻机就位时，必须保持平稳，防止发生倾斜、倒塌。

② 桩成孔检查后，盖好孔口盖板，用钢管搭架子护栏围挡，防止在盖板上行车或走人。

③ 施工现场地面应适当进行混凝土硬化。

④ 现场搅拌混凝土时应搭设搅拌棚。

5）成品保护措施。

① 钢筋笼在制作、运输和安装过程中，应采取措施防止变形。吊入钻孔时，应有保护垫块或垫管和垫板。

② 钢筋笼在吊放入孔时，不得碰撞孔壁。灌注混凝土时，应采取措施固定其位置。

③ 灌注桩施工完毕进行基础开挖时，应制定合理的施工顺序和技术措施，防止桩产生位移和倾斜。并应检查每根桩的纵、横水平偏差。

④ 孔内放入钢筋笼后，要在 4h 内浇筑混凝土。在浇筑过程中，应有不使钢筋笼上浮和防止泥浆污染的措施。

⑤ 安装钻机、运输钢筋笼以及浇筑混凝土时，均应注意保护好现场的轴线和高程桩。

⑥ 桩头外留的主筋插铁要妥善保护，不得任意弯折或压断。

⑦ 桩头混凝土强度在没有达到 5MPa 时，不得碾压，以防桩头损坏。

6）质量控制。

① 钻孔完毕，应及时盖好孔口，并防止在盖板上行车或走人。操作中应及时清理虚土。必要时可二次投钻清土。

② 注意土质变化，遇有砂卵石或流塑淤泥、上层滞水层渗漏等情况，应会同有关单位研究处理，防止塌孔、缩孔。

③ 混凝土浇筑及振捣要严格按操作工艺的规定执行，严禁把土和杂物混入混凝土中一起浇筑。

④ 钢筋笼在堆放、运输、起吊、入孔等过程中，应严格按操作规定执行。必须加强对操作工人的技术交底，严格执行加固的质量措施，防止钢筋笼变形。

⑤ 当出现钻杆跳动、机架摇晃、不进尺等异常现象时，应立即停车检查。

⑥ 混凝土浇筑到接近桩顶时，应随时测量顶部标高，以免过多截桩和补桩。

（3）质量通病防治

1）护筒周围冒浆。护筒周围冒浆，会造成护筒倾斜、位移、桩孔偏斜等，甚至无法施工。发生的原因是由于埋设护筒时周围填土不密实，或是起落钻头时碰到了护筒。处理方法是：若是钻进初始时发现冒浆，则应用黏土在护筒四周填实加固；若护筒严重下沉或位移，则应重新埋设。

2）孔壁坍塌。指成孔过程中孔壁土层不同程度塌落。在钻孔过程中，排出的泥浆中不断出现气泡或护筒内的泥浆面突然下降，这都是塌孔的迹象。塌孔原因主要是土质松散，护壁泥浆密度太小，护筒内泥浆面高度不够。处理方法是：增加泥浆密度，保持护筒内泥浆面高度，从而稳定孔壁；若坍塌严重，则应立即回填黏土到塌孔位置以上 1~2m，待孔壁稳定后再进行钻孔。

3）钻孔偏斜。造成钻孔偏斜的原因是钻杆不垂直、钻头导向部分太短、导向性差、土质软硬不一或遇上孤石等。处理方法是：调整钻杆的垂直度，钻进过程中要经常注意观察；钻进时减慢钻进速度，并提起钻头，上下反复扫钻若干次，以削去硬土，使钻土正常；若偏斜过大，则应填入石子、黏土，重新成孔。

4）孔底虚土。指孔底残留的一些由于安放钢筋笼时碰撞孔壁造成孔壁塌落及孔口落入的虚土。虚土会影响到桩的承载力，所以必须清除。处理方法是：采用孔底夯实机具对孔底虚土进行夯实。

5）断桩。水下灌注混凝土桩的质量除混凝土本身质量外，是否断桩也是鉴定其质量的关键。处理方法是：力争首批混凝土浇灌一次成功；分析地质情况，研究解决对策；要严格控制现场混凝土配合比。

2. 沉管灌注桩的施工

沉管灌注桩是目前采用最为广泛的一种灌注桩。采用锤击或振动的方法，将带有预制钢筋混凝土桩尖（也称桩靴）或活瓣桩尖的钢管沉入土中成孔，然后放入钢筋笼，灌注混凝土，最后再拔出钢管，即形成混凝土灌注桩。

(1) 施工设备

1) 锤击沉管灌注桩系用锤击打桩机将带活瓣桩尖或钢筋混凝土预制桩尖（靴）的钢管锤击沉入土中，然后边灌注混凝土边用卷扬机拔桩管成桩。主要设备为锤击打桩机，由桩架、桩锤、卷扬机、桩管等组成，如图4-41所示。

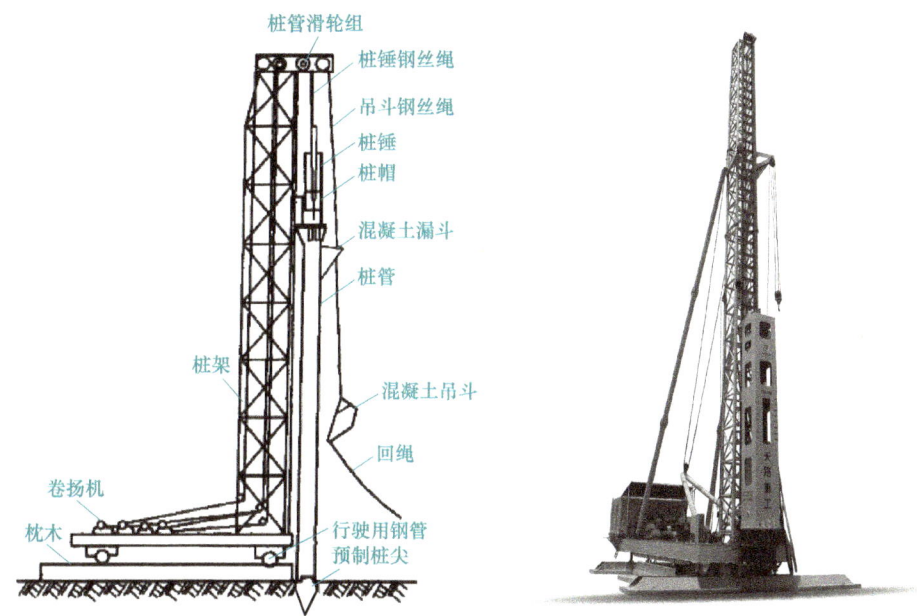

图4-41 锤击打桩机

2) 振动沉管灌注桩系用振动沉桩机利用振动锤产生的垂直定向振动力、桩管自重及卷扬机通过钢丝绳施加的拉力，对带有活瓣桩尖或钢筋混凝土预制桩尖的桩管进行加压，使桩管沉入土中，然后边向桩管内灌注混凝土，边振动拔出桩管，使混凝土留在土中而成桩。振动沉桩机主要由振动锤、桩架、卷扬机、加压装置、桩管、桩尖或钢筋混凝土预制桩尖等，如图4-42所示。

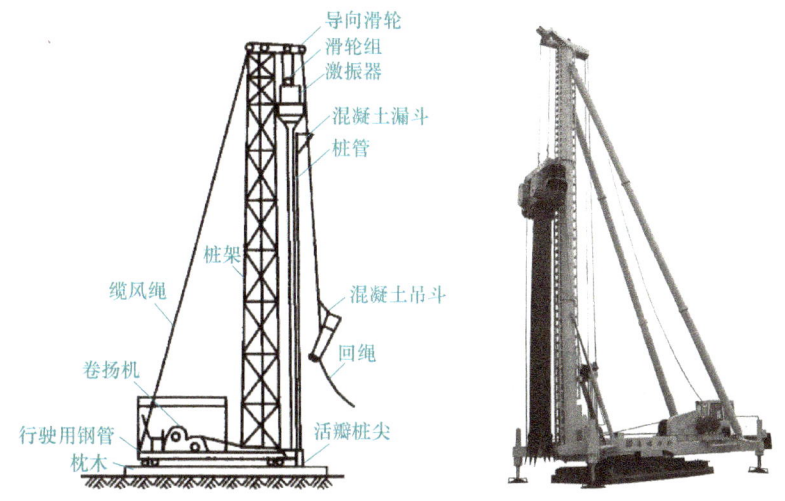

图4-42 振动沉桩机

（2）施工准备

1）技术资料准备。

① 工程地质、水文地质、勘察报告。

② 桩基础施工图纸及图纸会审纪要。

③ 施工现场和邻近区域内的地下管线、危房等调查资料。

④ 确定桩机进出路线和打桩顺序，制定施工组织设计或施工方案。

⑤ 已编制的各分项工程的技术交底书。

2）施工现场准备。

① 施工现场地上、地下一切障碍都处理完毕，三通一平，临时设施已完成，排水畅通。

② 根据桩基础施工图纸和建筑物的轴线控制桩，放出桩基础轴线及桩位点。

③ 布设测量水平标高的木桩，并经过验收签字。

④ 分段制作好钢筋笼，以 5~8m 为宜。

⑤ 打试桩，不少于 2 根。

3）材料机具准备。

① 施工所需的各种材料准备就绪，满足施工需要。水泥、钢材必须合格，并有材料的合格证、出厂检验报告和进场复验报告；砂、石子有进场复验报告，含泥量符合规定。

② 外加剂、掺合料根据需要通过试验确定，并有合格证、验测报告、复验报告，预制桩尖已制作完毕，质量应符合设计要求。

③ 施工机具准备就绪，如打桩机进场，机动翻斗车、小推车、振捣器、溜筒、盖板、测绳、线坠等准备就绪。

（3）操作工艺

1）锤击沉管灌注桩的成桩过程为：桩机就位→沉管→上料→拔管。锤击沉管灌注桩施工时，先将桩机就位，吊起桩管，对准预先埋好的预制钢筋混凝土桩尖，放置麻绳垫于桩管与桩尖连接处，然后慢慢放入桩管，套入桩尖，压入土中或将带有活瓣桩尖的套管对准桩位。在桩管上扣上桩帽，检查桩管、桩锤、桩架是否在同一垂线上（偏差≤0.5%），无误后，即可用锤打击桩管。当桩管沉到设计要求深度后，停止锤击。

若检查套管内无泥浆或水，即可灌注混凝土。之后，开始拔管，拔管的速度应均匀，第一次拔管高度不宜过高，应以能容纳第二次需要灌入的混凝土量为限，以后始终保持管内混凝土面高于地面。当混凝土灌至钢筋笼底标高时，放入钢筋笼，继续灌注混凝土并拔管，直到全管拔完为止。

上述工艺称为单打灌注桩施工。为扩大桩截面提高设计承载力，常采用复打法成桩。施工方法是：第一次灌注桩施工完毕，拔出桩管后，立即在原桩位再埋入钢筋混凝土桩尖，将桩管外壁上的污泥清除后套入桩尖，再进行第二次沉管，或将带有活瓣桩尖的套管拔出进行二次沉管，使未凝固的混凝土向四周挤压扩大桩径，然后灌注第二次混凝土。拔管方法与初打时相同。施工时注意：复打施工必须在第一次灌注的混凝土初凝之前进行，且前后两次沉管的轴线应重合。

2）振动沉管灌注桩的成桩过程为：桩机就位→沉管→上料→拔管。施工时，先将钢筋混凝土桩尖埋设好，桩机就位后将桩管对准桩位中心吊起套入桩尖或将带有活瓣桩尖的套管对准桩位。垂直度（偏差≤0.5%）检查之后，把钢筋混凝土桩尖压入土中。然后开动振动锤，将桩管沉入土中。沉管时，为了适应不同土质条件，常用加压方法来调整土的自振频率。桩管沉到设计标高后，停止振动，进行混凝土灌注，混凝土一般应灌满桩管或略高于地面，然后再开动激振器，卷扬机拔出钢管，边振边拔，使桩身混凝土得到振动密实。

振动沉管灌注桩可根据土质情况和荷载要求，采用单打法、反插法、复打法施工。

① 单打法，即一次拔管。拔管时，先振动 5~10s，再开始拔桩管，应边振边拔，每提升 0.5m 停拔，振 5~10s 后再拔管 0.5m，再振 5~10s，反复进行直至地面。

② 反插法，先振动再拔管，每提升 0.5~1.0m，再把桩管下沉 0.3~0.5m（且不宜大于活瓣桩尖长度的 2/3），在拔管过程中分段添加混凝土，使管内混凝土面始终不低于地表面，或高于地下水位 1.0~1.5m 以上，反复进行直至地面。严格控制拔管速度。在桩尖的 1.5m 范围内，宜多次反插以扩大端部截面，从而提高桩的承载力，适用于饱和软土层。

③ 复打法，同锤击沉管灌注桩。

（4）安全技术

1）检查桩尖埋设位置是否与设计桩位相符合，桩管套入桩尖后应保持两者轴线一致。

2）向桩管施加的锤击（或振动）力应均匀一致，让锤击力落于桩管中心，严禁打偏锤。

3）成孔过程中要随时注意桩管沉入情况，控制好钢丝绳的长度。向上拔管时，要垂直向上边振动边拔。遇到卡管时，不要强行蛮拉。

4）采用二次复打方式时，应清除桩管外的泥砂，前后两次沉管的轴线应重合。

5）在打桩管时，空口和桩架附近不得有人站立或停留。

6）停止作业时，应将桩管底部放到地面垫木上，不得悬吊在桩架上。

7）桩管打到预定深度时，应将桩锤提到 4m 以上锁住后，才可检查桩管，灌注混凝土。

8）用振动沉管法成孔时，开机前操作人员必须发出信号，振动锤下严禁站人，用收紧钢丝绳加压时，应随桩管沉入调整钢丝绳，防止抬起机架。

9）操作前必须检查各部螺栓、螺母及销的连接有无松动，电气设备是否完好。启动电源检查电动机转向是否正确。

10）悬挂振动桩锤的起重机，其吊钩上必须有防松脱的保护装置。振动桩锤悬挂钢架的耳环上应加装保险钢丝绳。

11）启动振动桩锤时，应监视启动电流和电压，一次启动时间不应超过 10s。当启动困难时，应查明原因，排除故障后，方可继续启动。启动后，应待电流降到正常值时，方可转到运转位置。

12）振动桩锤启动运转后，应待振幅达到规定值时，方可作业。

13）沉桩前，应以桩的前端定位调整道轨与桩的垂直度，不应使其倾斜。

14）作业中应保持振动桩锤减振装置各摩擦部位具有良好的润滑。

15）作业后，应将振动桩锤沿导杆放至低处，并用木块垫实，带桩管的振动桩锤可将桩管插入地下一半。除切断操纵箱上的总开关外，还应切断配电箱上的开关，并应采用防水布将操纵箱遮盖好。

（5）成品保护措施

1）钢筋笼在制作、运输、安装过程中，采取措施防止变形弯曲。吊入桩孔时，要有保护垫块。

2）采取有效措施保证桩尖位置准确。

3）桩顶混凝土强度在未达到 5MPa 时，不得碾压，以防桩顶混凝土损坏。

4）在安装打桩机、运输钢筋以及浇筑混凝土时，必须保护好现场的轴线定位桩、高程控制桩，防止移位及损坏。桩顶外留的主筋或插筋要妥善保护，不得任意弯折或压断。

（6）质量控制

1）沉管全过程必须有专职记录员做好施工记录；每根桩的施工记录均应包括每米的锤击数和最后一米的锤击数；必须准确测量最后三振，每振十锤的贯入度及落锤高度。

2）沉管至设计标高后，应立即灌注混凝土，尽量减少间隔时间；灌注混凝土之前，必须检查桩管内有无桩尖或进泥、进水。

当桩身配钢筋笼时，第一次混凝土应先灌至笼底标高，然后放置钢筋笼，再灌混凝土至桩顶标高。第一次拔管高度应以能容纳第二次所需灌入的混凝土量为限，不宜拔得过高。

3）拔管速度要均匀，对一般土层以 1m/min 为宜，在软弱土层和软硬土层交界处宜控制在 0.3~0.8m/min。

4）混凝土的充盈系数不得小于 1.0；对于混凝土充盈系数小于 1.0 的桩，宜全长复打，若可能会导致断桩和缩颈桩，则应进行局部复打。成桩后的桩身混凝土顶面标高应不低于设计标高 500mm。全长复打桩的入土深度宜接近原桩长，局部复打应超过断或缩颈区 1m 以上。

（7）质量通病防治

1）瓶颈桩。瓶颈桩指灌注混凝土后的桩身局部直径小于设计尺寸。产生瓶颈桩的主要原因有：在地下水位以下、饱和淤泥或淤泥质土中沉桩管时，土受压挤，产生孔隙压力，当拔出套管时，把部分桩体挤成缩颈；桩身间距过小，拔管速度过快，混凝土过于干硬或和易性差，也会造成瓶颈现象。处理方法是：施工时每次向桩管内尽量多装混凝土，借自重抵消桩身所受的孔隙水压力；桩间距过小，宜采用跳打法施工；拔管速度不得大于 0.8m/min；拔管时可采用复打法或反插法；桩身混凝土采用和易性好的低流动性混凝土。

2）断桩。断桩指桩身局部残缺夹有泥土，或桩身的某一部位混凝土坍塌，上部被土填充。产生断桩的原因有：桩下部遇到软弱土层，桩身混凝土未初凝，即受到振动，振动对两层土的波速不同，产生剪力将桩剪断；沉管速度过快；桩中心距过小，打邻桩时受挤压断裂等。处理方法是：桩的中心距宜大于 3.5 倍桩径；桩中心距过小，采用跳打或控制时间法以减少对邻桩的影响；已出现断桩时，将断桩拔去，桩孔清理后，略增大桩截面面积或加上铁箍连接，再重新灌注混凝土。

3）吊脚桩。吊脚桩指桩下部混凝土不密实或脱落，形成空腔。产生吊脚桩的原因有：桩尖活瓣受土压实，抽管至一定高度才张开；混凝土干硬，和易性差，形成空隙；预制桩尖被打坏而挤入桩管内。处理方法是：采用密振慢抽方法，开始拔管 50cm，将桩管反插几下，然后再正常拔管；混凝土保持良好的和易性；严格检查预制桩尖的强度和规格。

4）桩尖进水、进泥砂。这种现象是指套管活瓣处涌水或泥砂进入桩管内。主要发生在地下水位高或含水量大的淤泥和粉砂土层中。产生桩尖进水、进泥砂的原因有：地下涌水量大，水压大；沉桩时间过长；桩尖活瓣缝隙大或桩尖被打坏。处理方法是：若地下涌水量大，则当桩管沉到地下水位时，用 0.5m 高水泥砂浆封底，并再灌 1m 高混凝土，然后沉入；沉桩时间不要过长；将桩管拔出，修复改正桩尖缝隙后，用砂回填桩孔重打。

3. 爆扩成孔灌注桩的施工

爆扩成孔灌注桩简称爆扩桩，它是用钻孔或爆扩法成孔，孔底放入炸药，再灌入适量混凝土压爆，之后引爆，使孔底形成扩大头，孔内混凝土落入孔底的空腔内，再放置钢筋笼，浇灌桩身混凝土而成的灌注桩，如图4-43所示。

（1）施工准备

1）各种材料进场准备就绪，并符合要求。要认真检查验收，严禁不合格和不符合要求的材料进入现场和使用。必须把好原材料的质量关。先送检，复验合格后施工，不得先施工后复验。实验室的配合比试验已完成并有报告。

2）炸药、雷管的使用申请、备案已完成。

3）地上、地下的一切障碍物已清理完毕，三通一平已完成，临时设施准备就绪。

4）根据桩基础施工图定出轴线及桩位线，并经过预检签证，在各个桩位做出中心十字线。

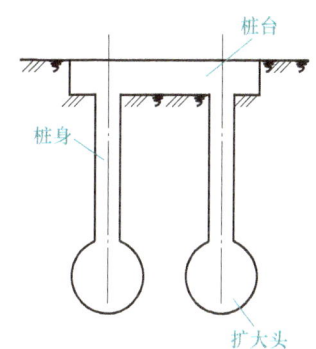

图 4-43 爆扩桩示意图

5）钢筋笼已制作完毕，成孔试验桩已完成，不少于2根。

6）已编制施工方案、技术交底书，爆扩安全施工措施已落实。

其他准备工作见前述其他桩的施工准备工作内容。

（2）操作工艺

爆扩桩的施工过程如图4-44所示。

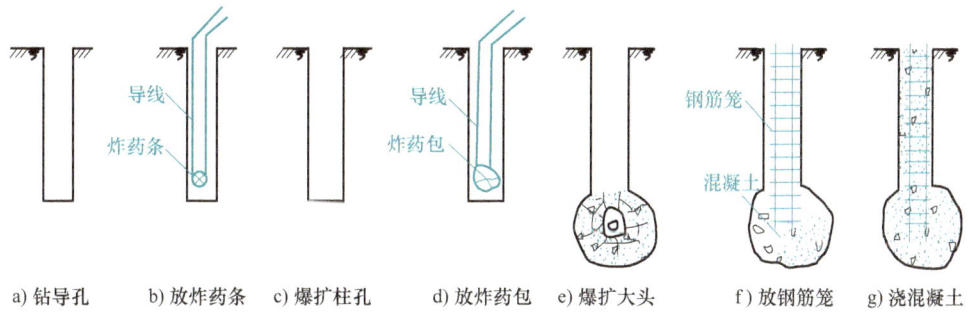

a) 钻导孔　b) 放炸药条　c) 爆扩柱孔　d) 放炸药包　e) 爆扩大头　f) 放钢筋笼　g) 浇混凝土

图 4-44 爆扩桩施工过程图

1）成孔。常用爆扩桩成孔法有人工成孔法、机钻成孔法、爆扩成孔法。爆扩成孔法是先用人工（洛阳铲或手提钻）按设计深度打一个导孔，导孔直径视炸药条粗细及土质情况而定：土质较好者，直径为40~70mm；土质较软、地下水位较高者，直径以100mm为宜。然后根据不同土质、不同桩径要求放入不同直径的炸药条。装炸药的管材，以玻璃管为好，管内放置雷管。雷管的放法：一般药管长度大于5m放3个雷管；小于5m的放两个雷管。引爆雷管清除积土后即形成桩孔。

2）爆扩大头。扩大头的爆扩，宜采用硝铵炸药和电雷管进行，且同一工程中宜采用同一种类的炸药和雷管。炸药用量应根据设计所要求的扩大头直径，由现场试验确定。药包宜包扎成扁圆球形，这样炸出的扩大头面积较大。药包中心最好并联放置两个雷管，以保证顺利引爆。药包用绳索吊下安放于孔底正中，如孔中有水，可加压重物以免浮起，药包放正后，上面填盖 150~200mm 厚的砂，保证药包不被混凝土冲破。随着从桩孔中灌入一定量的混凝土后，即进行扩大头的引爆。

(3) 安全技术

1）距爆扩桩位 15m 的范围内应做好危险警戒，不得有人员停留或穿行。

2）经专职人员发出装药信号后，爆破人员方可安装药包，药包应放在桩孔底面中心，在药包上填砂，经检验引爆线路完好后，再浇压爆混凝土，其量不超扩大头的 50%。

3）经专职人员检查现场安全无误后，方可发出引爆信号。

4）对于瞎炮，应由专职人员检查原因，并设法诱爆，或采取措施破坏药包。

5）要认真贯彻执行爆破安全规程及有关安全规定。切实做好爆破作业前后各个施工工序的操作检查处理，制定详细的安全施工措施，杜绝各种事故的发生，以确保安全施工。

6）炸药、雷管要由专人负责保管，严格领、退、用制度。

7）雷管应放在专用木箱内，箱子须放在距炸药不小于 2m 的地方，有条件应与炸药分别存放。

8）现场必须设置专用闸箱、插座并随时上锁。

9）爆破材料的贮存与管理、装卸运输、防护等均应符合有关安全规定。

10）需向当地公安机关申请备案。施工操作由专业技术人员操作，无爆破资格证人员严禁从事该项工作。

(4) 成品保护措施

1）施工时注意保护好现场的定位轴线桩、高程桩和各桩位的定位十字线。

2）爆破桩施工完后，在开挖土方时要分层开挖，一次开挖的深度不要大，防止机械碰撞桩身，发生桩身位移、倾斜、断裂等质量事故。

3）桩身孔成孔后要用盖板将孔口盖好，以防泥土掉入孔底和发生意外事故。

4）爆扩大头时，不得用导线将药包放到孔底，应用绳索吊入孔底。炸药包应用防水材料包扎好，以防进水。药包位置必须准确，然后倒入一定厚度的砂进行保护并固定其位置。

(5) 质量控制

1）严格控制桩基础的定位放线的准确性，其误差不得超过规范规定。

2）严格控制桩的平面位置垂直度，桩身孔和扩大头的直径符合设计要求。成孔后要认真检查，合格后方可进行下道工序。

3）在正式施工前，必须先进行成孔试验，找出施工场地土质条件下炸药用量等有关参数，否则不得施工。

4）钢筋笼制作应符合设计要求（包括主筋间距、箍筋间距、长度、直径、规格）。绑扎牢固，必须有定位箍筋，不得发生变形、弯曲。往孔内吊放钢筋笼时位置应准确，不得发生偏移，防止将泥土带入孔内形成夹渣。

5）必须保证混凝土的浇筑质量，配合比准确，材料必须合格和称量。根据不同土质选择混凝土的坍落度，保证混凝土的强度达到设计要求。

6）根据桩距大小、孔底标高的深浅，制定合理的爆扩方式和程序。

7）按规定制作留设试块，由试验工专门负责，统一管理。及时送检，不得弄虚作假，确保试块的真实性和数据的准确性。

（6）质量通病防治

1）拒爆，又称瞎炮，是导线弄断、雷管失效或药包受潮，使得引爆时雷管或药包不能爆炸。发生拒爆采取的措施是：在木杆或竹竿下方锯一个小口，绑上小型药包插入原药包附近，然后通电引爆，带动原药包爆炸；或采用一根直径为50mm的钢管，下端塞一木塞插入原药包附近成孔，用木杆或钢筋捅掉木塞，放入条形药包后，拔出钢管，通电引爆，带动原药包爆炸。

2）拒落，又称"卡脖子"，是爆破后混凝土不能自动落下充实爆扩头。产生拒落的原因有：混凝土骨料过大；混凝土坍落度过小；灌入的压爆混凝土过多；灌入混凝土至引爆的时间过长，从而导致混凝土在引爆时已初凝；地层中夹有软弱土层使引爆后产生缩颈等。发生拒落采取的措施是：用木棍、钢筋或通过强力振捣将混凝土捅松，使之下落；若由于缩颈造成拒落，则应取出混凝土，钻去缩颈部位的泥土，重新灌入混凝土。

3）回落土，指成孔后，由于孔壁土松散，孔壁坍塌，回落孔底，或是爆扩成孔时孔口处理不当，或是雨水冲刷浸泡等造成孔壁塌落，回落孔底，这是爆扩桩施工中比较普遍的现象。处理方法是：在松散土层或砂类土层中爆扩大头，要特别注意保护颈部，不致使土体下落；桩孔内有了回落土，应设法掏除干净。

4. 人工挖孔灌注桩的施工

人工挖孔灌注桩是指在桩位采用人工挖掘方法成孔，然后安放钢筋笼、灌混凝土而成的桩。这类桩具有成孔机具简单，挖孔作业时无振动、无噪声、无环境污染，便于清孔和检查孔壁及孔底，施工质量可靠等特点，如图4-45所示。

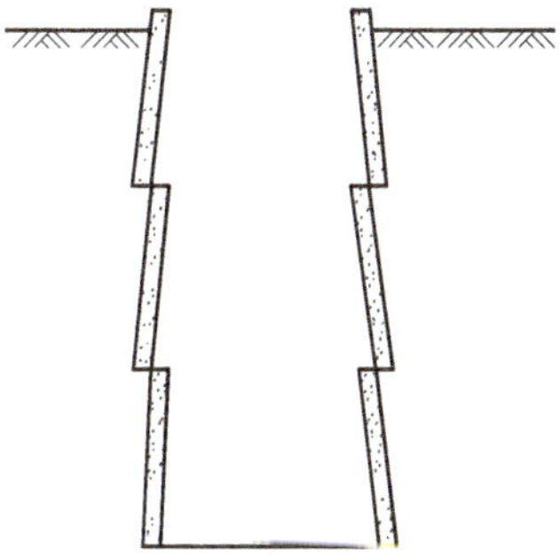

（1）施工准备

1）作业条件准备。

① 对于人工挖孔桩孔，要根据该地区的土质特点、地下水分布情况，编制切实可行的施工方案，进行井壁支护的计算和设计。

② 开挖前场地完成三通一平。

③ 熟悉施工图纸及场地的地下土质、水文地质资料，做到心中有数。

图4-45 人工挖孔灌注桩

④ 按基础平面图，设置桩位轴线、定位点；桩孔四周撒灰线，测定高程水准点。放线工序完成后，办理验收手续。

⑤ 按设计要求分段做好钢筋笼。

⑥ 全面开挖之前，有选择地先挖两个试验桩孔，分析土质、水文等有关情况，以此修改原施工方案。

⑦ 地下水位比较高的区域，先降低地下水位至桩底以下0.5m左右。

⑧ 人工挖孔操作的安全至关重要，开挖前对施工人员进行全面的安全技术交底；操作前对吊具进行安全可靠的检查和试验，确保施工安全。

2）材料要求。

① 水泥：采用32.5级以上普通硅酸盐水泥或矿渣水泥，有产品合格证、出厂检验报告和进场复验报告。

② 砂：中砂或粗砂，有进场复验报告。

③ 石子：粒径为 0.5~3.2cm 的卵石或碎石，有进场复验报告。

④ 水：自来水或不含有害物质的洁净水。

⑤ 钢筋：钢筋的品种、级别或规格必须符合设计要求，有产品合格证、出厂检验报告和进场复验报告，表面清洁，无老锈和油污。

⑥ 垫块：用 1:3 水泥砂浆埋 22 号钢丝烧成。

⑦ 火烧丝：由 18~20 号钢丝烧成。

⑧ 外加剂、掺合料：根据施工需要通过试验确定，有出厂质量证明、检测报告、复验报告。

（2）操作工艺

1）人工挖孔灌注桩的工艺流程为：放线定桩位及高程→开挖第一节桩孔土方→支护壁模板，放附加钢筋→浇筑第一节护壁混凝土→检查桩位（中心）轴线及标高→架设垂直运输架→安装电动葫芦（卷扬机）→安装吊桶、照明、活动盖板、水泵、通风机等→开挖吊运第二节桩孔土方→先拆第一节护壁模板，再支第二节护壁模板（放附加钢筋）→浇筑第二节护壁混凝土→再次检查桩位（中心）轴线及标高→逐层往下循环作业→开挖扩底部分→检查验收→吊放钢筋笼→浇筑桩身混凝土→插桩顶钢筋。

2）放线定桩位及高程：依据建筑物测量控制网和基础平面布置图，测定桩位轴线方格控制网和高程基准点，须经有关部门复查，办好预检手续后开挖。

3）开挖第一节桩孔土方：开挖桩孔应从上到下逐层进行。每节的高度根据土质好坏，操作条件而定，一般以 0.9~1.2m 为宜。

4）支护壁模板，放附加钢筋：护壁模板通过拆上节、支下节重复周转使用。第一节护壁宜高出地坪 150~200mm，便于挡土、挡水。护壁厚度一般取 100~150mm。

5）浇筑第一节护壁混凝土：桩孔护壁混凝土每挖完一节以后应立即浇筑。混凝土强度一般为 C20，坍落度控制在 100mm，确保孔壁的稳定性。

6）检查桩位（中心）轴线及标高：每节桩孔护壁做好以后，必须将桩位轴线和标高测设在护壁的上口，然后进行检测。

7）架设垂直运输架：第一节桩孔成孔以后，即着手在桩孔上口架设垂直运输架。

8）安装电动葫芦（卷扬机）：在垂直运输架上安装滑轮组和电动葫芦，或穿卷扬机的钢丝绳，选择适当位置安装卷扬机。

9）安装吊桶、照明、活动盖板、水泵和通风机等：安装吊桶时注意吊桶与桩孔中心位置重合；井底照明必须用低压电源（36V、100W）、带防水带罩的安全灯具；桩孔深度大于20m 时，应向井下通风；桩孔口安装水平推移的活动盖板；当地下渗水量较大时，在桩孔底挖集水坑，用水泵抽水。

10）开挖吊运第二节桩孔土方：从第二节开始，用提升设备运土。桩孔挖至规定的深度后，用支杆检查桩孔的直径及井壁圆弧度，上下应垂直平顺，修整孔壁。

11）先拆第一节护壁模板，再支第二节护壁模板（放附加钢筋）：护壁模板通过拆上节、支下节重复周转使用。拆模强度达到 1MPa。

12）浇筑第二节护壁混凝土：混凝土用串筒输送。可由实验室确定掺入早强剂的量，以加速混凝土的硬化。

13）再次检查桩位（中心）轴线及标高：以桩孔口的定位线为依据，逐节校测。

14）逐层往下循环作业：将桩孔挖至设计深度，桩底应支承在设计所规定的持力层上。

15）开挖扩底部分：桩底可分为扩底和不扩底两种情况。若设计无明确要求，扩底直径一般为 $1.5d$~$3.0d$（d 为桩径）。

16）检查验收：成孔后必须对桩身直径、扩头尺寸、孔底标高、桩位（中心）轴线等做全面测定。

17）吊放钢筋笼：吊放钢筋笼时，要对准孔位，直吊扶稳，缓慢下沉，避免碰撞孔壁。

18）浇筑桩身混凝土：浇筑时采用溜槽加串筒。当混凝土的落差大于 2m，桩孔深度超过 12m 时，宜采用导管浇筑。浇筑混凝土时应连续进行，分层振捣密实。

19）插入桩顶钢筋：混凝土浇筑到桩顶时，桩顶上的钢筋插铁一定要保持设计尺寸，垂直插入，并有足够的保护层。

（3）安全技术

1）多孔同时开挖施工时，应采用间隔挖孔方法，相邻位置不能同时挖孔、成孔。必须待相邻桩孔浇灌完混凝土后才能挖孔，以保证土壁稳定。

2）孔的垂直度和直径尺寸应每挖一节检查一次，发现偏差及时纠正，以免误差积累。

3）挖桩底扩孔应间隔削土，留一部分土作为支撑，待浇灌混凝土之前再挖，此时宜加钢支架支护，浇灌混凝土时再拆除。

4）挖孔桩孔口应设水平移动式活动盖板。当吊桶提升到离地面高 1.8m 左右（超过人高）时，推活动盖板，关闭孔口，手推车推至盖板上，卸土后再开盖板，下吊桶吊土，以防土块、操作人员和工具掉入孔内伤人。

5）桩孔挖土，必须挖一节土做一节护壁或安放一次工具式钢筋防护笼。

6）对于正在开挖的井孔，每天施工前应对井壁、混凝土护壁以及井中的空气等进行检查，如发现异常，应采取安全措施后方可施工。

（4）成品保护措施

1）已挖好的桩孔必须用木板或脚手板、钢筋网片盖好，防止土块、杂物、人员坠落。严禁用草袋、塑料布虚抢。

2）已挖好的桩孔及时放好钢筋笼，及时浇筑混凝土，间隔时间不得超过 4h，以防塌方。有地下水的桩孔应随挖、随检、随放钢筋笼、随将混凝土灌好，避免地下水浸泡。

（5）质量控制

1）必须保证钢筋笼绑扎正确。钢筋规格、间距、长度均应符合设计要求，绑扎牢固。每个钢筋笼均应采用定位箍筋，统一配料绑扎。

2）必须保证桩位准确，测量放线和成孔后的平面位置必须符合规范规定。

3）保证成孔后桩的垂直度、桩径符合规范和设计要求，复查定位桩，定出各桩的中心十字线，吊直、放桩外径线，每步挖土、支模要求随时校正垂直度，桩径发现偏差及时纠正。按操作工艺标准进行操作。

4）必须保证桩身混凝土的强度达到设计要求。严格控制配合比，原材料必须合格，称量必须准确，搅拌、振捣严格按操作工艺标准执行。

5）按规定留置试块，加强看护管理。

（6）质量通病防治

1）塌孔。产生原因：地下水渗流比较严重；混凝土护壁养护期内，孔底积水，从而使孔壁土体失稳；土层变化部位挖孔深度大于土体稳定极限高度；孔底偏位或超挖。处理方法：先选择几个桩孔连续降水，使孔底不积水；尽可能避免桩孔内产生较大水压差；挖孔深度控制不大于稳定极限高度；防止偏位或超挖。

2）井涌（流泥）。产生原因：遇残积土、粉土、均匀的粉细砂土层，地下水位差很大时，土颗粒悬浮在水中形成流态泥土从井底上涌。处理方法：遇有局部或厚度大于1.5m的流动性淤泥和可能出现涌土、涌砂时，可将每节护壁高度减小到300~500m，并随挖、随验、随浇混凝土，或采用钢护筒做护壁。

3）护壁裂缝。产生原因：护壁过厚；抽水过度；由于塌方导致土体下滑从而造成裂缝。处理方法：护壁厚度不宜太大；尽量减轻自重；桩孔口的护壁导槽要有良好的土体支撑，以保证其强度和稳定。

4）淹井。产生原因：井孔内遇较大泉眼或土渗透系数大的砂砾层；附近地下水在井孔集中。处理方法：在群桩孔中间钻孔，设置深井，用潜水泵降低水位，停止抽水后，填砂砾封堵深井。

5）截面大小不一或扭曲。产生原因：挖孔时未每节对中量测桩（中心）轴线及半径；土质松软或遇粉细砂层难以控制半径；孔壁支护未严格控制尺寸。处理方法：挖孔时应按每节支护量测桩（中心）轴线及半径；遇松软土层或粉细砂层加强支护，控制好尺寸。

6）超挖。产生原因：挖孔时未每层控制截面，出现超挖；遇有地下土洞、落水洞、下水道、古墓、坑穴；孔壁塌落，或成孔后间歇时间过长，孔壁风干或浸水剥落。处理方法：挖孔时每层每节严格控制截面尺寸，不致超挖；遇地下洞穴，用3∶7灰土填补、夯实；防止塌孔；成孔后48h内浇筑桩混凝土。

4.2.2 沉井基础施工

4.2.2.1 沉井的工作原理

在深基础工程施工中，为了减少因放坡大而开挖的大量土方量，并保证陡坡开挖边坡的稳定性，人们创造了沉井基础。这是一种竖向的筒形结构物，通常用砖、素混凝土或钢筋混凝土材料制成。

沉井基础

沉井施工过程：先在地面制作一个井筒形结构；然后从井筒内挖土，使沉井失去支承靠自重作用而下沉，沉至设计标高为止；最后封底，如图4-46所示。沉井的井筒，在施工期间作为支撑四周土体的护壁，竣工后即为永久性的深基础。

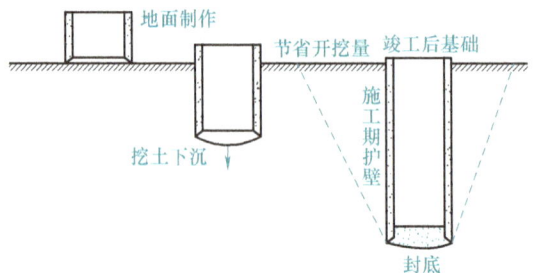

图4-46 沉井施工过程

4.2.2.2 沉井的用途
沉井在工程中应用较广泛，主要用作以下几种结构物。
1. 重型结构物基础
沉井常用于平面尺寸紧凑的重型结构物，如烟囱、重型设备的基础，作为承重的深基础。
2. 江河上的结构物
沉井的井筒不仅可以挡土，也可挡水，因此也适用于江河上的结构物。例如，修筑拦河挡水坝时就会用到大型沉井，几座大型沉井排成一列，垂直于水流方向，沉井在施工期为挡水的围堰，竣工后为挡水坝。桥墩或边墩采用沉井更多，例如，南京长江大桥的桥墩基础即为筑岛沉井。
3. 取水结构物
当地面下不深处有含水的卵石层时，常用沉井作为取水的水泵站。有时沉井装好后，利用井筒内的空间，作为取水结构物设在江河旁，例如，上海宝钢发电厂的泵房即采用大型沉井，以抵挡深厚淤泥质土很大的土压力，由于沉井平面尺寸大，设置纵横隔墙7道，以增强沉井整体刚度，便于挖土施工，控制沉井均衡下沉。
4. 地下工程
地下工程包括地下厂房、地下仓库、地下油库、地下车道和车站以及矿用竖井等。地下工程常采用沉井进行施工。例如，矿用竖井，采用沉井法施工，深度已超过100m。
5. 邻近建筑物的深基础
在既有建筑物附近，进行深基坑开挖将危及既有建筑物浅基础的稳定性，采用沉井，则可防止既有浅基础的滑动。
6. 房屋纠倾工作井
近年来，在房屋纠倾方法中，行之有效的冲土法或掏土法需在房屋沉降小的一侧做一排工作井。工作井即用砖砌的小型沉井，工人在井内冲土或掏土。此种工作沉井作为挡土护壁，既可保护工人的人身安全，又可用作房屋地基土外流的临时储泥坑，效果良好。

由上可知，沉井在工程上应用范围广泛，而且往往比较经济。缺点是若上层中存在难以清除的障碍物时，不易施工下沉。

4.2.2.3 沉井的类型
1. 按沉井断面形状分类
（1）单孔沉井

单孔沉井是指沉井只有一个井孔，这是最常见的中小型沉井。沉井的平面形状有圆形、正方形、椭圆形和矩形等，如图4-47a所示。沉井承受四周的土压力和水压力，从受力条件来看，圆形沉井较好，沉井的井壁可薄些；方形或矩形沉井，在水平向土压力和水压力的作用下，将产生较大的弯矩，井壁厚度要大些。但从运用角度来看，方形与矩形沉井较好。为了减小沉井下沉过程中方形和矩形沉井四角的应力集中，常将四角的直角做成圆角。一些工厂抽取地下水的水泵站即为单孔圆沉井。

（2）单排孔沉井

单排孔沉井是指沉井具有一排井孔。根据工程的用途，沉井的平面形状有矩形、长圆形等。沉井各井孔之间用隔墙隔开，这样既增加了沉井的整体刚度，又便于挖土和下沉。单排孔沉井适用于长度大的工程，如图 4-47b 所示。

（3）多排孔沉井

多排孔沉井是指整个沉井由多道纵向隔墙与横向隔墙隔成多排井孔，如图 4-47c 所示。因此，多排孔沉井是刚度很大的空间结构，这种沉井适用于大型结构物。在施工过程中，有利于控制各个井孔挖土的进度，保证沉井均匀下沉，不致发生倾斜事故。

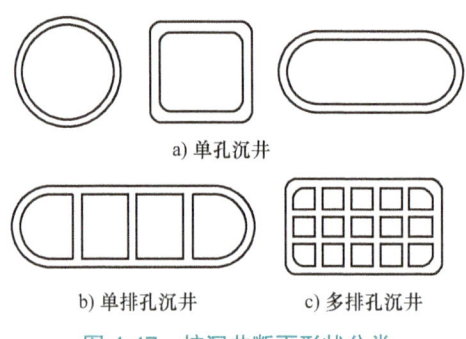

图 4-47　按沉井断面形状分类

2. 按沉井竖向剖面形状分类

（1）柱形沉井

柱形沉井在竖直方向的上下剖面均相同，为等截面柱的形状，如图 4-48a 所示，大多数沉井属于这一种。

（2）锥形沉井

锥形沉井是为了减小沉井施工下沉过程中，井筒外壁土的摩擦阻力；或为了避免沉井由硬土层进入下部软土层时，沉井上部被硬土层夹住，使沉井下部悬挂在软土层中发生拉裂，将沉井井筒制成上小下大的锥形，如图 4-48b 所示。

（3）阶梯形沉井

鉴于沉井所承受的土压力与水压力，均随深度而增大。为了合理利用材料，可将沉井的井壁随深度分为几段，做成阶梯形，即阶梯形沉井。下部井壁厚度大，上部厚度小，这种沉井外壁所受的摩擦阻力小，有利于下沉，如图 4-48c 所示。

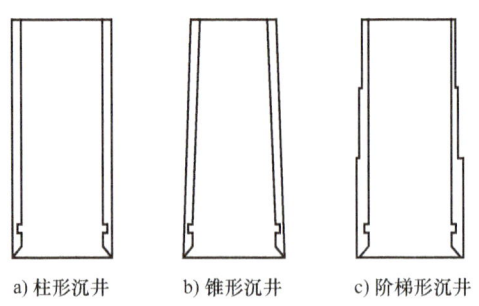

图 4-48　按沉井竖向剖面形状分类

3. 按沉井所用材料分类

（1）砖砌沉井

砖砌沉井适用于深度小的小型沉井，或临时性沉井。例如，房屋纠倾工作井，即用砖砌沉井，深度为 4~5m。

（2）素混凝土沉井

素混凝土沉井适用于中小型永久工程。通常断面呈圆形。沉井底端的刃脚需配筋，便于下切土体，避免损伤井筒。

（3）钢筋混凝土沉井

钢筋混凝土沉井适用于大中型工程。沉井可根据工程需要，做成各种形状、各种规格，应用十分广泛。

4.2.2.4 沉井的结构

沉井的结构包括刃脚、踏面、井筒、内隔墙、底梁、封底与顶盖等部分，如图 4-49 所示。

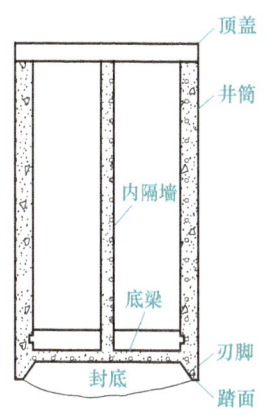

图 4-49 沉井的结构

1. 刃脚与踏面

刃脚位于沉井的最下端，形如刀刃，在沉井下沉过程中起切土下沉的作用。刃脚并非真正的尖刃，其最底部为一水平面，称为踏面。踏面的宽度通常不小于 150mm。当土质坚硬时，刃脚踏面用钢板或角钢加以保护，刃脚内侧的倾斜面的水平倾角通常为 40°~60°。

2. 井筒

沉井的井筒为沉井的主体。在沉井下沉过程中，井筒是挡土的围壁，应有足够的强度，承受四周的土压力和水压力。一方面，井筒需要有足够的自重，以克服井筒外壁与土的摩擦阻力和刃脚踏面底部土的阻力，使沉井能在自重作用下徐徐下沉。另一方面，井筒内部的空间，要能容纳挖土工人或挖土机械在井内工作，以及满足潜水员排除障碍的需要，因此，井筒内径不宜小于 0.9m。

3. 内隔墙和底梁

大型沉井为了增加其整体刚度，在沉井内部设置内隔墙，以减小受弯时的净跨度，增加沉井的刚度。同时，内隔墙把整个沉井分成若干井孔，各井孔分别挖土，便于控制沉降和纠倾处理。有时在内隔墙下部设底梁，或单独做底梁。内隔墙与底梁的底面高程，应高于刃脚踏面 0.5~1.0m，以免妨碍沉井刃脚切土下沉。

4. 封底与沉井底板

沉井下沉至设计标高后，需用混凝土封底，以阻止地下水和地基土进入井筒。为使封底的现浇混凝土底板与井筒联结牢固，在刃脚上方井筒的内壁预先设置一圈凹槽。

5. 顶盖

当沉井作为水泵站等地下结构的空心结构物时，在沉井顶部需做钢筋混凝土顶盖，必要时，在水泵站等空心沉井顶面建造一间房屋作为工作室。

4.2.2.5 沉井的施工

1. 准备工作

（1）平整场地

沉井施工场地要平整，平整范围要大于沉井外侧 1~3m。

（2）放线定位

沉井的平面位置应测量准确，把沉井的中轴线和外围轮廓线放好，定位要精准，经验收合格后才能正式施工。

2. 沉井制作

通常沉井在原位制作，可采用以下三种不同的方法：

（1）承垫木法

承垫木法为传统方法，在经过平整、放线定位的场地上铺一层砂垫层，厚 0.5m 左右，在砂垫层上，于沉井刃脚部位，对称、成对地安置适当的承垫木。再在各垫木之间填实砂土，然后按照设计的尺寸立模板、扎钢筋、浇筑第一节沉井，如图 4-50a 所示。

（2）无垫木法

在均匀土层上，可采用无垫木法制作沉井，如图 4-50b 所示。浇筑一层与沉井井壁等厚的混凝土，代替承垫木和砂垫层。浇筑的混凝土为圆环状，位于沉井刃脚的下方。其目的在于保证沉井制作过程与沉井下沉开始时，处于竖直方向。

（3）土模法

如地基为均匀的黏性土，呈可塑或硬塑状态，则可采用土模法制作沉井，如图 4-50c 所示。在定位放线的刃脚部位，按照设计的尺寸，开挖黏性土基槽。利用地基黏性土作为天然模板，以代替砂垫层、承垫木及人工制作的刃脚木模。因而，这种方法可节省时间和费用。

应当注意：浇筑沉井混凝土时，要对称和均匀地进行，以防止沉井发生倾斜。当沉井采取分节制作时，第一节混凝土达到设计强度的 70% 后，方可浇筑其上一节沉井的混凝土。沉井制作的总高度，不宜超过沉井的短边或直径的尺度，并不应超过 12m。

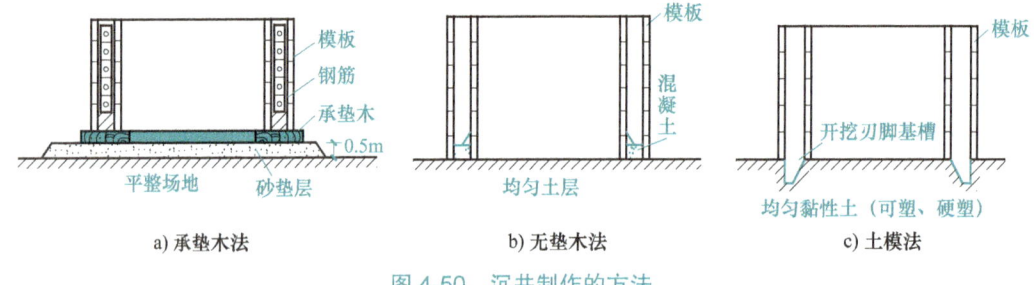

图 4-50 沉井制作的方法
a）承垫木法　　b）无垫木法　　c）土模法

3. 沉井下沉

（1）材料强度要求

待沉井第一节的混凝土或砌筑的砂浆达到设计强度以后，且其余各节混凝土或砂浆达到设计强度的 70% 后，方可下沉。

（2）抽出承垫木的要求

沉井刃脚下的承垫木不能由一人顺次抽出，而必须由两人对称地、同步地抽出。每次抽出承垫木以后，应立即用砂填实其空位。应严格防止由于抽承垫木不当，造成沉井倾斜。

（3）沉井下沉方法

沉井在地面下沉的方法可分为下列几种：

1）人工挖土法。当场地无地下水或地下水水量不大时，可采用小型沉井，通过人工挖土法下沉。挖土应分层、均匀、对称地进行，使沉井均匀竖直下沉，避免发生倾斜。通常不应从沉井刃脚踏面下直接挖土，否则会造成局部沉井悬空。如土质较软，则应先开挖沉井底中间部位,沿沉井刃脚周围保留土堤,使沉井挤土下沉。

2)排水下沉法。先用高压水枪把沉井底部的泥土冲散(水枪的水压力通常为2.5~3.0MPa)并稀释成泥浆,然后用水力吸泥机将其吸出井外。这种方法适用于地层土质稳定、不会产生流砂的情况。

3)不排水下沉法。不排水下沉法要求沉井内的水位始终保持高于井外水位1~2m,采用机械抓斗,水下出土。当地层土质不稳定、地下水涌水量较大时可用此法,以防止井内排水产生流砂。

(4)测量监控

为了保证沉井均匀下沉,测量监控十分重要。尤其对于平面尺寸大或深度大的沉井更为关键。通常,大中型沉井要求每班至少测量2次,若发现沉井倾斜,应立刻通报,并迅速采取相应措施,及时进行纠倾。

(5)沉井封底

当沉井下沉至设计标高时,应进行沉降观测。8h内沉井的下沉量不大于10mm,方可进行封底。沉井封底方法分为干封法和水下封底法两种。

1)干封法。干封法适用于在沉井底部无地下水的情况下浇筑底板混凝土,这种方法成本低、工期短、施工质量好,是最常用的封底方法,具体做法如下:沉井底部土层全部挖至设计标高后,清除虚土,并在底部挖一个0.5~1.0m的深坑,作为集水井;用水泵在集水井中抽水,使地下水下降至沉井底面以下;将集水井以外的全部底板一次浇筑混凝土,可以掺入早强剂,使底板混凝土尽快达到设计强度;最后快速封堵集水井。

沉井封底工程关键在快速封堵集水井。先计算好集水井的体积,按计算体积加20%余量准备好混凝土配合比所用的各种材料,在沉井底部混凝土底板上将粗、细骨料和水泥粉搅拌均匀,称好加水量,加速凝剂快速搅拌后,从地面提起集水井中的水泵吸头,立即将搅拌好的混凝土填满集水井,仅3~5min混凝土即凝固不漏水,如图4-51a所示。

2)水下封底法。当抽水产生流砂,无法采用干封法时,可采用水下封底法,如图4-51b所示。具体方法如下:在沉井开挖下沉至设计标高后,将井底的浮土清除干净,如为软土,则应铺厚200~300mm碎石垫层;安装水下浇筑混凝土的钢导管,导管的直径为200~300mm,具有足够的强度,且导管内壁表面光滑,各导管管段的接头应密封良好并便于装拆。导管浇筑混凝土的有效作用半径可取3~4m。根据沉井底面尺寸,计算与排列所需的导管。应当注意:水下浇筑混凝土的强度等级应比设计强度提高10%~15%;混凝土水胶比不宜大于0.6,并有良好的和易性;初期坍落度宜为14~16cm,以后应为16~22cm;水泥用量一般为350~400kg/m³。浇筑水下混凝土,要求导管插入混凝土的深度不小于1m,水下混凝土面平均上升速度小于0.25m/h,坡度不应大于1:5。同时应在沉井全部底面积上连续浇筑,一次完成。待水下混凝土达到设计强度后,方可从井内抽水。

(6)施工特殊问题处理

1)沉井突然大幅度下沉。在软土地基沉井施工中,常发生沉井突然大幅度下沉的问题。其原因是沉井井筒外壁土的摩擦阻力很小,刃脚附近的土体被挖除后,沉井失去支承而剧烈下沉。这种突沉容易使沉井发生倾斜或超沉,应避免。因此,在软土地区设计与制作沉井时,可以加大刃脚踏面的宽度,并使刃脚斜面的水平倾角不大于60°。必要时采取加设底梁等措施，防止沉井突然大幅度下沉。

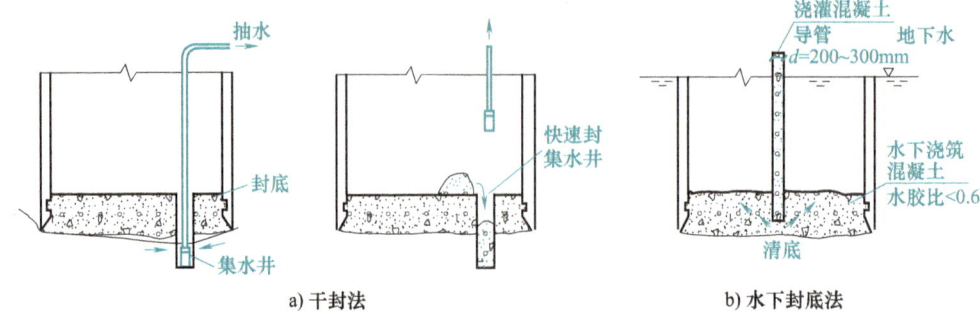

图 4-51 沉井封底方法

2）沉井倾斜。沉井倾斜是沉井下沉过程中经常发生的问题，需注意防止并及时纠正。沉井倾斜应以预防为主，加强测量监控，发现倾斜及时通报并迅速采取措施，如在下沉较小的一侧加紧挖土（图 4-52），在沉井顶部加荷载等。例如，一个深达 40m 的钢筋混凝土沉井，因在沉井下沉只差几米便达到设计标高时发生了较大的倾斜而停工处理。纠倾的第一项措施：在沉井沉降小的一侧井内，用高压水枪冲击，使井筒刃脚失去支承，但无效。第二项措施：在沉井沉降小的一侧井外挖土，以卸除部分土的摩擦阻力，仍无效。第三项措施：在沉井沉降小的一侧，挖土底部灌注膨润土泥浆，进一步减小沉井外壁土的摩擦擦力，还无效。常规的方法都用上了。因为沉井深达 40m，纠倾需克服极大的反向的被动土压力，最后采取用特制粗钢缆套在沉井下沉多的一边的顶部，往下沉少的方向扳拉的方法，才使沉井逐渐恢复至竖直位置，花费了大量时间。

3）沉井不下沉。有时在沉井井内挖土后沉井不下沉，甚至将刃脚底掏空还不下沉。遇到这类情况，应先分析其原因，再采取相应的措施。如因沉井外壁摩擦阻力太大，可采用在井筒外挖土、冲水或灌膨润土泥浆等方法，以减小摩擦阻力。或在沉井顶面施加荷载以使沉井克服摩擦阻力而下沉。若沉井刃脚遇到障碍物，则应及时清除障碍物。

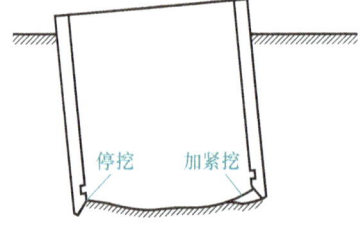

图 4-52 沉井倾斜后纠倾

4.2.3 地下连续墙施工

4.2.3.1 概述

地下连续墙是 20 世纪中叶发展起来的一种新的深基础形式。它的施工程序为：修筑导墙→用机械在导墙内分段竖直挖槽→采用泥浆护壁，就地吊放钢筋笼→水下浇筑混凝土→一段段联结成一堵地下钢筋混凝土连续墙，成为永久性深基础工程，如图 4-53 所示。

地下连续墙

地下连续墙的优点：施工期间不需降水，不需挡土护坡，不需立模板与支撑，把施工护坡与永久性工程融为一体。因此，这种基础形式可以避免开挖大量的土方量，可缩短工期，降低造价。尤其是在城市密集建筑群中修建深基础时，为防止对邻近建筑物安全稳定产生影响，地下连续墙显示出它的优越性。

单元 4　基础工程施工

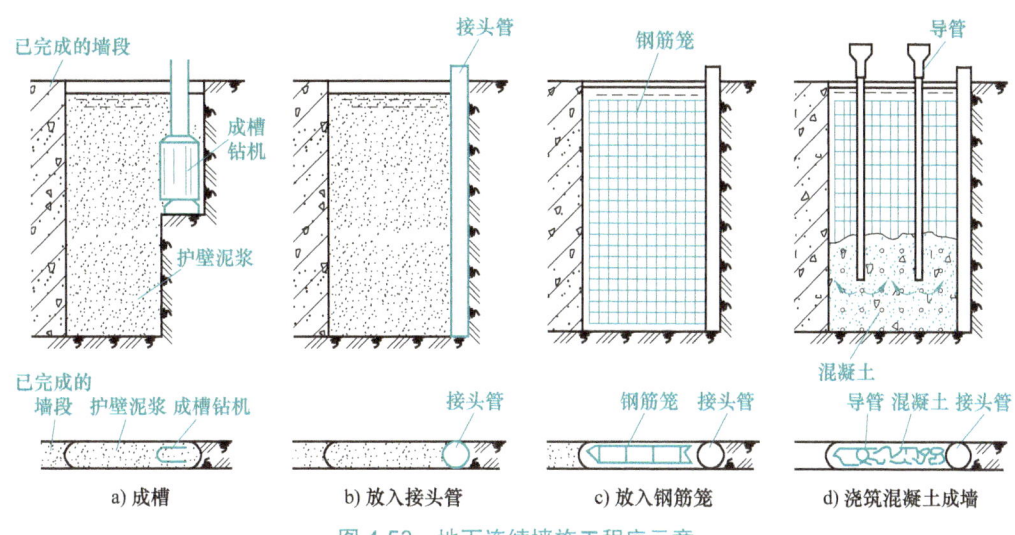

图 4-53　地下连续墙施工程序示意

4.2.3.2　地下连续墙的设计与施工

1. 导墙

地下连续墙的第一道工序是修筑导墙，以此保证开挖槽段竖直，并防止机械上下运行时碰坏槽壁。导墙位于地下连续墙的墙面线两侧，深度一般为 1~2m，顶面略高于施工地面。导墙的内墙面应竖直。内外导墙墙面间距为地下连续墙的设计厚度加施工余量，一般为 40~60cm。

导墙的施工通常在现场开挖导沟，现场浇筑混凝土，成为对称的两个断面，并安放一层钢筋网。混凝土强度等级为 C15，拆模后，应立即在导墙之间加设支撑。

2. 槽段开挖

槽段开挖宽度，即内外导墙间距，也为地下连续墙的厚度。施工时，沿地下连续墙长度分段开挖槽孔。

3. 泥浆护壁

泥浆起护壁作用，防止孔壁坍塌。在施工期间，槽内泥浆面必须高于地下水位 0.5m 以上，且不应低于导墙顶面 0.3m。

由于泥浆相对密度大于地下水的相对密度，泥浆面高于地下水位，因此，泥浆压力足以平衡地下水的水压力和土压力，成为槽壁土体的液态支撑。同时泥浆还可渗入槽壁土的孔隙中，在槽壁表面形成一层致密的泥皮，增加槽壁的稳定性。泥浆经处理后，可回收大部分重复使用。

4. 分段与接头

地下连续墙标准槽段为 6m 长，最大不超过 8m。分段施工，两段之间的接头可采用圆形或凸形接头管，使相邻槽段紧密相接；还可放置竖直塑料止水带防止渗漏。接头管应能承受混凝土的压力，在浇筑混凝土过程中，须经常转动及提动接头管，以防止接头管与一侧混凝土固结在一起。当混凝土已凝固，不会发生流动或塌落时，即可拔出接头管。

5. 钢筋笼制作与吊装

钢筋笼的尺寸应根据单元槽段的规格与接头形式等确定，并应在平面制作台上成型，预留插放混凝土导管的位置。为保证钢筋保护层的厚度，可将水泥砂浆滚轮固定在钢筋笼两面的外侧。同时可采取纵向钢筋桁架及在主筋平面内加斜向拉条等措施，使钢筋笼在吊运过程中具有足够的刚度，不致使巨大的钢筋笼变形而影响入槽。

钢筋笼应在清槽换浆合格后立即安装，用起重机整段吊起，对准槽孔，徐徐下落，安置在槽段的准确位置。

6. 混凝土浇筑

在槽段中的接头管和钢筋笼就位后，用导管法浇筑混凝土。一个单元槽段应一次连续浇筑混凝土，直至混凝土顶面高于设计标高 300~500mm 为止。凿去浮浆层后的墙顶标高应符合设计要求。

重复步骤 2~6，完成整体地下连续墙施工。

实训课题

一、编制浅基础施工技术交底

技术交底是施工企业极为重要的一项技术管理工作，其目的是使参与建筑工程施工的技术人员与工人熟悉和了解所承担工程项目的特点、设计意图、技术要求、施工工艺及应注意的问题。同时技术交底也是建筑工程技术资料的组成部分，是建筑工程竣工验收的必备条件。

对参与施工活动的每一个技术人员来说，通过技术交底，明确本工程特定的施工条件、施工组织、具体技术要求和有针对性的关键技术措施；系统掌握工程施工过程全貌和施工的关键部位，使工程施工质量达到预期的标准。对参与工程施工操作的每一个工人来说，通过技术交底，了解自己所要完成的分项工程的具体工作内容、操作方法、施工工艺、质量要求和安全注意事项等；做到任务明确，心中有数。技术交底使各工种之间配合协作，工序交接井井有条，达到有序施工，减少各种质量通病，提高施工质量的目的。

浅基础施工技术交底的编写一定要结合本地区、本工程的特点，具有较强的针对性和可操作性，能确实起到指导施工的作用。编写的主要内容应包括：施工准备、质量要求、工艺流程、操作工艺、成品保护。

某筏形基础施工技术交底（节选）如下。

1. 施工准备

（1）钢筋工程

1）作业条件。

① 钢筋绑扎前，核对钢筋加工料表是否正确，并检查有无锈蚀现象，除锈后再运至施工部位。

② 做好放线工作，弹出柱、墙的位置线和钢筋位置线。

2）材料要求。

① 钢筋级别、规格符合设计要求，质量符合现行标准要求。钢筋表面应保持清洁，

无锈蚀和油污。

② 20~22号火烧丝、水泥砂浆垫块等。

3）施工机具。钢筋切断机、钢筋弯曲机、钢筋调直机、钢筋钩子、钢筋扳手、钢丝刷、断火烧丝铡刀、墨斗、墨汁、小白线、粉笔等。

（2）模板工程

1）作业条件。

① 外墙模板采用竹胶板拼装，拼装完毕后进行编号，并刷水性隔离剂，分规格堆放。

② 放好轴线、模板边线、水平控制标高线。

③ 底板钢筋绑扎完毕，水电管线及预埋件均已安装，钢筋保护层垫块已垫好，并办完隐检手续。

2）材料要求。竹胶板（厚度为10mm）、木方（100mm×100mm）、穿墙螺栓、架子管、各种规格的钉子等。

3）施工机具。电锯、手锯、斧子、电钻、扳手、钳子、线坠、小白线、水性隔离剂、砂浆搅拌机、手推车、大铲、托线板、砖夹子、铁抹子、靠尺板等。

（3）混凝土工程

1）作业条件。

① 检查管道或预埋件穿墙处是否做好防水处理；混凝土浇筑层段的模板、钢筋、管线或预埋件等全部安装完毕；模板内杂物和钢筋油污清理干净，模板缝隙和孔洞已堵严；完成钢筋、模板的隐检、预检工作。

② 混凝土泵车调试运转正常；泵管加固牢固；浇筑混凝土用的架子及马道已支搭完毕，并经检验合格。

③ 夜间施工配备有足够的照明设备。

④ 有混凝土配合比通知单。

2）材料要求。

① 水泥品种、强度等级应符合设计要求，质量符合现行标准。

② 根据结构尺寸、钢筋密度、混凝土施工工艺、混凝土强度等级的要求确定石子粒径、砂子细度，砂、石质量符合现行标准。

③ 采用自来水或不含有害物质的洁净水。

④ 外加剂必须经试验合格后方可使用。

⑤ 掺合料质量应符合现行标准。

⑥ 隔离剂采用水性隔离剂。

3）施工机具。混凝土搅拌机、地泵、插入式振捣器、木抹子、2~3m杠尺、塑料薄膜、小白线。

2. 质量要求

（1）钢筋工程

具体要求略。

（2）模板工程

具体要求略。

(3) 混凝土工程

具体要求略。

3. 工艺流程

(1) 钢筋工程

放线并预检→成型钢筋进场→排钢筋→焊接接头→绑扎→柱墙插筋定位→交接验收。

(2) 模板工程

1) 240mm砖胎膜：基础外侧砖胎膜放线→砌砖→抹灰。

2) 外墙及基础：钢筋交接验收→放线并预检→外墙及基础模板支设→钢板止水带安装→交接验收。

(3) 混凝土工程

钢筋、模板交接验收→顶标高抄测→混凝土搅拌→现场水平垂直运输→分层浇筑、振捣→赶光抹压→覆盖养护。

4. 操作工艺

(1) 钢筋工程

1) 绑扎底板下层钢筋网片。

① 根据弹好的钢筋位置线，先铺长向钢筋，钢筋接头采用焊接或机械连接。接头位置按规范要求错开。

② 再铺下层网片上面的短向钢筋，钢筋接头采用焊接或机械连接。接头位置按规范要求错开。

③ 依次绑扎局部加强筋。

2) 绑扎基础梁钢筋。

① 在放平的梁下层水平主筋上，用粉笔画出箍筋间距。箍筋与主筋要垂直，箍筋转角与主筋交点均要绑扎，主筋与箍筋非转角部分的相交点梅花交错绑扎。箍筋的接头，即弯钩叠合处沿梁水平筋交错布置绑扎。

② 小型地梁在地面绑扎好后，按照已画好的梁位置线用塔式起重机吊装到位，与底板钢筋绑扎牢固。

3) 绑扎底板上层钢筋网片。

① 铺设钢筋支架：钢筋支架用短料焊制，短向放置，间距1.2~1.5m。

② 绑扎上层网片下筋：先在马凳上绑架立筋，在架立筋上画好钢筋位置线，按图纸要求顺序放置钢筋，钢筋接头采用焊接或机械连接，要求接头面积百分率在同一截面不得大于50%，同一根钢筋上尽量减少接头。

③ 绑扎上层网片上筋：根据在上层下筋上画好的位置线，按顺序放置钢筋，钢筋接头采用焊接或机械连接，要求接头面积百分率在同一截面不得大于50%，同一根钢筋上尽量减少接头。

④ 绑扎柱和墙插筋：根据画好的位置线将插筋绑扎就位，并和底板钢筋点焊固定，要求接头错开50%，并绑扎两道箍筋。

⑤ 垫保护层：按设计要求的保护层厚度用水泥砂浆垫块垫保护层，垫块间距600mm，梅花形布置。

（2）模板工程

1）砖胎膜。

① 底板外侧模采用240mm砖胎膜，高度同底板厚度，采用MU7.5砖、M5水泥砂浆砌筑。砌筑前，先在垫层面上将砌砖线放出，砌筑时要求挂线，采用一顺一丁的三一砌筑法，砖胎膜内侧及墙顶面抹15mm厚水泥砂浆并压光，阴阳角做成圆弧形。

② 考虑混凝土浇筑时侧压力较大，砖胎膜外侧采用方木及钢管进行支撑加固，支撑间距不大于1.5m。

2）其余模板。

① 采用10mm厚竹胶板拼装而成，外绑两道水平向方木（50mm×100mm）。

② 弹好边线，在两边焊钢筋预埋竖向和斜向筋，以便进行加固。

③ 将配好的模板就位，用架子管和铅丝与预埋件进行加固。

④ 模板固定完毕后拉通线检查板面顺直。

（3）混凝土工程

1）混凝土现场搅拌。

① 每次浇筑混凝土前1.5h左右，由施工现场专业工长填写申报"混凝土浇灌申请书"，由建设（监理）单位和技术负责人或质量检查人员批准。

② 试验员依据"混凝土浇灌申请书"格式填写有关内容。做砂石含水量试验，调整混凝土配合比中的材料用量，换算每盘的材料用量，写配合比板，经技术负责人校核后，挂在搅拌机旁醒目处；定磅秤及水继电器。

③ 材料用量及投放。水泥、掺合料、水、外加剂的计量误差为±2%，粗、细骨料的计量误差为±3%。投料顺序为：石子→水泥、外加剂粉剂→掺合料→砂子→水、外加剂液剂。

④ 搅拌时间。对于强制式搅拌机，不掺外加剂时，不少于90s；掺外加剂时，不少于120s。对于自落式搅拌机，在强制式搅拌机的基础上增加30s。

⑤ 由施工单位组织建设（监理）单位、搅拌机组、试验单位进行开盘鉴定工作，共同判定实验室签发的混凝土配合比确定的组成材料是否与现场施工所用材料相符，以及混凝土拌合物性能能否满足设计要求和施工需要。

2）混凝土输送管线宜直，转弯宜缓，每个接头必须加密封垫确保严密。泵管支撑必须牢固。

3）泵送前先用适量与混凝土强度等级相同的水泥砂浆润管，再压入混凝土。砂浆输送到基坑内要抛撒开，不允许水泥砂浆堆在一个地方。

4）混凝土浇筑。基础底板一次性浇筑，间歇时间不能太长，不允许出现冷缝。混凝土由一端向另一端浇筑，采用踏步式分层浇筑，分层振捣密实，以使混凝土的水化热尽量散尽。具体操作为：从下到上分层浇筑，从底层开始进行5m后回头浇筑第二层，上下相邻两层时间不超过2h，如此依次浇筑。为了控制浇筑高度，须在出灰口及其附近设置尺杆，夜间施工时要有灯光照明。

5）每班安排一个作业班组，并配备3名振捣工人，根据混凝土泵送时自然形成的坡度，在每个浇筑带前、后、中部不停振捣。振捣时要快插慢拔，插入深度各层均为350mm，即振捣上面一层时要插入下面一层50mm。振捣点间距为450mm，梅花形布置，振捣时逐点移动，按顺序进行，不得漏振。每一插点振捣时间一般为20~30s，以混凝土表面泛浆，不大量泛气泡，不再显著下沉，表面浮出灰浆为准。边角处要多加注意，防止漏振。防止出现上一层混凝土浇上后而下层混凝土仍未振捣的现象。振捣棒距离模板要小于其作用半径的1/2，约为150mm，并不宜靠近模板振捣，且要尽量避免碰撞钢筋、止水带、预埋件等。

6）混凝土浇筑完毕要进行多次搓平，保证混凝土表面不产生裂纹。具体方法是振捣完后先用长刮杠刮平，待表面收浆后，用木抹子搓平表面，并覆盖塑料布。在混凝土终凝前揭开塑料布再搓，搓后立即用塑料布覆盖养护，浇水养护时间为14d。

5. 成品保护

保护钢筋和模板，不得直接踩踏钢筋和改动模板；当混凝土强度达到1.2MPa后，方可拆模及在混凝土上操作；拆模或吊运物件时，不得碰坏混凝土。

二、编制预制桩基础施工方案

预制桩基础工程在施工之前，除了总体上执行单位工程施工组织设计的组织安排外，还应单独编制施工方案，用以具体指导、组织施工。

（1）施工方案基本要求

1）必须结合本地区、本工程的特点、工程规模、施工现场的周围环境，以及工程、水文地质情况。

2）针对性要强，具有可操作性。能确实起到组织、指导施工的作用。其内容要根据工程规模、复杂程度而定。

3）施工方法、打桩的机械设备选择要切实可行、经济合理。它是施工方案的核心内容，一定要明确施工的难点和重点内容。

4）要科学合理地确定施工程序、打桩程序以及施工组织安排。

5）要认真贯彻国家、地方的有关规范、标准以及企业标准。

（2）施工方案基本内容

1）工程概况。

2）编制依据。

3）沉桩的机械设备选择。

4）设备、材料供应计划。

5）沉桩的方法、顺序、进度安排。

6）预制桩的制作。

7）施工作业、劳动力计划安排。

8）制定各种应对措施。

9）绘制桩基础施工平面图。

10）桩的试验以及量测方案。

某工程预制桩基础施工方案（节选）如下：

1. 工程概况

某高层饭店基础为预应力圆管空心桩基础，呈多角形。该工程地下2层，地上28层，总高为100m，建筑面积84582m²，东西长195m，南北宽96m，整个建筑物由主楼

（Ⅰ段）和裙房（Ⅱ、Ⅲ、Ⅳ段）组成。主楼为现浇钢筋混凝土框架剪力墙结构，建筑物的高低层连在一起，不留沉降缝。

本工程在打桩时，须下到12.5m深的基坑下作业，因此要求至少做一条坡道，便于人员上下行走、施工机械运行及运输物件等。

（1）设计、施工要求

① 采用直径为40cm的预应力圆管空心桩，桩长12m（加桩尖总长为12.4m）。

② 受力形式为端承桩。

③ 桩尖持力层为细中砂土层，要求进入50cm以上。

④ 单桩承载力为1000kN，贯入度1cm/5击，连续击2次，$H=1.5$m，要求用2.5t柴油锤施打（K-25或D_2-25均可）。

⑤ 要求正式施打前，做4组（每组2根）试验桩，以锚桩为反力，做静载试验，确定单桩承载力（荷载试验测定单桩承载力1200kN）。

⑥ 由于穿砂夹层，因此采用植桩法（即先钻后打），先钻直径为30cm的钻孔桩，钻深5~6m（穿过砂夹层即可）。

⑦ 群桩上涌量要求控制在4cm以内。

⑧ 为了减小桩的损坏率，桩顶要求垫一层合适的减振材料（布轮），并及时更换。

⑨ 打桩后，及时用低压手把灯，放入桩中心孔内，自上而下检查桩身是否有损坏，以便及时处理。

⑩ 管桩施打后孔内填入中粗砂。

（2）工程地质

7号孔地质柱状示意图如图4-54所示。场地土层自上而下：①~④为杂填土、粉土、粉质黏土、黏土，此四层土已挖除。⑤层以淤泥质黏土为主，软塑，其厚度8~10m不等。⑥层为细中砂土层，厚1~2m，是本工程的桩端持力层。⑦层为卵石层，最大揭露厚度6m左右，在钻探过程中未揭穿该层。打桩场地标高为26.80m。场地地下水位标高为35.33m左右，经分析水质对钢筋混凝土均无腐蚀性。

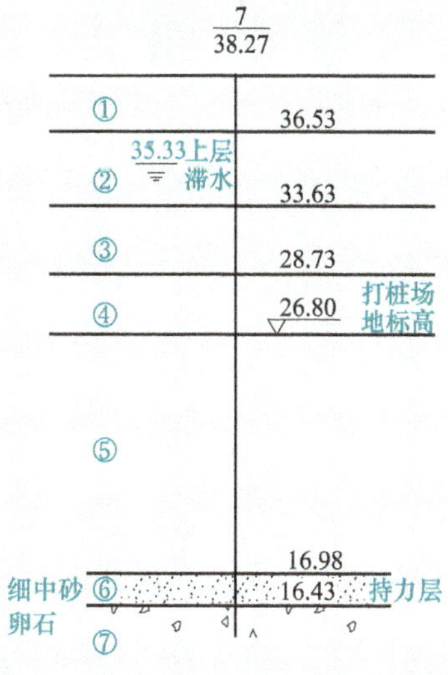

（3）总分包及协作单位（略）

（4）建筑物周围自然状况

建筑物周围地形平坦，由于条件所限，四周不能放坡，故打入钢桩护坡挡土，打桩对周围建筑无大的振动影响，但因噪声较大，所以施打桩只允许正常班作业，禁止夜间施工，因此安排单班多机作业。由于上层滞水影响了打桩场地的密实度，故需采取措施。

（5）工程量（略）

2. 施工部署

（1）施工程序

接受打桩施工任务→委托单位填写"打桩工程委托单"→了解施工现场条件→安排

图4-54　7号孔地质柱状示意图

施工任务→熟悉有关打桩资料,编写施工方案→做好施工准备工作→组织机械与人员进行试桩→正式打桩→任务结束→整理资料→办理竣工结算手续。

（2）施工段划分

根据总包要求,打桩尽快插入,为此打桩区域划分为两个施工段,如图4-55所示。根据挖土进度,待第一施工段具备打桩条件后,立即组织1号桩机进场,接着进2号桩机。第二施工段又分两个流水段,因桩顶外露故采用退打法。

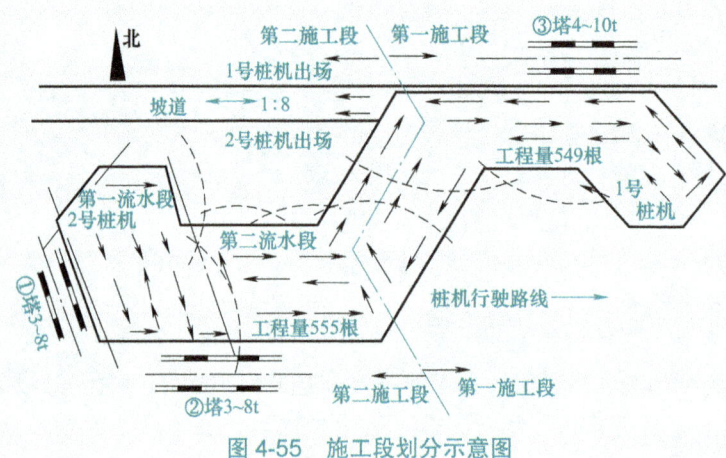

图4-55 施工段划分示意图

1号桩机就位桩由北坡4~10t塔式起重机完成,要求每班至少就位20根以上。

2号桩机就位桩由两台3~8t塔式起重机完成,坡道口处所打完的桩,立即组织截桩,为按时撤出桩机创造条件。钻机根据实际情况,两大施工段采取各钻100根的流水方法,以保证打桩正常进行。

3. 施工平面布置

施工平面布置示意图如图4-56所示。

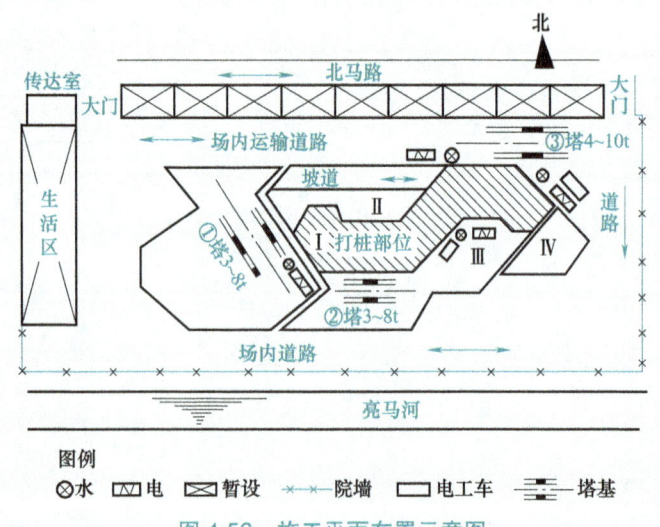

图4-56 施工平面布置示意图

1）预应力圆管空心桩现场暂存堆放点在北侧马路边，分规格堆放，不得重码四层以上。

2）钻孔弃土，在现场东侧，距坑边10m以外，用塔式起重机垂直吊出，随钻随出土，坑下不得存土，以免影响打桩机行走。

3）现场临建设施：工人休息室4间、办公室1间、库房1间。食堂、医务室等利用总包生活区设施。

4. 施工准备

（1）打桩场地平整

1）打桩区场地标高为26.80m，打桩区平整范围为以最外边桩中心线向外放2m，并排除一切障碍物。机械平整场地工艺流程：放水准标高线和轮廓线→推土机初步平整→平地机刮平→压路机碾压→平地机二次刮平→压路机二次碾压→符合打桩要求为止。

2）为了便于桩机与运输车辆行驶，坑下作业至少放一个坡道，坡度为1:8，底口宽度为6m。

3）施工现场紧靠河道，土中含水量较大，为便于桩机正常施打，打桩区场地需打一层20cm厚3:7灰土垫层。

4）平整度要求：100m² 范围内，允许偏差为 ±5cm。

5）密实度满足60t打桩机要求，地耐力为110~120kN/m²，压路机为10~12t无明显轮痕。局部地区（死角）须人工找平，用蛙式打夯机夯2~3遍即可。

6）坑下作业放坡要求（略）。

（2）放桩位线

1）放轴线桩：以基准线引出，在打桩区附近设置，使用5cm×5cm×50cm的木方或混凝土墩，其数量按规范要求。

2）放桩位桩：桩位桩用2.5cm×2.5cm×15cm小木桩或直径为6~8cm、长15cm圆钢筋头或打管灌煤粉、白灰、红土粉等设置在场地明显位置处，供放桩位使用。

① 放桩位线允许偏差为1cm，桩位中心线即为桩就位时的中心位置。

② 桩位桩不允许外露，全部钉入地坪，以免车辆碾压，倾倒变位，造成桩顶位移过大。

③ 桩位放好后，多余的木桩及时拔除，周围撒上白灰或白灰水，以示标志，桩位桩要经常检查，丢失随即补上，便于打桩时查找。

轴线桩与桩位桩全部放好后，及时办理验证手续存档。

（3）施工用电

钻机1台，40kW；电焊机2台，60kW。夜间施工每台桩机用2个聚光照明灯（0.5~1kW）；2个碘钨灯（0.5~1kW）。

考虑钻机启动频繁，活动范围大，电缆线较长（100m），造成电压降低等问题，全部电器备用电按200kW考虑，按行车路线，布置4个电源箱。

（4）施工用水

现场多为内燃机用水和施工用水。

（5）场内临时运输道路

用焦渣、碎石、级配石等铺设临时道路，路宽 4~5m，要求碾压，不存水。

（6）其他准备工作

1）熟悉地质报告、桩位平面图、大样图，编写施工方案。
2）编制打桩预算，签订合同。
3）做好隐检及办理各种洽商，完成工艺试桩工作。
4）根据要求，组织机械与施工人员进入现场。

5. 施工进度计划

施工进度计划见表4-4。

表4-4　施工进度计划

桩机号	序号	工作项目	工程量	台班产量	1	2	3	4	5	6	7	8~22	23	24~34	35	36	37	备注
1号桩机	1	运桩机	1															第一施工段
	2	组装	1															
	3	试桩	4															
	4	正式打桩	545	17														
	5	拆机退场	1															
2号桩机	1	运桩机	1															第二施工段
	2	组装	1															
	3	试桩	4															
	4	正式打桩	551	17														
	5	拆机退场	1															
3号桩机	1	运桩机	1															流水穿插钻孔
	2	组装	1															
	3	钻孔	1104	50														
	4	拆机退场	1															

注：钻孔计划每台班50根，总计24个工作天。每台班打预应力管桩17根，两个流水施工段，均按36个工作天安排。

6. 机具设备计划

略。

7. 劳动力计划

略。

8. 主要施工方法

本工程采用植桩法工艺施打预应力圆管空心桩。

（1）钻孔

采用自制LZ螺旋钻机钻孔（图4-57），每次钻孔100个，两个施工段交叉钻孔，其工艺流程为：钻孔桩机就位→稳钻杆，双向校正→钻孔出土→测量孔深与虚土→达到要求深度止。

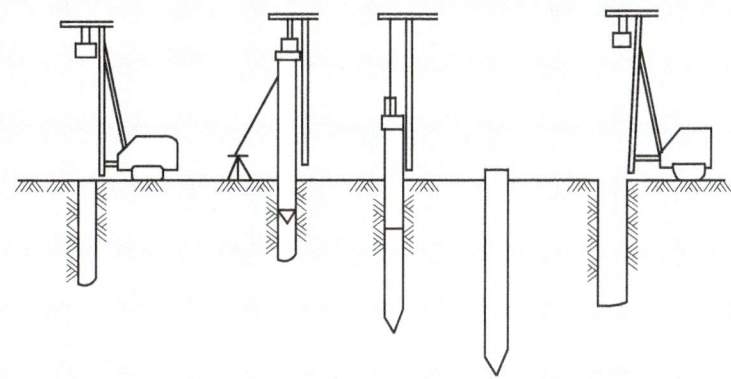

a) 钻机就位 b) 稳钻杆、校正 c) 钻孔出土 d) 成孔 e) 移机到下一桩位

图 4-57　植桩法钻机钻孔示意图

（2）打预应力圆管空心桩（图 4-58）

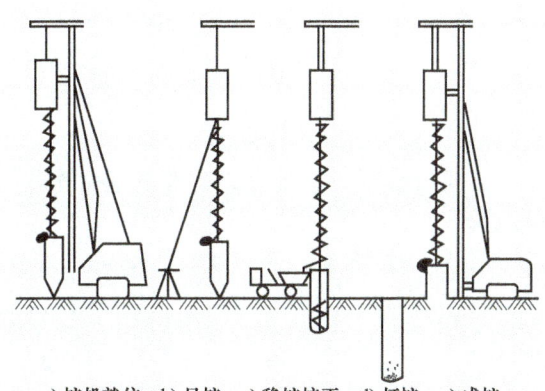

a) 桩机就位 b) 吊桩 c) 稳桩校正 d) 打桩 e) 成桩

图 4-58　植桩法打桩示意图

1）工艺流程：打桩机就位→挂吊桩钢丝绳→起吊桩→桩尖入孔，稳桩，双向校正→打冷锤2~3击→复查桩垂直度→正式打桩→做记录→成桩。

2）采用12m长独根桩（特制），减少接桩工序，桩尖选用开口桩尖，使贯入时减小阻力。

3）桩尖与桩身连接用法兰螺栓，必须拧紧，并点焊或将丝扣凿毛，以防锤击时脱扣松动，影响正常沉入和受力。

4）采用一点吊，自桩顶往下2m处，最大弯矩要小于桩的允许弯矩。桩入孔后双向校正，开始1~2击后再次校正，发现偏斜立即停击，必要时拔出重新放稳，以保证垂直度（控制1%）。

5）采用植桩法，开始1~2击偏差在允许范围内后，方可正常击入，并控制锤的落距在1.8m内，以减小桩的损坏率。

6）打桩过程中，桩帽内必须垫一层减振材料（如布轮、麻袋等），要求及时更换，这也是减小桩损坏率的一项措施。

7）桩尖进入持力层的要求深度后，立即测出贯入度，落距为1.5m，不得忽高忽低，以达到设计要求。

8）桩顶位移允许偏差符合规范要求。

9）认真做好原始资料整理工作，桩位编号应随打随编，以免发生差错。每班打桩前后，都要核对桩位、桩数，以防错打和漏打。

10）打桩按施工方案流水段退打，无特殊情况不得更改。

11）因需穿过硬夹层，所以施打时，预应力圆管空心桩强度应达到设计强度的100%。

12）预应力圆管空心桩在施打前要进行质量检查，如裂缝、桩身弯曲等。

13）打桩后用灯光观察桩孔，如有问题，应会同设计、总包等单位，研究补救措施。

14）群桩施打后，上涌量要求控制在4cm以内，若超出应请有关单位研究解决。

9. 质量要求

1）场地平整要求做1%的泛水，四周挖排水沟、集水井，以排除上层滞水，场地做3∶7灰土垫层，以保证正常施打。

2）坡道和现场临时道路，要求铺20cm厚的焦渣防滑并达到密实度。

3）本工程钻孔要穿过2~3m厚砂夹层，经与设计勘察单位商定采用直径为30cm的钻机以减小桩的损坏率，使桩尖顺利进入细中砂层。

4）钻孔垂直度要求控制在1%以内。用经纬仪或球架双向校正，否则预应力圆管空心桩植入偏移过大，造成损坏。

5）植桩孔直径为30cm，长5m，干作业成孔，成孔时应测孔深与虚土，虚土超过50cm就应二次投钻。

6）成孔后，由于振动与挤压，容易发生塌孔，造成沉桩困难，因此采用流水作业，钻一部分随即施打一部分，以双导向桩机钻一根打一根最佳。

10. 安全注意事项

略。

复习思考题

1. 在天然地基上建造浅基础的优点有哪些？
2. 简述砖基础的施工要点。
3. 砖基础施工注意事项有哪些？
4. 简述混凝土基础施工要点。
5. 现浇钢筋混凝土独立基础的构造要求有哪些？
6. 简述现浇钢筋混凝土独立基础的施工要点。

7. 筏形基础的材料和构造有哪些要求?
8. 简述筏形基础的施工工艺。
9. 简述基础施工图的识读方法。
10. 简述桩基础的适用范围。
11. 桩基础的分类有哪些?
12. 简述钢筋混凝土预制桩采用打桩法的施工工艺。
13. 简述钢筋混凝土灌注桩各类别对应的施工工艺。
14. 简述各类桩容易出现的质量通病及对应的处理方法。
15. 简述沉井基础的施工工艺。
16. 简述地下连续墙的施工工艺。

参考文献

[1] 杨太生．地基与基础工程施工［M］．北京：中国建筑工业出版社，2005．
[2] 李志新．地基与基础工程施工［M］．北京：中国建筑工业出版社，2006．
[3] 陈希哲，叶菁．土力学地基基础［M］．5 版．北京：清华大学出版社，2013．
[4] 赵研．房屋建筑学［M］．2 版．北京：高等教育出版社，2013．
[5] 罗从双，李党义，李曦．土力学与地基基础［M］．上海：上海交通大学出版社，2015．